基础篇

Moldex3D
模流分析实用教程与应用

李海梅　底增威　等 编著

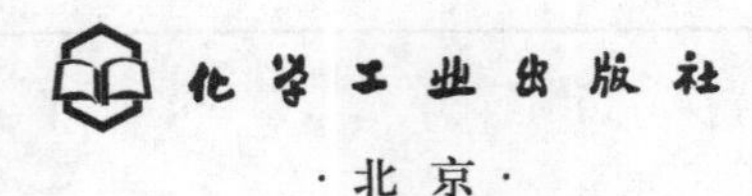

·北京·

内容简介

本套书包含基础篇和精进篇两册，全面介绍如何基于 Moldex3D 软件实现注射成型及其革新工艺的模拟分析。本书为基础篇，零基础的读者可通过本书自学 Moldex3D 软件，快速掌握软件应用；了解材料、工艺、设备及模具结构与模流分析有关的性能和参数，建立工程实践与数值模拟之间的关系，合理选择分析模块、设置分析参数，以便更好地运用软件。精进篇包括数学模型和数值方法的介绍，便于读者分析模拟结果，结合专业知识建立注塑、气辅/水辅注塑、双色注塑、发泡等模流分析的合理判据，使模拟结果更好地服务生产及科学决策；并结合工程实例，特别是增材制造技术实现的随形冷却管道温控系统、螺杆塑化、正交试验等特色内容，深入讨论数值结果的评价方法及优化，让读者掌握模流分析的高阶技巧。

本套书可作为 Moldex3D 模流分析学习入门及提高的教材，也可作为材料成型、高分子材料科学与工程、机械设计、模具设计相关专业的大学生用书，还可供塑料成型及模具相关行业的设计、研发、生产、管理等从业人员参考。

图书在版编目（CIP）数据

Moldex3D 模流分析实用教程与应用．基础篇 / 李海梅等编著．—北京：化学工业出版社，2023.8
ISBN 978-7-122-44109-6

Ⅰ．①M…　Ⅱ．①李…　Ⅲ．①注塑-塑料模具-计算机辅助设计-应用软件-教材　Ⅳ．①TQ320.66-39

中国国家版本馆 CIP 数据核字（2023）第 167379 号

责任编辑：高　宁　　　　文字编辑：任雅航
责任校对：王　静　　　　装帧设计：韩　飞

出版发行：化学工业出版社（北京市东城区青年湖南街 13 号　邮政编码 100011）
印　　装：北京科印技术咨询服务有限公司数码印刷分部
710mm×1000mm　1/16　印张 15¾　字数 265 千字　2023 年 8 月北京第 1 版第 1 次印刷

购书咨询：010-64518888　　　　售后服务：010-64518899
网　　址：http://www.cip.com.cn
凡购买本书，如有缺损质量问题，本社销售中心负责调换。

定　　价：78.00 元

前言

当今世界，对智能制造和高性能制造的需求日益增加，而二者的共性特征都是基于建模的数字化制造，而建模，就是要建立材料、结构和工艺参数与产品性能的量化映射关系。模流分析就是能在塑料成型过程中，实现高性能制造的支撑技术之一。模流分析，融合多学科和计算机技术，通过对塑料材料性能的研究和塑料成型工艺过程的模拟，为制品设计、材料选择、模具设计、成型工艺的制定及成型过程的控制提供科学依据。

Moldex3D 模流软件，是台湾“清华大学”张荣语教授及其团队研究成果市场化的产物。Moldex3D 较早完成了真三维塑料制品、模具结构的耦合分析；能考虑材料性能、设备螺杆、模具结构、工艺过程、制品质量预测等全生产周期及多生产周期的模拟；在剪切生热多流道模拟、应力-光弹性能分析预测等方面极具特色。软件功能丰富，模拟结果可靠，获得人们越来越多的关注和喜爱，客户数量和服务质量近几年呈上升态势。且张教授不忘育人初心，同时与多所高校建立了 Moldex3D 实训基地并免费培训，让学生自由方便地使用 Moldex3D 软件。笔者与张教授相识于 2003 年秋，感佩于张教授的专业与专注，基于对软件的使用及理解，加上我国近期关于 Moldex3D 的图书资料较少，因此有意愿完成本书的编写，同时也是对有软件研发经历的自己及张荣语教授课题组研究成果的回顾与总结。

本套书基于 Moldex3D 模流软件实现注射成型及其革新工艺的模拟。本书是基础篇，主要内容是注射成型的模拟应用。首先介绍了模流分析的历史及作用（第 1 章），特别是 Moldex3D 软件的特色（第 2 章），便于读者了解模流软件的各个功能模块及注射成型流动、保压、冷却、翘曲的模流分析流程；接着以齿轮为例，一步步详细地解读 Moldex3D Studio 2023 注射成型模流分析的基本流程（第 3 章）；随后介绍材料、工艺、设备及模具结构与模流分析有关的性能和参数，建立工程实践与数值模拟之间的关系，合理选择分析模块、设置分析参数，以便更好地运用软件（第 4 章）；最后给出了模流分析的练习案例（第 5 章），巩固注射成型模流分析的流程和步骤，研习模流结果的判读。

本书不仅便于零基础的读者快速、规范地学习掌握 Moldex3D 应用软件，而且可作为有模流分析经验的读者提升模流分析能力的教材；也可作为材料成型、高分子材料科学与工程、机械设计、模具设计相关专业的大学生教材。此外，可供塑料成型及模具相关行业的设计、研发、生产、管理等从业人员参考。

书中所用软件 Moldex3D Studio 2023 得到了苏州科盛股份有限公司的鼎力支持。特别感谢苏州科盛股份有限公司的牛立国先生，正是由于他的努力协调，使得相关的模拟算例和实际应用案例更真实，成为图书的特色之一。

本套书由李海梅、底增威、付鹏、侯俊吉、梁振风（双色、螺杆）、王紫阳（入门案例、气辅/水辅）、李霁雨（黏度、数学模型及数值模拟）、刘春晓（练习案例、发泡、正交试验、附录、工程案例）、肖志华（材料精灵、发泡、异形水路、热浇道、工程案例）、姜喜龙（数学模型及数值模拟）等完成，部分内容是笔者已毕业研究生马鑫萍（夹芯）、陈金涛（双色）、徐文莉（应力）、姜坤（应力）、张雨标（发泡注塑）、张亚涛（发泡注塑）的工作成果，感谢同事、同学的努力与坚持。此外，在本书编写过程中，参考了有关书籍和资料，特别是笔者的研究生导师申长雨院士及团队的成果，在此向导师及相关作者表示衷心感谢！

模流分析涉及流变学、传热学、流体力学、数值方法、计算机图形学、模具及塑料加工等多个内容，限于编者的水平，难免存在不足之处，敬请读者批评指正。

编著者　李海梅

2023 年 6 月

目 录

第1章
模流分析概述

模流就是英文“Moldflow”的中文直译，本章简述模流分析简史，介绍模流分析软件的组成、模流应用趋势及模流软件的使用流程。

1.1 模流分析简史

模流分析是数值模拟的一种。数值模拟也叫计算机模拟，是以计算机为工具，用有限元、有限差分或有限容积等离散模型，通过数值计算和图形、图像显示的方法，完成对工程物理问题乃至自然界各类问题的研究。按所用模型的类型（物理模型、数学模型、数学-物理模型）分为物理仿真、计算机仿真（数学仿真）、半实物仿真。数值模拟用于解决工程问题，常称为计算机辅助工程（computer aided engineering，CAE）技术。各领域的 CAE 应用特点不同，早期 CAE 的应用大多是在结构强度计算、航空航天等领域的设计。模流分析可简单理解为数值模拟在塑料成型加工中的应用，也可以说是一种塑料成型 CAE 或塑料模具 CAE 技术。

塑料成型模拟或塑料成型 CAE 始于注射成型模拟，这是因为注塑模具结构复杂多样使得注射成型过程中问题较多。为了解决注塑中的问题，研究人员开始了探究与尝试。注塑模拟的工作始于 1960 年，研究人员用计算机求解了简单流道的熔体充填（流动）问题，限于当时的计算机水平，一次简单的充模流动计算时间竟然长达 20 小时。帝国理工学院（Imperial College London）的 Barrie、加拿大麦吉尔大学（McGill University）的 Kamal 和 Kenig 等学者在 20 世纪 70 年代初期陆续完成了塑料加工流变、压力场、流动等模型计算的先驱性工作，为工程化应用奠定了基础。然而这些成果虽然重要，但离实际应用还有相当一段距离。要创造能够解决注塑加工的各种实际问题的分析技术，需要兼备理论知识、工程观念和商业胆略。结合当时塑料工业、制造业、计算机技术的发展水平，20 世纪 70 年代末 80 年代初，注射成型模拟领域代表性的人物及其模拟分析技术先后出场，下面依次介绍。

首先是 Colin Austin 先生和他研发的“Moldflow”软件，完成了注射成型数值分析开创性的工作。Colin Austin 是位机械工程师，1970 年前后在英国塑料橡胶研究协会工作，1971 年移民澳大利亚，在澳大利亚的皇家墨尔本理工大学（Royal Melbourne Institute of Technology，RMIT）任讲师，接触到了计算机和数值方法。计算机的计算功能让他感到惊喜，结合曾经的塑料加工职业经历，他开始考虑如何应用计算机技术来解决工业上的实际问题，并决心研发一款能模拟注射成型过程的工业应用计算机软件。因为当时的注射成型工程技术人员并不清楚在注塑机、模具型腔里流动的材料究竟经历怎样的变化，大多依赖于经验和“试错法”，生产一个合格的塑料产品需要丢弃许多次品、废品。为实现理想，Colin Austin 辞去了大学讲师的工作，抵押了自己的房产，用其中 1/3 的房款买了一台个人计算机创业。Colin Austin 经历了困顿与艰辛，终于开发了世界上第一款注塑分析软件，并命名为“Moldflow”。这款软件当时只有简单的二维平面流动分析功能，并仅能通过越洋电话提供数据进行客户服务，但从当时的技术层次来说，仍对工业生产有相当大的帮助。Moldflow 把一个三维的薄壁结构展开成平面（类似一个纸盒剪开铺平的情形），并将塑料熔体充模流动分解成若干“流动路径”，然后在每个流动路径上进行非定常流动分析——即用所谓的平面展开法（layflat method）简化模拟难度和减少计算机使用，以满足工程需要。通过在意大利、法国、德国、英国、美国、日本等地多次宣讲，1978 年，以 Moldflow 命名的研究开发（R&D）公司（Moldflow Corporation）在澳大利亚墨尔本成立。Moldflow 公司经过艰苦的努力和不断的创新，陆续开发了注塑工艺保压、冷却、翘曲预测、纤维取向各分析模块，逐步建立了完整的注射成型的分析功能。Colin Austin 研制的 Moldflow 软件得到了业界的认可，产品销售到世界各地，应用在汽车、电子和材料工业等领域。

Colin Austin 及 Moldflow 软件早期不仅用平面展开法解决了计算机内存小的限制，同时还建立了塑料材料性能数据库。材料性能数据库一方面为软件中用到的数学模型提供所需的材料参数，另一方面可用于验证软件的分析计算结果。迄今，Moldflow 公司建立的实验室里，有不同类型的注塑机、流变仪、*PVT*

测量仪、差示扫描量热仪（DSC），以及测量模内制品收缩的设备等，为世界各地的材料供应商提供了数以千计的各种品牌的工业实用材料的性能数据和加工参数。

Moldflow 的问世，改变了工业生产模式，也惊动了学术界。由于塑料加工的流动分析是以流变学为理论基础的，流变学的学术圈认为 Moldflow 是流变学成功应用于工业的范例，不少大学开设 Moldflow 课程，或用它作为研究手段。鉴于 Colin Austin 先生及 Moldflow 开创性的工作，使得其后类似的技术产品，多与 Moldflow 对标，如 C-mold、Polyflow、Sigmasoft、Timon、Rem3D、Moldex3D，以及 20 世纪 90 年代国内华中科技大学的 HSC-mold、郑州大学（原郑州工业大学）的 Z-mold 等。然而，1993 年 Colin Austin 离开了自己创建的 Moldflow 公司。

K. K. Wang（音译：王国金或王国钦）和其研发的 C-Mold 从数学模型和算法方面开启了注塑成型模拟的新纪元。20 世纪 70 年代，当澳大利亚墨尔本的 Colin Austin 在苦思冥想如何解决注塑难题时，美国东北部的康奈尔大学教授、美国科学院与美国工程院院士 K. K. Wang 也在思考着同样的问题。Wang 教授曾先后在中央造船公司（上海）、台湾造船公司（基隆）、纽约联合容器公司、华克（Walker）公司工作。1970 年起任康奈尔大学教授。他因主持的康奈尔注塑研究计划（Cornell injection molding program，CIMP）成功应用于注塑加工领域而声誉鹊起。1980 年 CIMP 团队发表了以有限元法和有限差分法模拟非牛顿流体充填流动的研究论文，是注射成型分析领域最有影响力的成果之一。为把 CIMP 的研究成果商品化，1986 年 Wang 教授和他的学生王文伟（V. W. Wang）成立了先进 CAE 技术有限公司（Advanced CAE Technology Inc.），后改名为 C-Mold 公司。1988 年 C-Mold 公司成立了材料性能测试实验室。不同于 Moldflow 软件所用的平面展开近似，CIMP 研究人员利用注塑型腔在厚度方向上狭窄的特征，忽略了压力在厚度方向上的梯度，把质量守恒和动量守恒方程简化成一个二维的压力方程；而能量守恒方程忽略了沿厚度方向的热对流效应和流动平面内的热传导，但仍然是三维的方程。这样 CIMP 对薄壁塑料制品流动模拟是求解耦合的二维压力场和三维温度场，即所谓的 2.5 维问题；模拟分析的准确性优于平面展开法。C-Mold 的商品软件问世后，成为国际市场上知名度高和销售量仅次于 Moldflow 的注塑 CAE 软件。

1998 年，因为一名先后在 Moldflow 公司、C-mold 公司工作的研发人员，两家公司进行了长达 2 年的法庭诉讼。最终于 2000 年 4 月，Moldflow 公司收购了 C-Mold 公司，使当时世界上最大的两家注塑分析软件研发公司合二为一。Moldflow 收购了 C-Mold 以后，努力把 C-Mold 软件融合到 Moldflow 的软件产品中（Synergy 计划）。2001 年推出了公司合并后的软件 Moldflow Plastics Insight 3.0（MPI 3.0）。就产品的质量而言，MPI 3.0 有待修正和完善，但它提供了一个整合框架。2008 年 Moldflow 公司被 Autodesk 公司收购，结束了它作为一个独立公司的历史。如今，Moldflow 软件在 Autodesk 仿真与分析模块的环境中，继续以 Moldflow 名字存在，其中塑料成型模拟软件称为 Autodesk MPI/Synergy 系列。

20 世纪 80 年代到 90 年代间，注塑分析软件中数学模型改进、数值计算技术的竞争与革新一直都存在。除了 Moldflow、C-Mold 外，General Electric（GE）、Structural Dynamics Research Corporation（SDRC）、Graftek Inc.、与德国 IKV 合作的 Simcon GmbH、日本 Timon 和中国台湾科盛科技公司（Core TECH）都先后研制了各自的注塑 CAE 软件。此外，一些高等院校也有研发，如荷兰埃因霍芬理工大学（Eindhoven University of Technology）、加拿大麦吉尔大学、华中科技大学（研发软件为 HSCAE）、郑州工业大学（现郑州大学，研发软件为 Z-mold）等。为避免 Moldflow 和 C-Mold 的技术壁垒，模流分析软件各具特色。Timon 公司在 1996 年，用渗流的 Darcy 定律来近似描述三维熔体充模流动，比 Moldflow 更早推出了 3D-Timon 软件；2003 年，3D-Timon 开发了模拟双折射率的分析模块，成为世界上第一个可以预测注塑制品光学性能的商品软件。法国 Transvalor 公司，在 20 世纪 90 年代末将国立巴黎高等矿业学院 CEMEF 的研究成果商品化，推出三维有限元注塑分析软件 Rem3D，该软件在熔体前沿追踪技术、网格自适应算法有较高的技术水平。科盛公司的产品 Moldex3D 起源于台湾“清华大学”张荣语（R. Y. Chang）教授和他的合作者。Moldex3D 软件算法采用有限体积法，并允许混合不同形状的单元网格（网格类型多样），如在模具表面用多层六面体单元，而在型腔中心层使用四面体单元，这样，在热传导计算中可以提高厚度方向上温度梯度的计算精度，同时减小运算时间（Moldex3D 软件后面有更详细的介绍），在三维网格模型和数值算法上有后发优势。而 Moldflow 是基于中面和双面网格，三维网格划分在双面网格上完成，网络单元类型单一；此外，Moldflow 冷却分析数值算法包括有限差分、边界元法多种数值方法，用户有更多的选择。

模流分析从最初注塑模内的塑料熔体充填预测分析，不断进步完善，发展到今天，已可进行多种工艺（如封装模拟、双色注塑模拟、粉末注塑等）、多种网格（管状、三角形、四面体、六面体等）和多种设备（螺杆、模具结构、热浇道、3D 打印的随形冷却管道等）的成型性能和质量（光学性能、取向、外观质量等）预测，Moldex3D 软件的功能演化进程可参考图 1.1。

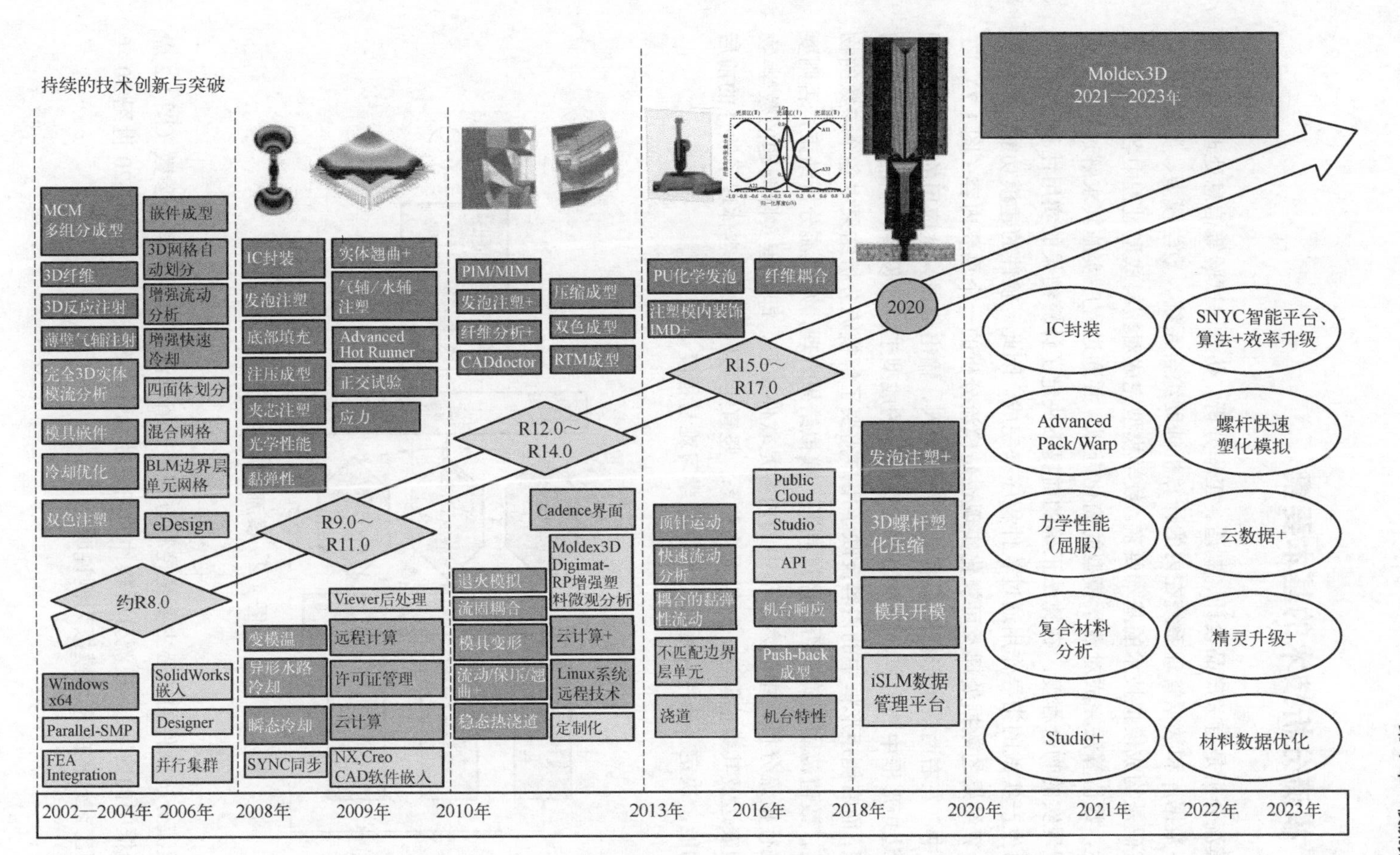

图 1.1　Moldex3D 模流分析软件功能及版本的演化进程

1.2 模流分析技术的基本要素

模流分析是有关产品设计、制造、工程分析、仿真、试验等信息处理，以及包括相应数据库和数据管理系统在内的计算机辅助综合系统。数学模型、数值算法、程序代码是构成模拟技术的基本要素。数学模型完成对塑料成型过程中各物理现象的描述，数值算法完成对数学模型的简化近似，并通过程序实施其求解过程。模型与客观现实的吻合程度，在算法正确的前提下决定了计算结果的实用性和可靠性。理论对生产实践的指导作用通过软件程序来完成。因此，软件的建模功能、网格剖分、计算结果的数据处理及可视化实现也是模流分析的一个重要内容（图 1.2）。在图 1.2 中，左右两端矩形框的内容是软件的输入、输出数据。从应用的角度看：图 1.2 左边矩形框中的内容，要求用户具有一定的成型工艺、设备、制品或模具结构的知识；而右侧矩形框中的内容反映了用户需要了解模流分析结果中各个参数的物理意义，数值范围正确与否，经过判断，模拟结果合理，则模流分析结束，否则要重新进行模流分析；中间六边形中的内容是软件核心，即工程实际问题的数学-物理方程表达及其数值解法、材料本构关系；竖直矩形框中的内容体现了软件的前后处理功能，决定了软件使用的方便性及学习难易程度。

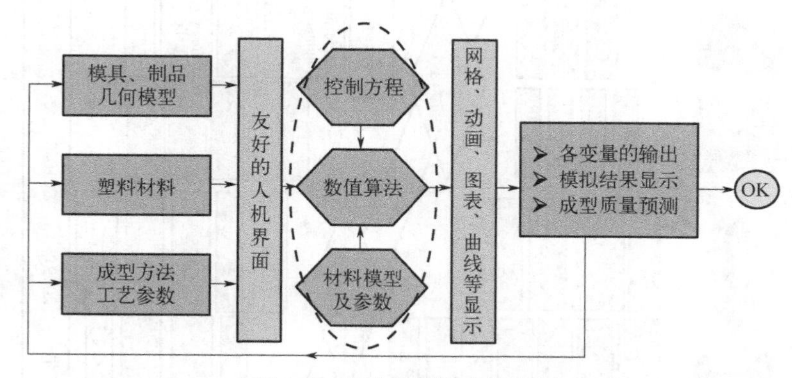

图 1.2 模流分析构成示意图

模流分析软件的核心主要是控制方程、数值算法和材料模型及参数（图 1.2 虚线椭圆框中的内容）。模流分析软件的先进性也体现在这里。下面以 20 世纪 90 年代注塑工艺过程的充填模拟为例说明。

注射成型是相当复杂的物理过程。非牛顿的高温塑料熔体通过流道、浇口向较低温度的模具型腔充填，熔体一方面由于模具传热而快速冷却，另一方面因高速剪切而产生热量，同时伴有熔体固化、体积收缩、取向、结晶等过程。因此全面、深刻地理解注射成型过程需要高分子物理学、流变学、传热学、注射成型工艺学等多方面的知识。显然，传统的人工经验和直觉难以全面考虑这些因素。早期的纯数学方法及实验研究也无法解决这一难题。解决这一难题的关键在于使注塑模具的设计制造、注射成型工艺的制定以数值模拟分析为基础，突破经验的束缚。

注塑问题本身的复杂性包括三部分：①复杂的物理现象；②复杂的材料特性；③复杂的几何形状。高分子材料加工过程中所涉及的物理问题（图 1.3）主要有流体动力学、传热学和固化动力学。由于塑料熔体的黏性热不可忽略，加上熔体黏度对温度和形变率的依赖性，运动方程（对应于熔体的流动现象）和能量方程（对应于熔体的传热）是耦合的，具有高的非线性。固化动力学与材料、工艺条件密切相关，数学描述要根据具体问题确定，是一个尚待探讨的课题。熔体在成型过程中经历的速度场、压力场、温度场、应力和应变场对被加工材料的微观结构和形态有决定性影响，如冷却速率影响结晶聚合物的晶体大小和形态；而材料的微观结构和形态反过来又影响了流动行为并决定了制品的力学性能，如熔体沿着流动方向的取向可能会带来性能的各向异性。而这些复杂相互作用的机理尚未完全清晰。

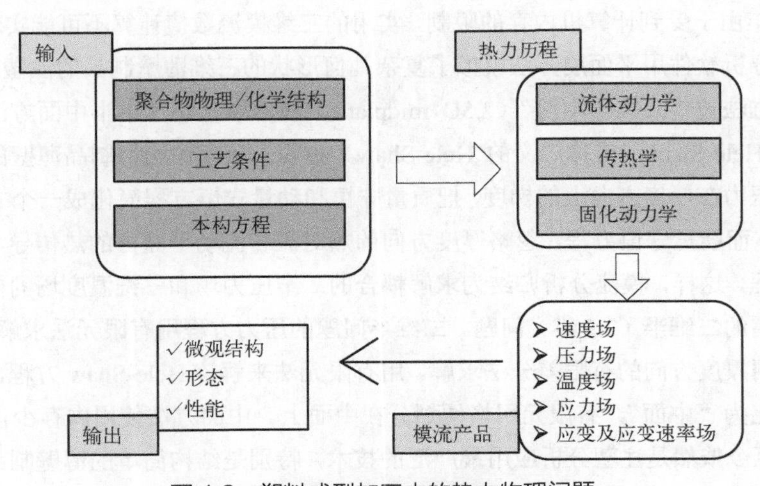

图 1.3　塑料成型加工中的热力物理问题

高分子材料的复杂性在于它不仅有黏弹性，而且一些结晶料的晶型结构受热历史和流动变形史的影响。如聚丙烯因为剪切的影响程度，可能会形成球晶、串晶等不同的微观结构与形貌，而微观结构和形貌又决定了拉伸强度等宏观性能；且实际生产中会有纤维、颗粒等加入的复合材料，使得材料的复杂性进一步增强。

充模流动是一个有移动自由表面（边界）的流动。这个移动的自由表面被称为流动前沿。在几何形状复杂的型腔中，如果有多个浇口，或者如果熔体要绕过某个嵌件结构，两股以上的熔体流动前沿会形成熔接线。如果熔体冷却太快，则熔接线处分子无法充分扩散到对侧，熔接线处的机械强度偏弱。如能预先分析计算出在给定条件下熔接线的位置和机械强度，就可以改进模具设计和成型工艺参数以调整熔接线的位置，这就要求复杂几何形状的模流分析能有足够的分析精度。20 世纪 90 年代，限于计算机技术水平，复杂的物理现象和复杂的材料特性尚有研究者乐意接受挑战，但复杂几何形状的流动则是很多人唯恐避之不及的。检索同时期有关的研究论文，绝大多数文章都局限于二维平面流动或轴对称流动，即便少量的三维流动研究，也不考虑复杂的几何形状。这是由于任意复杂几何形状的三维流动问题，几乎没有办法得到解析解。数值解即使能够编出分析计算程序，当时的计算机内存也满足不了运算需求。因此为了满足当时的工业需求层次（需求差异），对同一种材料的注塑充填模拟，有不同的模流分析方法（不同的数学模型，不同的定解条件），软件用户的直观体验有中面网格结果（2.5 维）、双面流网格结果（双面流体）和三维实体结果（三维流体）。下面简单介绍一下。

早年由于受到计算机内存的限制，实用的三维模流数值计算不可能实现。初期的模流分析软件用平面展开法模拟了复杂几何形状的三维薄壁制品的注塑过程，然后这种方法被“二维半中面”（2.5D midplane）技术取代。二维半中面方法的理论基础是 Hele-Shaw（或称广义的 Hele-Shaw）方程。该理论利用制品薄壁的特点，忽略了压力在厚度方向上的梯度，把质量守恒和动量守恒方程简化成一个二维的压力方程；而能量守恒方程，忽略厚度方向的热对流和流动平面内的热传导，仍是三维的方程。这样，模流分析归结为求解耦合的二维压力场和三维温度场的问题，也就是所谓的二维半（2.5 维）问题。二维半问题的压力方程用有限元法求解，这时，温度场用厚度方向的有限差分法求解。用有限元法来解该 Hele-Shaw 方程，三维模腔被简化为“中面”，有限元网格便划分在中面上。中面方法使用内存少，计算速度快，至今依然是注塑分析应用最广泛的技术，特别是结构简单的薄壁制品，模拟结果准确性高。但是它也有局限性，如横截面突变处，或者喷泉流动区，Hele-Shaw 的简化假设是不成立的，会形成一定的误差，有时需要通过一些特殊方法处理；且中面流分析最大的困难在于中面网格的构建。尽管计算机辅助设计（CAD）软件也迅速地发展起来，但要将三维的有限元网格进一步自动转化成中面网格，多会有些细节缺陷，需要人工修补，工作量大。

面对构建中面网格的困难，研发人员一方面致力于研究、开发和改进中面自动生成技术，该努力至今仍在进行中；另一方面则是尽量避免使用中面。市场上相对成功的例子就是 Moldflow 1997 年的专利技术——“双面流”有限元模流分析技术（dual domain finite element analysis）。双面网格用的是三维实体的表面网格，薄壁结构表面上的单元可以分为“上表面单元”“下表面单元”“边沿单元”。上、下表面代替了中面用于有限元分析。在模拟过程中，为保证上下两表面的塑料熔体同时并且协调地流动，有特定的连接单元。双面流分析所用的网格在外观上接近三维实体的形状，因此有些人错以为双面流的模拟精度高于中面流的模拟精度。实际上，双面流分析的理论基础也是 Hele-Shaw 方程，所依赖的假设和中面流分析方法没有什么不同，本质上仍属于二维半方法。双面流分析的预测精度最多能达到中面流分析的水平。双面流分析最大的好处在于避开了使用中面网格。双面流的产生是由工业界用户的需求推动的，无法在纯学术研究的环境中产生。理论上说，中面能分析的模流功能，若忽略上下、左右、前后相对表面网格匹配的问题，双面都相对容易实现。

20 世纪 90 年代末，随着计算机的发展，三维模流分析成为研究热点。三维模流分析使用三维立体网格，不再使用 Hele-Shaw 近似，因此在二维半不能模拟的充模过程中的流动效应，如横截面突然变化而产生的拉伸流动效应，或熔体前沿的喷泉效应等，在三维分析中都有可能正确地被模拟。但三维分析的技术难点较多，大多数模塑制品的厚度比其他两个方向的尺寸小得多，且在厚度方向上的温度梯度很大，为了正确计算温度场，厚度方向上的单元就要加密。这样一来，如果流动方向上采用较为稀疏的网格，就会形成高长宽比的扁长单元（离散误差较大），影响计算精度；若采用长宽比接近 1 的单元，则总体单元数剧增，导致计算量巨大、计算时间过长。故有限元计算效率与精度的平衡至今仍是三维注塑流动模拟软件要改进的一个问题。相较于有限单元法，有限体积法对三维模流分析需要的内存和 CPU 时间较少。Moldex3D 软件就是用有限体积法成功实现三维流动充填模拟的。

需要说明的是：尽管 2.5D 技术是模流分析的主流，但为了保持后发优势，Timon、Transvalor 和科盛公司把发展方向定为三维分析。法国 Transvalor 公司的 Rem3D 三维有限元注塑分析软件用水平集（level set）技术来追踪流动前沿，并采用全自动自适应四面体网格划分技术自动细化所需要高精度计算区域的网格，有较高的技术含量。科盛公司的 Moldex3D 数值模拟采用控制体积法，且三维实体单元包括六面体、棱柱、四面体、金字塔形四种，组合的单元网格适应性好，避免了网格引起的模拟计算误差（图 1.4）。

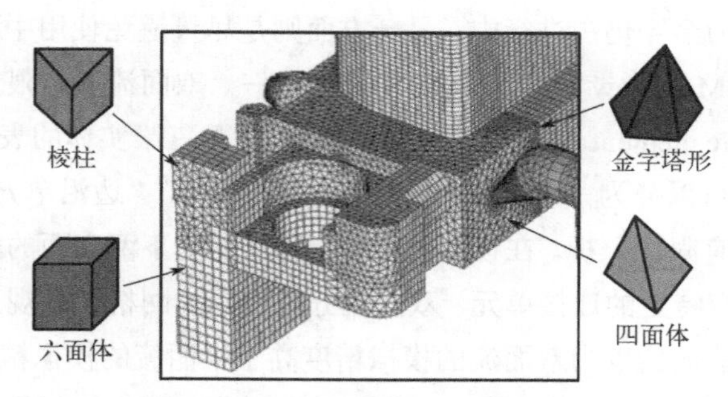

图 1.4 Moldex3D 软件的混合单元网格示意

数学模型、数值离散和算法是模流分析软件的灵魂，同时也是劳动、智力密集的高科技成果，需要研发人员具有良好的专业基础和工程背景。未来的模流分析软件，会更强化模型和算法，其中描述材料特征的理论模型会更准确，如结晶模型，适应聚集态、宏观唯象多尺度的本构关系模型，非等温流动过程中材料固化模型等，都会进一步完善。数值计算方法除了已有的有限元、有限体积、有限差分、边界元等传统的网格方法外，无网格法、水平集法及神经元法也将融入模流分析算法中。材料、工艺、形貌、性能关系的量化及预测，特别是成型后的材料内部微观结构和材料性能的预测，是模流分析的下一个能快速实现的目标。

需要指出的是：软件的可移植性、易用性除了软件自身设计外，还与设备及设备的支撑软件有关，如计算机内存、CPU 性能、Mac 系统、Linux 系统、Chrome OS 系统、UNIX 操作系统，都会对软件运行有影响。使用模流分析软件时，可参考安装说明或用户手册，选择合适的电脑硬件和操作系统。

1.3 模流分析的应用及发展

以科学分析为依据的模流分析技术，能更细致、精确地描述塑料成型过程中的物理现象，模流分析的目的就是解决塑料加工行业中最关心的两个问题：①高效率、高精度、低成本地制造模具；②利用所制造的模具和设备，成型高质量、无缺陷的合格塑料产品。

模流分析就是通过对塑料材料性能的研究和成型工艺过程的模拟，为制品设计、材料选择、模具设计、成型工艺制定及成型过程控制提供科学依据。就模流分析本身的功能和应用而言，模流分析早期主要有成型工艺、产品设计、产品性能三类解决方案和材料性能测试服务（得益于 Colin Austin 的倡导）；近年来商品化的模流分析应用，可登录相关公司官网了解。通常，产品设计、产品性能解决方案多是与工艺一体的；根据不同的工艺特点，产品设计和性能的关注点各有侧重，如常规注射成型是尺寸精度，发泡成型是泡孔尺寸、分布；共注塑要考虑材料组分对充填及材料界面的影响，在后面章节将会熟悉一些成型工艺模流分析的特点。

表 1.1 所示为模流分析软件成型工艺解决方案。

表 1.1　模流分析软件成型工艺解决方案

软件名称	成型工艺解决方案
Autodesk Moldflow	热塑性塑料注射成型、气体辅助注射成型、注压成型、共注射成型、双色注射成型、化学发泡成型、微孔发泡注射成型、微孔发泡注射成型和负压式发泡技术、双折射、结构化反应注射成型（SRIM）、粉末注射成型（PIM）、树脂传递成型（RTM）、橡胶及液态硅胶注射成型、多料筒反应成型、反应注射成型、微芯片封装、底层覆晶封装、压缩成型、多料筒热塑性塑料注射成型
Moldex3D	注射成型、粉末注射成型、压缩成型、注射压缩成型、气体辅助注塑成型、水辅助注射成型、共注射成型、双料共射成型、发泡注射成型、树脂转注成型、芯片封装、多材质注射成型、异型水路设计、金属脱蜡精密铸造、反应注射成型分析、聚氨酯（PU）化学发泡模块、快速模具温度加热冷却成型技术等
Rem3D	标准注塑工艺、水辅助注塑、气体辅助注射成型、双注塑、共注塑、包覆成型、连续注塑多次熔融（针数或材料数量无限制）、纤维增强聚合物注塑（用 e-Xstream 机械计算出口结果的可能性）、聚氨酯泡沫的注塑-膨胀（由 DOW Chemical Company 共同开发并由其验证）、热固性材料注塑、注塑压 SMC - BMC（片状模塑料/散装模塑料）、模具中的流动平衡、高黏度和满液注塑等

（1）常规热塑性材料注射成型的模流分析应用

基本配置的模流软件可以完成如下工作。

① 在模具型腔中的应用

a．可以观察塑料熔体在填充过程中各个时段的流动状态及流动前沿的位置，确定是否能够充满型腔。

b．可以观察塑料熔体在流动过程中产生的熔接线位置，判断其位置是否影响制品的外观或强度。

c．可以观察塑料熔体在流动过程中是否产生气穴及气穴的位置，若有气穴，则可以正确设定排气位置。

② 在浇注系统中的应用

a．可以较正确地选择浇口的种类。因为除直接浇口之外，浇口的截面积一般都较小，此处的流动阻力很大，微小的差异对熔融塑料的填充状态就有很大的影响。

b．可以较正确地选择浇口的位置，避免因浇口位置不当而产生滞流、喷流现象，从而影响制品外观；尤其是板状制品的浇口位置选择。

c．可以正确选择浇口数量。

d．可以较正确地确定阀浇口在成型过程中的开启、闭合时间，有效发挥阀浇口的作用。

e．可以较正确地确定流道的形状与尺寸。流道的截面积及长度直接影响塑料熔体的流动阻力，截面积过小或尺寸过长，则会使塑料熔体在流道的压力降过大而影响熔体型腔的填充能力。反之如果流道截面积过大，则需延长冷却时间，并且会浪费原料。

f．可以观察多浇口多型腔及多浇口一型腔制品的各个流道，在各个时段内的流量变化；通过改变流道的截面积或浇口的位置，达到浇注系统流动平衡。

③ 在冷却系统中的应用

a．冷却水路效率分析及成型零部件（型腔）的温度均匀性分析。可以观察预测冷却系统设计方案实际冷却时的模具温度和热流变化，据此进行方案调整，设计出满意的冷却系统。

b．热浇道位置及效率分析。

④ 制品性能预测

a．模流软件保压分析、翘曲分析功能，可以分析熔体在保压过程中被压缩，密度发生变化的状态及剪切应力引起的残余应力和不均匀收缩，预测制品的成型尺寸。

b．使用性能预测（有时需要额外的结构分析软件），如力学性能、光学性能等。

c．微观形貌预测，如取向、结晶。

数字化技术和计算机技术的发展、应用，为模拟塑料成型过程、优化工艺条件、提高模具设计与制造质量、降低生产成本、缩短设计制造周期提供了有效手段。模具结构的数据库、标准图形库的建立和使用，使设计速度提高；模具制造前的计算机模拟，能获得可行的或优化的模具结构参数和工艺参数；数控设备的应用提高了模具加工的精度和效率。资料表明，应用计算机技术后，模具的设计时间缩短 50%，制造时间缩短 30%，成本下降 10%，塑料原料节省 7%。因此，计算机辅助技术，即 CAD/CAE/CAM 技术，或数字化技术，在塑料成型加工方面的应用是提高塑料制品质量及其附加值的关键。

（2）注塑分析技术对生产的影响

随着计算机技术的发展和应用领域的不断拓展，以计算机为工具的现代设计技术在企业中得到越来越多的应用，并产生了积极的社会、经济效益。从社会生产的经济性出发，塑料成型加工越来越依赖于计算机软件对生产过程的模拟和预测。图 1.5 描述了自 20 世纪 60 年代以来，分析技术在塑料成型生产过程中的应用情况。传统的生产循环包括模具设计与制造，发现问题和解决问题只有通过生产实践（成型过程）完成［图 1.5（a)］。20 世纪 70 年代，模塑人员（注塑成型技术人员）用分析技术解决生产中的问题［图 1.5（b)］。到了 20 世纪 80 年代，分析技术进入生产循环，但仅仅与产品设计人员关系密切［图 1.5（c)］，整个注塑成型的生产过程仍然是串行。进入 20 世纪 90 年代，分析技术成为生产循环的主体，是模拟集成、信息交流的工具，改善传统串行生产循环，使得并行过程成为可能，分析技术与产品设计、模具制造、材料供应、塑料成型各个环节都有关联［图 1.5（d)］。进入 21 世纪，模拟分析与管理信息融合，与整个生产环节相关，使得协同生产成为可能［图 1.5（e)］，且随着计算机技术的发展，影响并改变生产模式，使其向着智能制造方向前进，因为快速、弹性、定制化的智能制造，是提高生产效率和成型质量的发展趋势。模流分析是智能制造的基石，可完成工艺参数设定、工艺过程异常检测和诊断、成型过程状态监控、成型质量预测、物料配方诊断，以及设备零部件失效、能耗、成型效率的估算，且是智能引导、提出建议和科学决策的可靠数据来源。

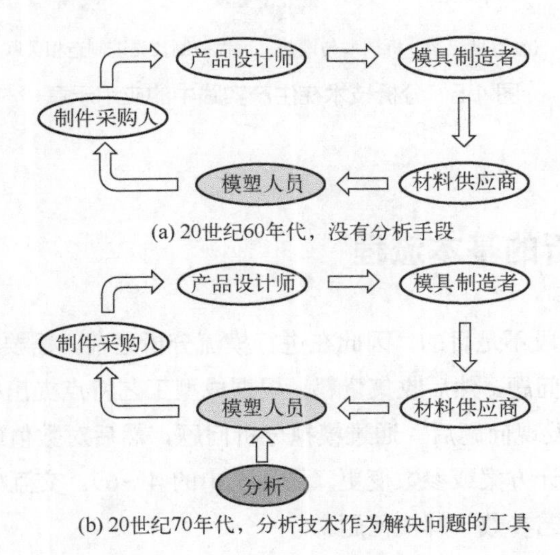

图 1.5

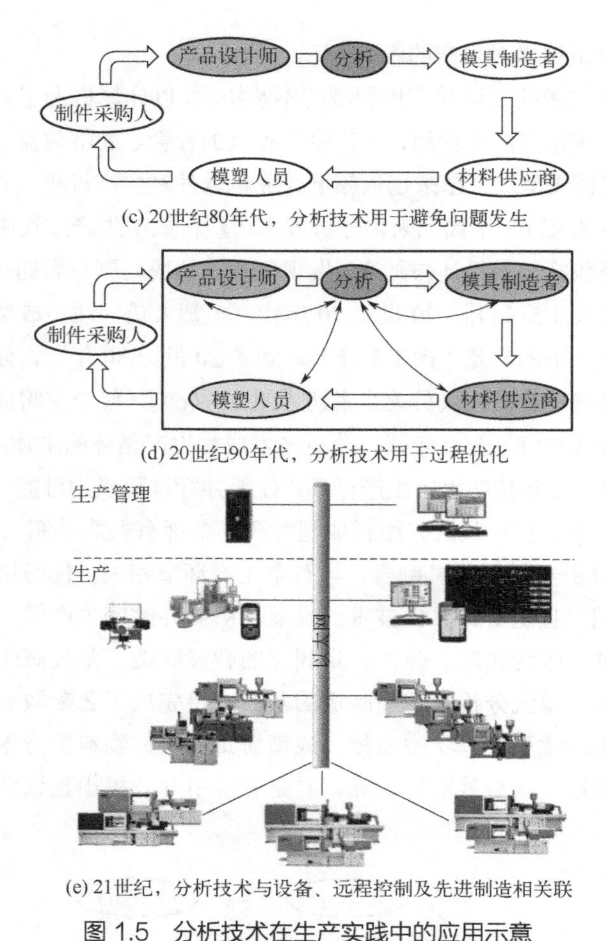

(c) 20世纪80年代，分析技术用于避免问题发生

(d) 20世纪90年代，分析技术用于过程优化

(e) 21世纪，分析技术与设备、远程控制及先进制造相关联

图 1.5　分析技术在生产实践中的应用示意

1.4　模流分析的基本流程

模流分析是手段不是目的，因此在进行模流分析之前，需要发现、分析、确定工程实践中存在的问题，然后收集资料，根据成型工艺特点提出模流分析方案（图 1.6 中的 1～3）。发现问题后，通过模拟分析问题，然后对数值结果进行研讨，结合专业知识给出设计方案或参数变更（图 1.6 中的 4～6）。交互验证后，确定塑料成型加工方法和工艺参数（解决问题）。

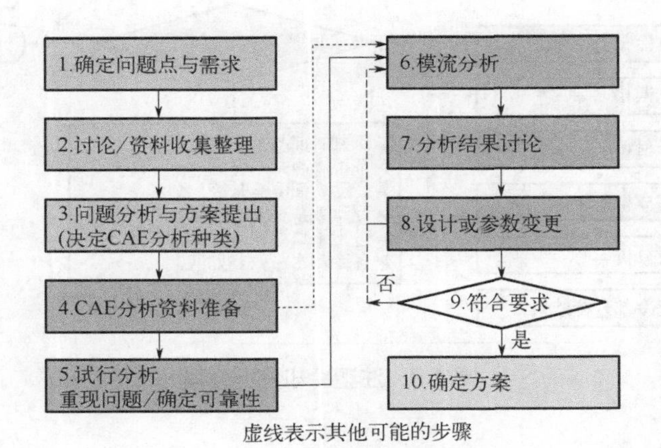

图 1.6　模流分析技术应用流程

工程实践中，确定模流分析模块和方案后，就可以进行模拟分析了。图 1.7～图 1.9 分别是常规注塑模流分析的充填+保压（或充填/保压）、冷却、翘曲分析的流程图，后面章节会陆续学习具体内容，这里先介绍模拟的流程。

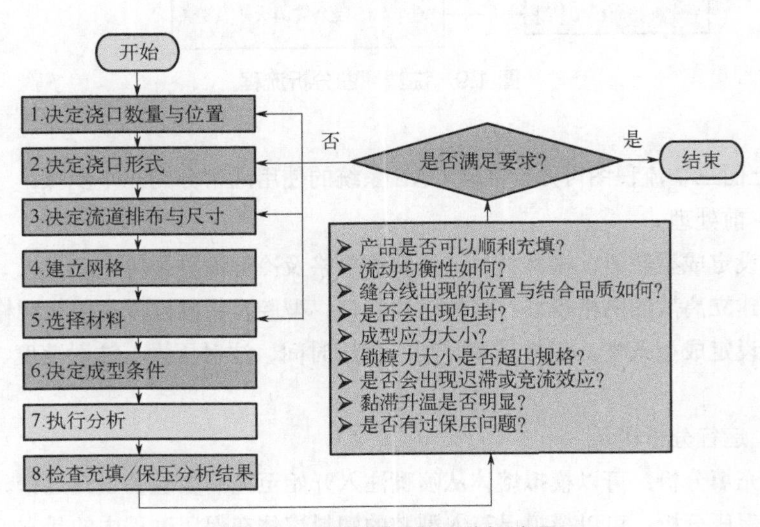

图 1.7　注塑充填+保压分析流程

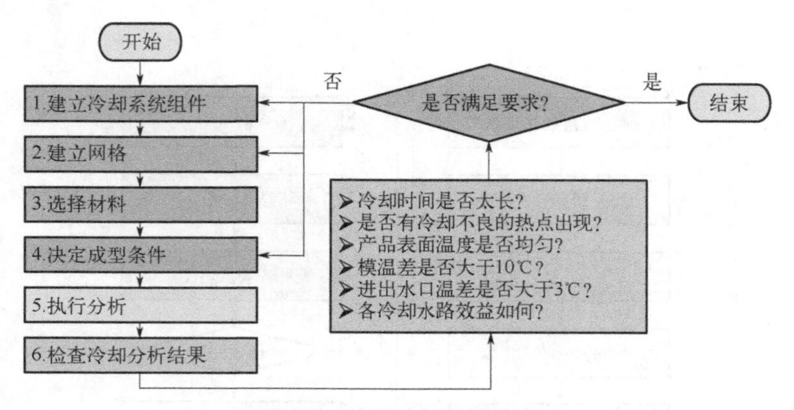

图 1.8　注塑冷却分析流程

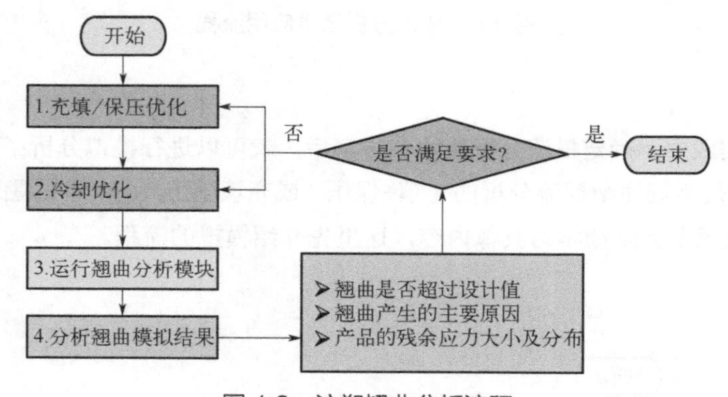

图 1.9　注塑翘曲分析流程

从上面三个流程图可知，注塑 CAE 系统的使用通常分为三个步骤:

（1）前处理

① 设定成型塑料、模具材料、注塑机规格及冷却液种类等。

② 建立离散的网格模型，将流道、浇口、型腔及模具建成有限元网格。

③ 设定成型条件，包括充填时间、保压时间、注射压力、注射速度、冷却温度等。

（2）运行分析模块

① 充填分析：可以模拟熔体从喷嘴注入开始至充满型腔的填充过程。

② 保压分析：可以模拟已充入型腔的塑料熔体在保压过程中的状态。

③ 冷却分析：可以模拟模具在冷却过程中的温度变化、熔体状态和热流、冷

却回路效率。

④ 翘曲分析：根据保压分析取得的塑料收缩及冷却分析取得的模具温度变化，分析注塑制品脱模后可能产生的翘曲变形状况。

（3）后处理

各种模拟结果的数据输出及显示，包括动画、彩色云纹图、等值线图、X-Y 平面图及文字报告、数字显示等，如塑料的压力分布、模具的温度、熔接线位置及气穴位置等。通过这些输出的图文数字结果完成决策。

第2章 Moldex3D 软件简介

Moldex3D 软件的名字源于英文单词“mold expert”和基于三维（3 dimensions，3D）数值分析的创业定位。本章介绍 Moldex3D 产品的种类、特点及 2023 版本的一些特色。

2.1 Moldex3D 软件概述

科盛公司将其自主研发的软件产品命名为 Moldex3D，据说有“三维模流专家”的含义，一来致敬模流领域的 K. K. Wang 教授的 C-mold 和 Colin Austin 的 Moldflow 而沿用“Mold”，再者公司发展定位以三维模流分析为主，有成为专家“expert”的愿景，组合而成 Moldex3D。

在全球化的大背景下，合作共赢是时代特色。Moldex3D 研发团队，为保证产品竞争力，积极与其他 CAD、CAE 软件公司合作。一方面建立数值模拟软件接口，拓展 CAE 的分析能力，如将自己研制软件的模拟结果按照 Abaqus、Ansys 等 CAE 软件定制格式输出，然后作为结构分析软件的输入，与 Abaqus、Ansys 等联合完成机械性能的模拟预测。类似地，建立与 PTC、Creo、SOLIDWORKS 等 CAD 软件接口，将模流分析与 CAD 软件结合。另一方面，在部分 CAD 软件功能中嵌入自己研发的软件代码，实现模流分析或数值模拟 CAE 所需的高质量网格的划分、后处理的结果显示。此外，为更好地服务客户，代理了与模流分析相关的一些软件。所以 Moldex3D 产品包括三部分内容：自主研发软件、代理软件及包括材料性能测试在内的专业服务，参见表 2.1 和图 2.1。表 2.2～表 2.8 对科盛公司软件产品及服务作简单介绍。

表 2.1 Moldex3D 软件及说明

软件		说明
模流分析软件	Moldex3D 模流分析系列： eDesign、Professional、Advanced	各系列包含材料库、网格划分、后处理模块，但网格单元种类和计算能力有差异（表 2.2、表 2.3），注射成型及其革新工艺模拟功能不同（表 2.4），以及高级模流分析模块不同（表 2.5）
	Moledx3D 模流拓展系列： eDesign、Professional、Advanced	纤维增强注射成型分析、黏弹分析（VE）、进阶热浇道分析（AHR）、应力分析、光学分析、机台响应、塑化分析、模内装饰分析（IMD）（表 2.6）
	代理模流分析的产品： B-SIM、T-SIM、VEL、MeltFlipper	吹塑成型模拟软件、热成型模拟软件、挤出成型模拟软件、流道平衡充填技术
显示相关	Moldex3D Viewer 系列： Viewer、Viewer R16 for RSV	查看模流分析结果的独立软件，为适应协同设计、生产制造而完成的模拟结果查看软件
	代理 CAD 产品： Flamingo、Rhino	CAD 模型渲染、光照软件 Flamingo；参数化 CAD 绘图软件 Rhino
集成功能软件	Moldex3D 系列集成功能： eDesign、Professional、Advanced	专家分析（DOE）、软件接口 API（Application Programming Interface）、与设计制造集成的 SYNC 模块（Synchronized Design）、网格处理软件 Moldex3D CAD Doctor、iSLM（intelligent Simulation Lifecycle Management）模块（表 2.7）
培训学习软件	Moldex3D 系列： MPE（Moldex3D Plastics E-Learning）	MPE 从材料、模具、设备、工艺及工程案例多角度熟悉注塑成型涉及的多学科内容。适合职场新人、专业技能拓展人员、管理职员、学生、公司培训人员等（表 2.8）
	代理 Paulson Training Program	Paulson Training Program 为专业塑料成型技术 CAE 训练软件，包括注塑、挤出与吹塑。可针对不同需求，提供训练课程，让用户短期内了解塑料成型的相关知识
其他	模流分析相关的材料数据测试分析等	材料性能测试、软件应用培训、Moldex3D 模流分析资格认证、产业解决方案等，可参考软件官网

表 2.2 Moldex3D 模流分析系列产品网格技术、计算能力对比

项目	Professional Basic	eDesign	Professional	Advanced
Moldex3D 网格技术				
边界层网格（BLM）	●		●	●
自适应网格 eDesign	●	●	●	●
实体网格（六面体 Hexa，棱柱 Prism、金字塔 Pyramid、混合模式 Hybrid）				●
薄壳网格（2.5D Shell）				●
计算能力				
同时可运行的分析模块数目	1	1	1	3
并行运算最大 CPU 数目	8	8	8	24
材料库（热塑性塑料、热固性塑料、冷却介质、成型设备）	○	○	1	3
热塑性塑料注射成型（IM）	●	●	●	●
反应注射成型分析（RIM）	●	●	●	●

注：●产品内含模块；○可加购模块。

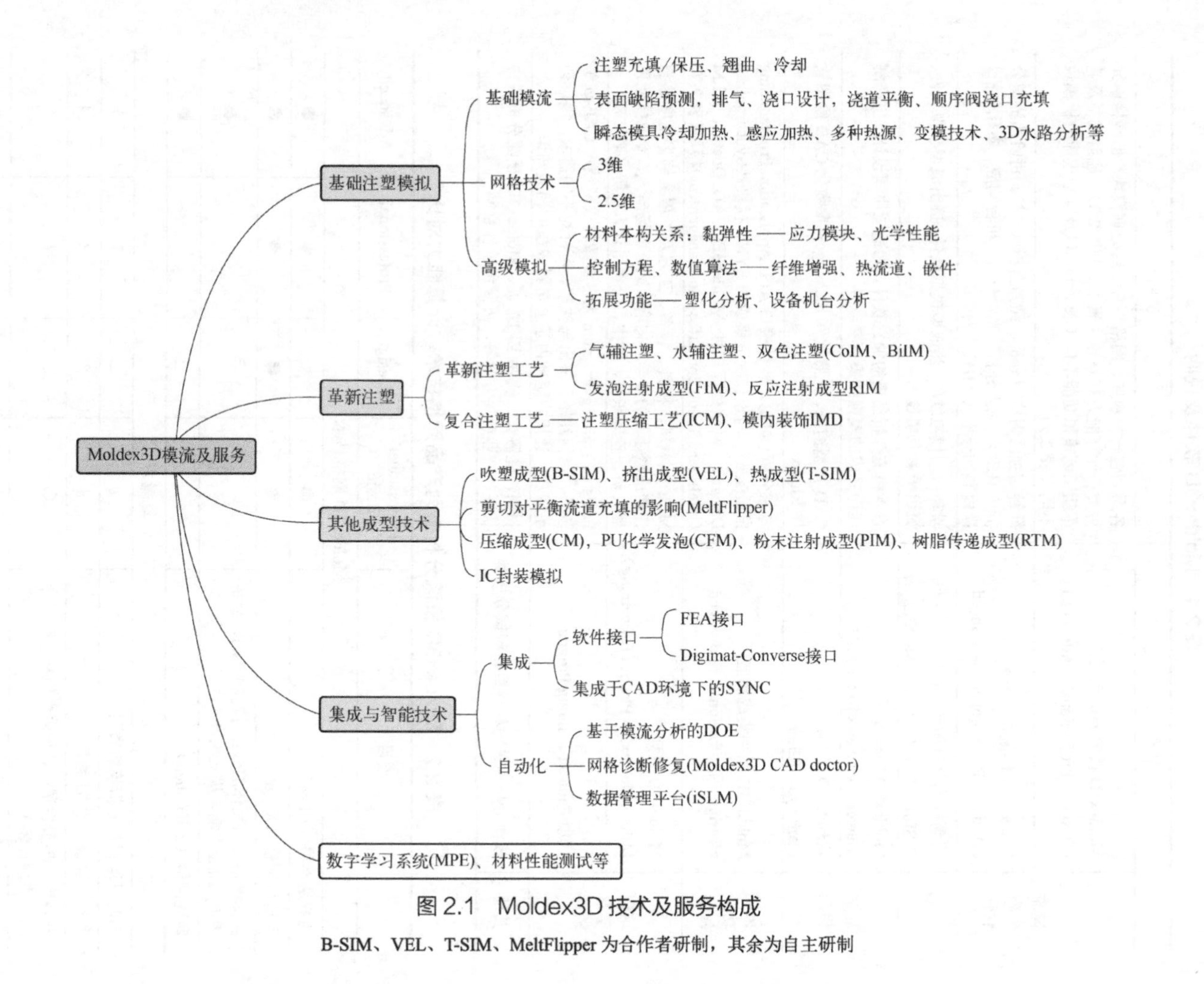

图 2.1 Moldex3D 技术及服务构成

B-SIM、VEL、T-SIM、MeltFlipper 为合作者研制，其余为自主研制

表 2.3 Moldex3D 网格技术支持的输入/输出格式

软件	三维实体网格		薄壳网格	
	输入	输出	输入	输出
Abaqus		*.inp		
Ansys	*.ans	*.ans	*.ans	*.ans
Femap	*.neu			
HyperMesh	*.ans		*.unv	
Ideas	*.unv		*.unv	
Moldex3D	*.mfe	*.mfe	*.msh	*.msh
MSC.Nastran	*.dat	*.dat		
MSC.Patran		*.pat	*.pat	
Creo（Pro/Engineer）	*.fnf		*.fem	
STL				*.stl

表 2.4 Moldex3D 注塑及其革新技术的模流分析

模拟功能模块	Professional Basic	eDesign	Professional	Advanced
流动分析	●	●	●	●
表面缺陷预测	●	●	●	●
排气设计	●	●	●	●
浇口设计	●	●	●	●
冷流道及热流道	●	●	●	●
流道平衡	●	●	●	●
保压分析		●	●	●
冷却分析		●	●	●
瞬态模具冷却/加热		●	●	●
异形冷却		●	●	●
3D 实体水路分析（3DCFD）		○	●	●
快速温度循环		●	●	●
感应加热		●	●	●
加热元素		●	●	●
翘曲分析		●	●	●
嵌件成型			●	●
顺序多射成型			●	●
粉末注射成型（PIM）	○	○	○	○
发泡注射成型（FIM）		○	○	○
气体辅助注射成型（GAIM）			○	○

续表

模拟功能模块	Professional Basic	eDesign	Professional	Advanced
共注射成型（CoIM）			○	○
双料共注射成型（BiIM）			○	○
PU 化学发泡（CFM）			○	○
压缩成型（CM）			○	○
射出压缩成型（ICM）			○	○

注：●产品内含模块；○可加购模块。

表 2.5 Moldex3D 系列模流拓展功能

项目	Professional Basic	eDesign	Professional	Advanced
进阶分析				
机台响应①	●	●	●	●
塑化分析		●	●	●
应力分析		●	●	●
黏弹性分析（VE）		●	●	●
进阶热流道分析（AHR）		●	●	●
模内装饰分析（IMD）			●	●
光学分析				●
纤维增强塑料模拟				
纤维分析②	●	●	●	●
FEA 界面③	●	●	●	●
微观力学界面④	●	●	●	●
Moldex3D Digimat-RP	●	●	●	●

注：●产品内含模块。

① 机台响应功能需要由机台特殊服务所取得的档案来启用。

② 扁纤与流纤耦合需要额外授权：Enhanced Fiber。

③ Moldex3D FEA 接口模块支持结构分析软件：Abaqus、Ansys、MSC-Nastran、NX-Nastran、LS-DYNA、MSC-Marc、Optistruct 与 Workbench。

④ Moldex3D 微观力学接口模块支持结构分析软件：Digimat、CONVERSE。

表 2.6 Moldex3D 系列集成分析

项目	Professional Basic	eDesign	Professional	Advanced
纤维增强塑料模拟				
纤维分析	●	●	●	●
FEA 界面	●	●	●	●

续表

项目	Professional Basic	eDesign	Professional	Advanced
微观力学界面	●	●	●	●
Moldex3D Digimat-RP	●	●	●	●
整合型与自动化				
专家分析（DOE）	●	●	●	●
API		●	●	●
SYNC[①]		●	●	●
Moldex3D		●	●	●

注：●产品内含模块。

① Moldex3D SYNC 支持 CAD 软件：PTC®、CREO®、NX、SOLIDWORKS®。

Moldex3D 模流分析软件，有 eDesign、Professional、Advanced 三个系列，其中 Moldex3D Advanced 功能最全。

2.2 Moldex3D 前、后处理功能

数值模拟软件的前、后处理功能，不仅体现了软件的易用性和方便性，而且前处理的网格质量会影响分析计算精度，对模拟结果有重要影响。模流分析中，设置数值模拟有近三分之一的时间是处理模型和网格。

（1）前处理

Moldex3D 前处理，包括 CAD 建模、网格划分、网格诊断和修复等主要部分。其中，CAD 建模可完成制品、模具结构、浇注系统、冷却回路等的绘制和商品化 CAD 软件模型的读取，以及网格划分、网格诊断和修复功能。不同数值模拟软件各具特色。Moldex3D 网格支持不同类型的网格及其组合，下面介绍 Moldex3D 的网格类型。

Moldex3D 网格包括：二维平面的三角形、四边形网格，三维四面体、棱柱体、六面体/砖状单元（Brick Voxel）和金字塔形网格等（图 2.2）。Moldex3D 有多种主流的网格生成技术，可生成三角形、四边形为主的混合表面网格，纯四面体网格、边界层网格、纯六面体网格、混合实体网格及中间（2.5D shell）简化网格。用户可根据自己的特殊模拟需求来建立网格模型。网格划分功能模块 eDesign、BLM、Solid 对比如表 2.7 所示。

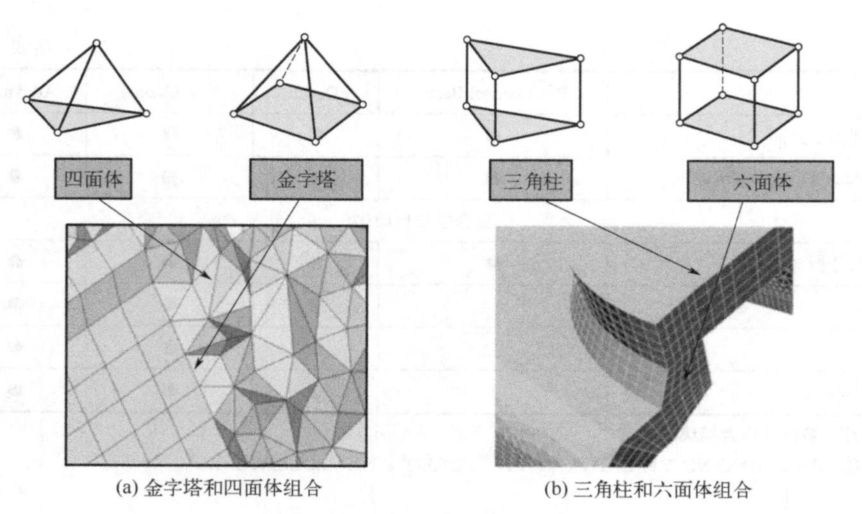

(a) 金字塔和四面体组合　　(b) 三角柱和六面体组合

图 2.2　体单元及其构成的网格

表 2.7　网格划分功能模块系列产品对比

设计验证（eDesign）	模流创新（BLM）	模流创新⁺（Solid）
自动化网格生成	自动化网格生成	手动网格生成（Hexa、Prism、Pyramind、Hybrid）
CAD/PLM 整合	CAD/PLM 整合工艺优化	工艺优化，特殊工艺支持
简单、快速、效率	精细、准确、效率	定制化、精细、准确

前处理工具 Moldex3D Designer，提供 eDesign 和边界层 BLM（Boundary Layer Mesh）两种模式的 CAE 模型建构和网格划分技术。eDesign 工作体系包括流道系统、冷却系统、网格的产生及网格输出。BLM 具有非匹配网格技术（Non-Matching Mesh Topology Technology），允许各结构模型相连的边界网格不必点对点，BLM 求解器可自动计算接触面节点的连续性。3D Solid 网格生成技术支持高分辨率边界层网格（BLM）、混合实体网格（Hybrid Mesh）和多面体网格。Moldex3D 网格支持的网格输入/输出格式见上文表 2.3。

Moldex3D CAD doctor 是具有网格诊断、文件读取输出、网格修复功能的软件，支持多个 CAD 平台间的数据转换及模型缺陷修复；能简化复杂几何模型并提供高质量的曲面与实体对象，生成边界层 BLM 时能提高网格质量。对导入的三维 CAD 文档，可检测 CAD 模型的错误，利用自动修复（Automatic Healing）或交互式修复（Interactive Healing）功能，完成修复。Moldex3D CAD doctor 可提升模拟所用网格的质量进而改善模拟精度。

（2）后处理

后处理可直观、生动地展示模拟结果，早期的后处理功能模块通常与模拟求解器集成一起，随着时代的进步和互联网的发展，进行数值结果的统计、观看、展示的后处理模块与模拟分析功能模块可以相互独立。为满足用户需求，Moldex3D Viewer 是专门为 Moldex3D 分析平台 Studio 推出且不需另购授权的文件阅读器，同时提供 Studio 多样的后处理工具，将模拟结果可视化，让用户方便浏览查看 Moldex3D 的模拟结果。

Moldex3D Viewer RSV（Results for Viewer）是一款独立的 Moldex3D 分析结果查看工具，可提供完整的沟通平台，让跨地域、跨部门的团队成员或用户可清楚地观看仿真结果，便于和产品设计团队、模具制造商、工程师、上级主管、客户甚至是协作厂沟通。软件支持 Moldex3D Project 用户自定义 RSV 文档格式和内容以查看 eDesign、Solid 及 Shell 分析结果。用户仅通过 Moldex3D Project 输出一个便于传输的小字节 RSV 结果文件，就可导入 Viewer，检查分析模流分析的各项结果。RSV 文件档案支持树状目录管理，便于管理不同项目的组群。Viewer 能显示多组运算结果，并同步比较结果，提供动态显示操作，支持结果动画输出，如支持定义比例因子的翘曲变形，压力、温度、速率及密度等动态等值面，用户可以在 X、Y、Z 方向自由切面或剖面显示物理量；且软件有英语、中文、日语、德语、法语、俄语、波兰语、西班牙语多个语言版本。

2.3 Moldex3D 模流分析拓展功能

通常模流分析软件多是基于注射成型工艺的，包括熔体在模具内的流动充填、保压、冷却，以及脱模变形预测等模拟。不同的模流分析软件在模拟工程现象的数学模型、数值算法、材料本构关系模型与材料参数的应用上有差异。Moldex3D 在常规模流分析的基础进行了拓展，一方面尽可能考虑塑料制品从设计到生产及其应用性能的整个生命周期的分析预测，另一方面结合工程实践对注射成型温度、压力控制技术进行量化分析；同时增加新的塑料成型工艺模拟（参考图 2.1），从原材料、成型工艺、模具及设备、成型制品性能分析的视角看，软件具有多样性。

① 原材料　软件可模拟的材料体系包括：热塑性塑料、热固性塑料单相材料；玻璃纤维或碳纤维增强的复合塑料；惰性气体和塑料熔体、水和塑料熔体、超临界流体和塑料熔体、双色塑料或多组分塑料等；陶瓷、金属粉末的注射成型（PIM）。

注塑模温控系统的介质包括水、油等。

② 成型工艺　模流分析包括：多材料多组分注射成型（气辅注塑、水辅注塑、双色注塑、发泡注塑、多材料注塑、反应注射成型 RTM、嵌件成型）、吹塑、热压、挤出成型、IC 封装、树脂传递模塑成型 RTM、注射压缩成型（ICM）、模内装饰（IMD）等。

③ 模具及设备　首先是浇口、流道系统的设计及排列（冷流道、热流道）。多浇口单一型腔、多浇口多型腔对应的软件模块有非平衡流道的流动平衡分析、平衡流道的不平衡流动分析及 MeltFlipper 解决方案、热浇道顺序阀浇口充填。然后是冷却管道数量、分布、结构、尺寸分析（常规冷却管道、异形管道）和温控系统。相应的模拟分析包括：瞬态模具冷却/加热、异形冷却管道分析（随形冷却管道/3D 打印管道）、3D 实体水路分析（3DCFD）、快速变模温循环、感应加热等。

④ 成型制品性能分析　Moldex3D 包括：自主研制的有应力分析、光学分析模块，有限元分析（FEA）接口；支持的结构 CAE 模拟软件有 Abaqus、Ansys、MSC Nastran、NX Nastran、LS-DYNA、MSC Marc、Opti Struct 与 Workbench。此外，支持 Moldex3D 微观力学接口的有软件有 Digimat 和 CONVERSE。Moldex3D SYNC（Synchronized Design）支持的商品化 CAD 软件有 PTC、Creo、NX、SOLIDWORKS，用户可在 CAD 平台上运行模流分析模块，让 CAD用户在熟悉的环境中完成数值模拟，进而分析产品成型加工的可行性。

Moldex3D 模流产品增强分析功能，包括模型算法改进的纤维增强塑料的注塑模拟、黏弹本构关系的注塑模拟、考虑能量方程热源项的进阶热浇道分析 AHR，以及应力、光学分析模块；并将注塑工艺研究范围从喷嘴拓展到机器的螺杆，通过 FEA 接口实现制品的力学性能预测。其中 AHR 模块量化了热流道与注塑模具定模板温度随时间的变化，可预测不均匀的熔体温度分布、流动不平衡等潜在问题，动态模拟阀针浇口相关的熔体前沿。应力分析可预测塑件与嵌件的应力、变形，评估塑件承受外力产生的变形，支持流固耦合（FSI）型芯偏移计算方式；应力分析结合黏弹性功能模块可模拟回火工艺。光学性能分析模块可预测因流动或热不平衡导致的双折射、光弹条纹及条纹数目。3D 螺杆动态仿真，可准确预测温度、压力等作用下熔体的塑化，结合 Moldex3D 设备特性分析模块，可评估成型设备响应对料管内熔体流变性能和流动行为的影响。

Moldex3D iSLM（intelligent Simulation Lifecycle Management）是针对模具设计与塑料成型所推出的数据管理平台，可用来记录制品设计、试模过程，并将工作中的数据汇总，通过数据的可视化呈现让整个开发流程及数据浏览便捷，便于团队协作，利于塑料成型过程的智能（智慧）生产。

Moldex3D 中自主研制软件模块会在后面章节陆续介绍。下面简要介绍一下 Moldex3D 合作伙伴的吹塑成型模拟 B-SIM、热成型模拟 T-SIM、挤出成型模拟 VEL 和多型腔流道平衡技术 MeltFlipper 软件。

2.3.1　吹塑成型模拟（B-SIM）

B-SIM（Blow Molding Simulation）是针对挤出-吹塑成型（Extrusion Blow Molding）和注塑-吹塑成型（Injection Blow Molding）的模拟软件。B-SIM 可根据特定加工参数（如设定的压力、模具位移、型坯初始温度、厚度分布等），准确预测产品成型后的厚度分布。吹塑成型模拟需要考虑材料的大变形，移动边界问题。

B-SIM 有 CAD 模型接口，支持的文件格式有 Stereolithographic STL、DXF、Patran Neutral、VRML、HyperMesh ASCII，考虑了塑料原料聚乙烯（PE）、聚丙烯（PP）、聚对苯二甲酸乙二醇酯（PET）、聚碳酸酯（PC）、聚甲基丙烯酸甲酯（PMMA）等材料的黏弹本构关系，以及成型过程的剪切、摩擦及传热，模拟挤吹成型 EBM［图 2.3（a）］和注吹成型 IBM［图 2.3（b）］，并且可预测印刷图案的变形程度［图 2.3（c）］。吹塑成型是塑料加工的一种主要方法，成型的吹塑制品被广泛应用于包装行业，对环境、资源有较大影响。通过用 B-SIM 模拟，可以优化型坯、制品的厚度分布和壁厚尺寸（图 2.4），减少材料和能源消耗。

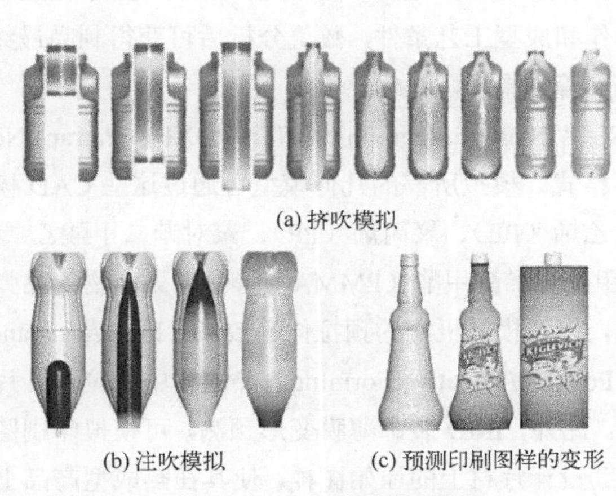

(a) 挤吹模拟

(b) 注吹模拟　　(c) 预测印刷图样的变形

图 2.3　B-SIM 软件模拟结果

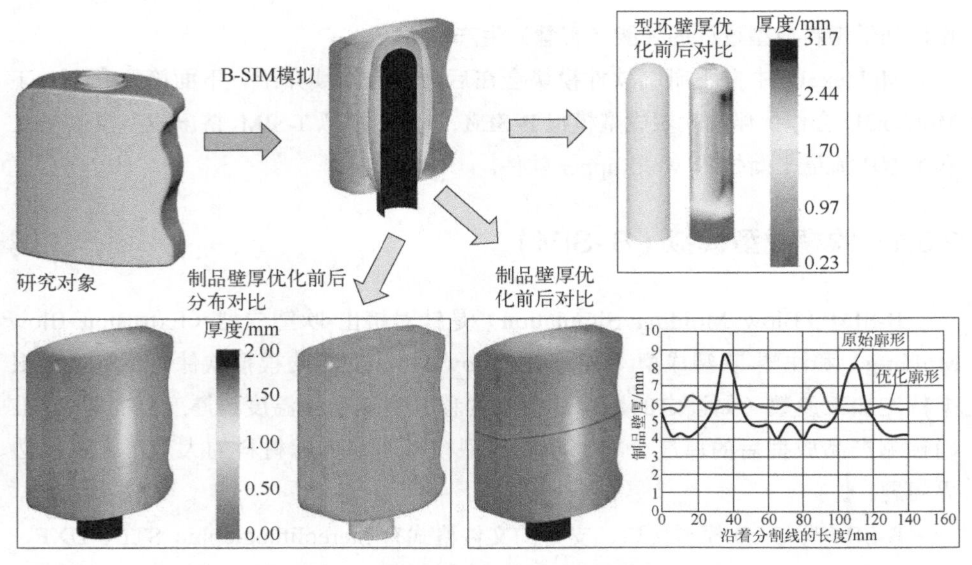

图 2.4　B-SIM 模拟结果应用示意

2.3.2　热成型模拟（T-SIM）

T-SIM（Thermoforming Simulation）是一款针对热成型的模拟分析软件，能进行真空成型（Vacuum Forming）和高压成型（Compression Molding）模拟，也可用于模拟模内注塑装饰 IMD（In Mold Decoration）中装饰薄膜的变形分析。T-SIM 综合考虑了材料特性、表层（装饰薄膜）材料的初始厚度分布及温度分布、模具及相关可移动构件的动作和成型工艺条件，数值分析后可获得制品最终厚度分布、温度分布、表面材料变形等结果（图 2.5）。

T-SIM 软件支持 Stereolithographic STL、DXF、Patran Neutral、VRML、HyperMesh ASCII 格式，模拟所需的几何模型可通过这些 CAD 模型的格式文件导入。软件考虑了聚乙烯（PE）、聚丙烯（PP）、聚对苯二甲酸乙二醇酯（PET）、聚碳酸酯（PC）、聚甲基丙烯酸甲酯（PMMA）等塑料聚合物的黏弹性、材料成型过程的黏滞热与传热，以及模具机构的预拉伸等效应（Plug Assistance），因此可准确模拟凸模或凹模（Positive/Negative Forming）热成型中的位移、片材及制品的厚度分布、温度分布等。此外，IMD 装饰薄膜变形预测，可模拟印刷图案在热成型过程的变形程度，以辅助设计片材上的原始图样，使其在热成型产品上呈现的结果符合预期［图 2.5（c）］。

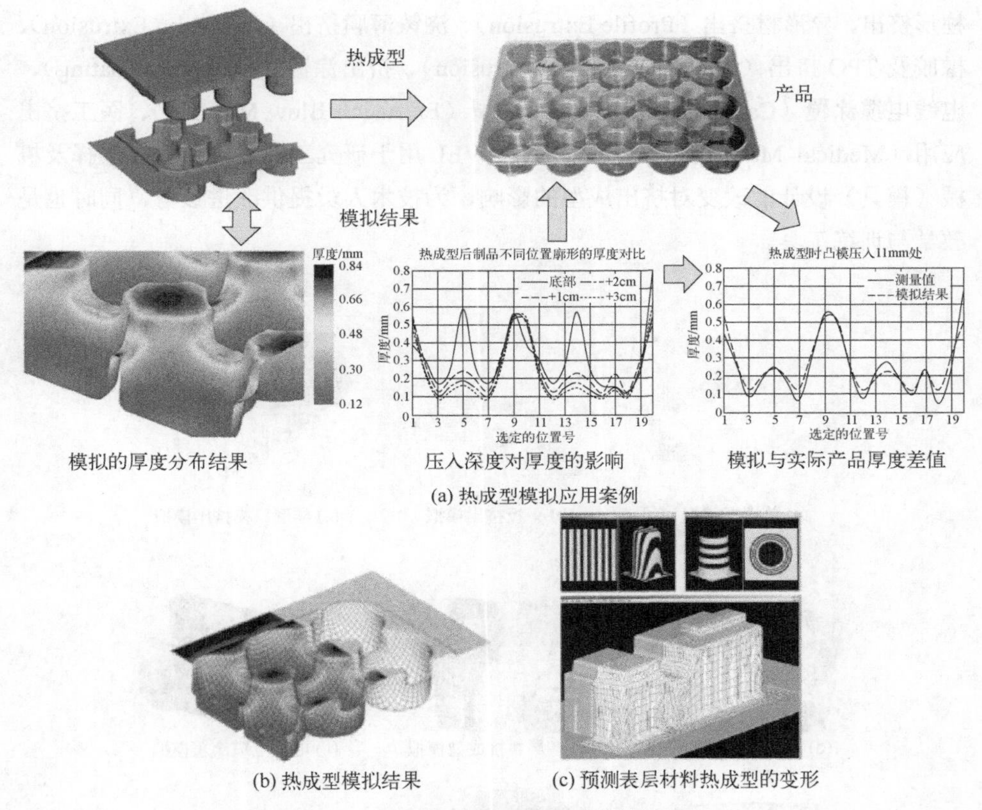

(a) 热成型模拟应用案例

(b) 热成型模拟结果

(c) 预测表层材料热成型的变形

图 2.5 T-SIM 软件应用及其模拟结果

2.3.3 挤出成型模拟（VEL）

挤出成型（Extrusion Molding）又称挤压模塑或挤塑成型，通常是指借助螺杆或柱塞的挤压作用，使受热熔融的聚合物材料在压力的推动下，强行通过机头模具（口模）而成型为具有恒定截面连续型材的一种加工方法。挤出成型过程主要包括加料、熔融塑化、挤压成型、定型冷却等过程。挤出成型是聚合物加工领域中生产率高、适应性强、用途广泛、产量占比大的一种成型加工方法。挤出成型能生产管材、棒材、板材、片材、异型材、电线电缆护层、单丝等各种形态的连续型产品，还可以用于混合、塑化、造粒、着色和高分子材料的共混改性等。

VEL（Virtual Extrusion Laboratory）是 Compuplast 公司 1990 年研发的专业挤出模流分析软件，软件可完成多种如图 2.6 所示的挤出成型模拟，包括螺杆模拟（Screw Design）、常用的平板挤出（Sheet Extrusion）、圆形管挤出（Pipe Extrusion）、

柱形挤出、异形材挤出（Profile Extrusion）、浇铸薄膜挤出（Cast Film Extrusion）、橡胶及 TPO 挤出（Rubber and TPO Extrusion）、挤出涂覆（Extrusion Coating）、电线电缆涂覆（Cable Coating），挤出成型（Extrusion Blow Molding）、医工挤出应用（Medical Multi-lumen tubing）等。VEL 用于研究工艺条件、材料选择及机械（模具）设计的改变对挤出成型的影响，为技术人员提供改进参考，同时也是教学与训练工具。

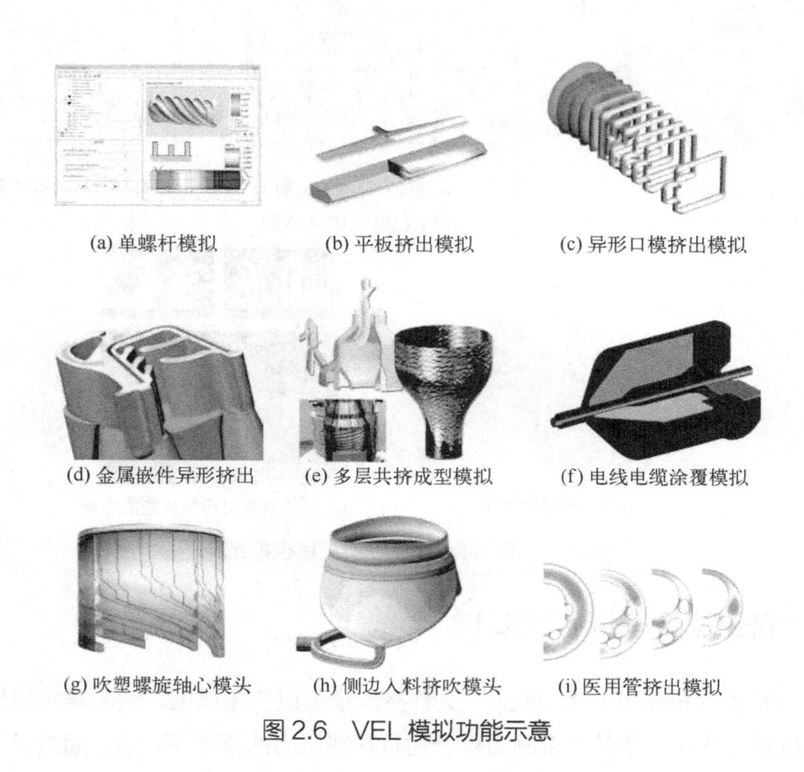

(a) 单螺杆模拟　(b) 平板挤出模拟　(c) 异形口模挤出模拟

(d) 金属嵌件异形挤出　(e) 多层共挤成型模拟　(f) 电线电缆涂覆模拟

(g) 吹塑螺旋轴心模头　(h) 侧边入料挤吹模头　(i) 医用管挤出模拟

图 2.6　VEL 模拟功能示意

VEL 软件基于螺杆结构，多数模拟采用参数化模式建立几何模型，不需使用 CAD 绘制几何模型，且有网格自动划分功能，计算效率高；后处理数据可视化技术能直观方便地查看模拟结果。

2.3.4　多型腔流道平衡技术（MeltFlipper）

MeltFlipper 是美国 Beaumont Technologies Inc.的多型腔流道平衡专利技术。该

技术通过旋转熔体，重新分配具有不同物理性能参数的熔体的位置，实现各个型腔的平衡充填（图 2.7）。这项多型腔流道平衡技术，有可能实现注射成型中各型腔内压力、熔体温度、黏度及成型制品机械性质近乎相同。

根据经验，注塑成型工程人员通常认为几何平衡流道的设计已提供了模具型腔的最佳自然平衡（natural balanced）条件，因此各型腔之间的成型质量可以达到均匀一致。类似地，自然平衡流道系统观念也同样适用于多浇口单一型腔的情形。然而，流道系统几何平衡的状态下，靠近中心的内侧型腔与远离中心的外侧型腔仍然会有差异［图 2.7（b）］。大部分情况下，这种不平衡现象容易出现在四个以上型腔的模具中，但单一型腔也可能发生。这是因为塑料熔体是剪切变稀的非牛顿流体，流道内熔体的剪切影响熔体黏度和充填状态，在成型玻璃纤维增强塑料时尤其明显。因此为了避免这种不平衡，实践中采用 MeltFlipper，在模流分析（数值模拟）时需要考虑动量方程和能量方程中的黏滞热及由此带来的温度差异。这对于一模多腔的精密注塑或成型质量要求高的注塑制品非常重要。

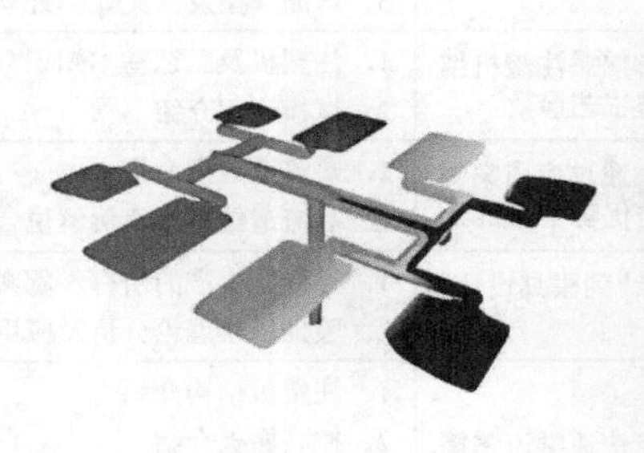

(a) 应用前的模拟结果

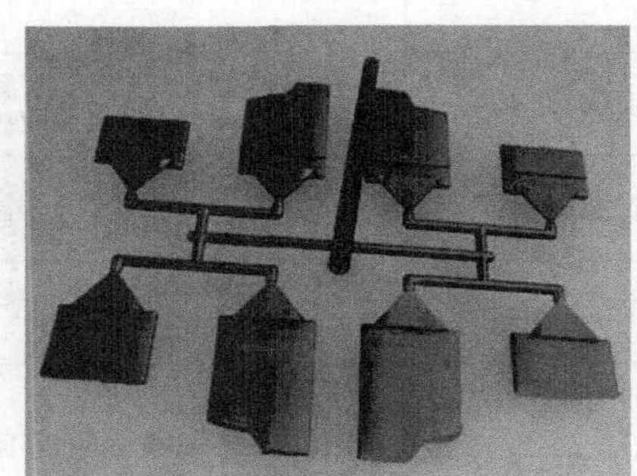

(b) 应用前的实验结果

(c) 应用流道翻转技术

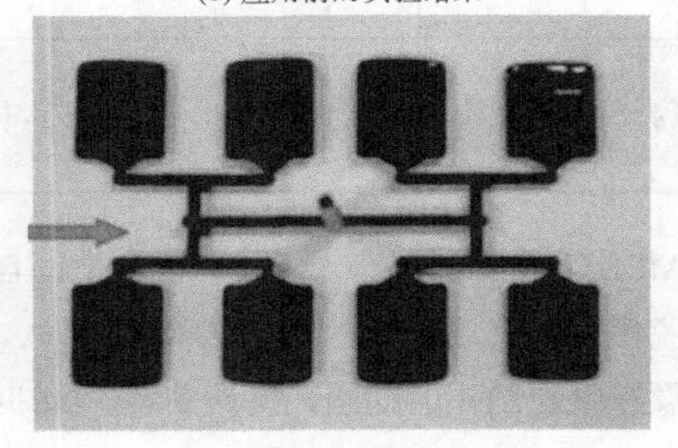

(d) 应用后的实验结果

图 2.7　MeltFlipper 模拟效果示意

2.4 Moldex3D 数字学习系统（MPE）

站在巨人的肩膀上，眼界会开阔很多。Moldex3D 从企业和工程实际出发，结合 Moldex3D 客户的服务经验，以注射成型为主，完成了相对独立的数字化教学软件 MPE（Moldex3D Plastics E-Learning）。软件融入了塑料成型行业术语、注塑机必备的知识，还包括成型工艺分析及工程实践案例，对学生、企业新人、成型工艺师、模具及设备工程师、生产管理者都有裨益，编者曾将部分内容用于教学、培训，效果良好。MPE 主要内容如表 2.8 所示。

表 2.8　MPE 主要内容

课程目次	教学目标	课程规划
1. 注射成型工艺开发	通过视频与案例应用，用完整的七个章节探讨注射成型的基本知识与开发流程，产品设计如何从无到有，产品量产如何改善到优化	1. 产品开发流程介绍 2. 塑料材料基础知识 3. 模具设计 4. 注塑机介绍 5. 产品成型及常见缺陷处理
2. 注射成型设备	通过交互式注塑机操作，了解熟悉注塑机结构，学习如何设定、调整注塑工艺参数	1. 注塑机及工艺基本知识 2. 试模流程介绍
3. 热流道介绍	了解热浇道基本概念、原理，通过应用案例详细说明热流道的使用效益与优势	1. 热流道成型介绍 2. 热流道结构与案例解说
4. 模具结构案例分析	实际工程案例分享，从产品设计到模具设计，从参数调整到材料评估流程	1. 设计到生产的所有步骤案例 2. 验证所学理论分析及应用
5. 注塑机虚拟操作	通过仿真注塑机操作流程，能快速学习掌握注塑机操作及调试	1. 注塑机结构介绍 2. 控制面板介绍 3. 参数面板介绍 4. 短射式模
6. 随堂考	通过考题测验，用户自查学习情况	1. 注塑成型工艺 2. 注塑机操作 3. 热流道系统的理论与应用

MPE 工程实例丰富，学习时间、空间自由，特别是熔体在型腔内的充填过程、模具脱模过程直观清晰，模具结构各零件、动作直观易懂。MPE 教学结合工程实践录像视频和制作的动画，模具安装、拆卸细节一目了然；注塑机操作面板与参数设定实现了人机虚拟互动（图 2.8）；热流道理论与实践案例翔实，真实的注塑案例构建了扎实的注塑工艺知识，包括塑料原材料、模具、注塑机、注塑制品开发流程等内容。

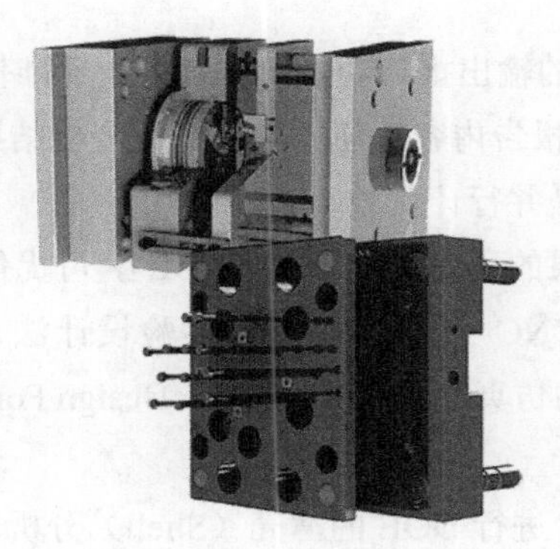

(a) 热流道及模具详细说明

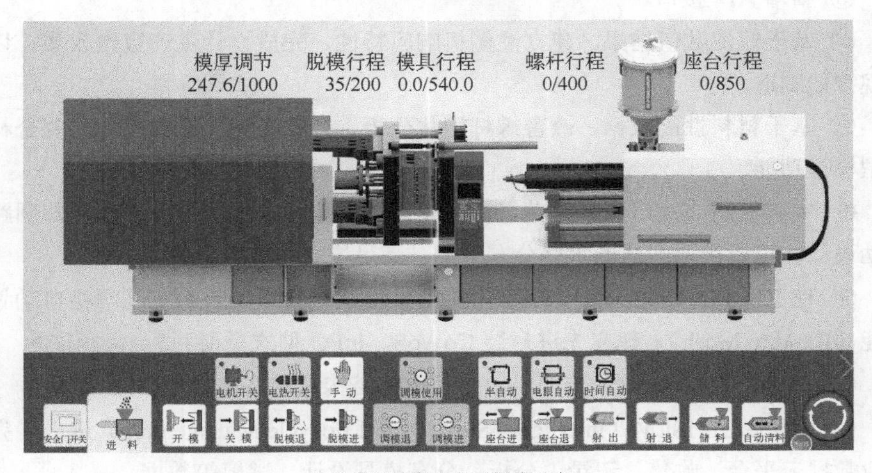

(b) 虚拟注塑机交互操作示意

图 2.8　MPE 课程内容示意

2.5　Moldex3D Studio 2023 新增功能

2023 年 4 月 13 日科盛科技公司正式推出 Moldex3D 2023，与全球客户一起突破疫情与国际情势的多重挑战，强化了线上协同能力。新版定位“智能革新”，有时代的特色，推出包含智能设计、智慧管理与智慧学习等多项服务，实现设计与生产无缝接轨，提升协同设计效率。Moldex3D 2023 的重要更新如下。

① 在网格方面，优化网格生成质量与效率，增强了网格划分、CAD 建模与几何修复功能，强化前处理功能，便于快速修复几何模型缺陷，提高几何模型质量。

② 后处理方面，对模拟结果提供探针与截面/断面的量测功能，可实时量测点

或面的物理信息；模拟后的输出报告功能可提供企业标准化、智能化及自动化解决方案，用户可自定义模拟报告内容，便于建立企业分析结果标准化格式。

③ 计算效率，特别是并行计算效率大幅提升。

④ 基于模流模拟结果的正交试验分析（DOE），可优化工艺参数、制品或模具几何尺寸。Moldex3D SYNC 几何优化支持实验设计法（Design of Experiment, DOE），提供面向制造业的仿真设计（Simulation Design For Manufacturing，SDFM）的报告。

⑤ 支持在 Linux 平台进行 DOE 的薄壳（Shell）分析。

⑥ 新增 API 接口。

⑦ 基于模流数值结果，建立注塑机响应特性，完成设计生产数据收集，以便实现智能制造。

⑧ 基于材料性能数据，改善螺杆塑化分析、翘曲预测、纤维取向、复合材料成型模拟功能。

⑨ 完善流道、浇口与水路精灵，强化流道、传统冷却管道、异形冷却回路的自动设计，可提供更多样的水路分布形式，满足增材制造的要求。

⑩ 在 IC 封装模拟方面，改善建模功能，提供更完整的封装工艺网格自动划分功能（IC Auto Mesh），建立先进封装 CoWoS、InFO 型式更便利。

⑪ 在压缩成型（CM）方面，改善了倒钩结构及网格自动生产效率。

⑫ Moldex3D iSLM（intelligent Simulation Lifecycle Management）进一步完善企业数据云平台，收集、记录、分析、分享模具设计、试模等数据。

⑬ 新建材料云（Material Hub Cloud，MHC）数据库，材料种类超过八千，且每季度更新。

⑭ 数字教学系统 Moldex3D Plastics E-Learning（MPE）手机版上市，线上学习更方便。

2.6 Moldex3D Studio 2023 软件界面

Moldex3D Studio 2023 界面与 2022 版相似。本书主要考虑注射成型及其革新技术相关的模流分析内容，使用的软件是 Windows 系统下 Moldex3D Studio 2023 的“Advanced 系列”，其他独立软件模块和服务，如 MPE、T-SIM 等不在本书考虑范围内。为便于熟悉 Moldex3D Studio 2023 及进一步学习，下面给出软件的界面说明。

启动（打开）Moldex3D Studio 2023 有两种方法：一种方法是直接在安装软件的电脑桌面找到如图 2.9 所示的图标，然后双击该图标，打开（启动）软件，进入如图 2.10 所示界面；另一种方法是点击电脑屏幕左下角的图标，从应用程序列表中找到 Moldex3D Studio 2023 文件夹，单击对应的下拉菜单后，找到 Moldex3D Studio 2023 程序，点击图标启动（打开）软件，进入如图 2.10 所示的界面。

图 2.9　桌面“快捷方式”图标

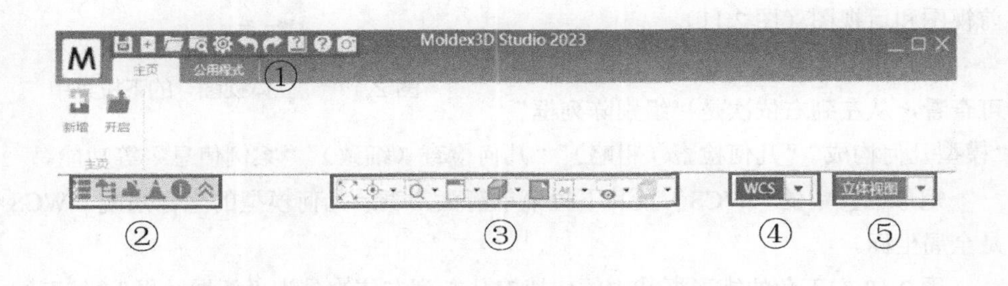

图 2.10　Moldex3D 启动后的界面

图 2.10 中标注的 6 个矩形框都是快捷（便捷）的菜单栏，其中①、⑥矩形框是软件系统快捷菜单，②～⑤是工作区间的快捷菜单，③～⑥包括下拉菜单。图 2.10 的状态下，④和⑥显示灰色，表示暂时不可以操作或查看，②中的快捷键图标，虽然不显示灰色，但暂时也不可操作或查看；汇入（导入）几何图形之后这三个矩形框内的快捷键功能可以使用，接下来将给予介绍。下面先了解一下各个矩形框的图标功能，从可操作的快捷菜单组合①、③、⑤开始。

矩形框①中的快捷键图标从左到右依次是“储存”“新增”“打开”“档案总管”“偏好设定”“撤回”“恢复”“帮助”“关于”“截图”。

矩形框③中的快捷键图标从左到右依次是“窗口大小”“自动中心”“视角观看”“窗口选择比较”“背景设置”“选择对象”“选择显示的部分”“透明设定”8个图标。

矩形框⑤中的快捷键表示几何模型的视图选择，单击“立体视图”，用户可以查看模型各个视角的图形，包括立体视图、上视图、下视图、右视图、左视图、前视图和后视图（图 2.11）。

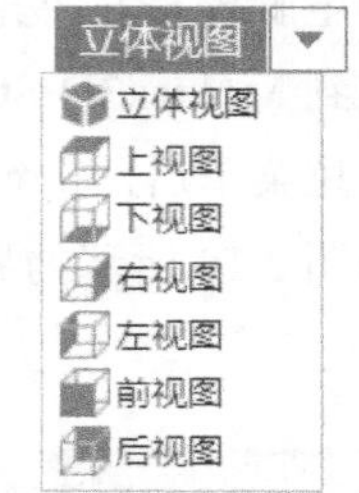

图 2.11 “立体视图”的下拉菜单

矩形框②在导入（汇入）几何之后方可查看，从左到右依次是“组别陈列框”“模型几何构成”“几何检查（粗略）”“几何检查（细致）”“案例信息”等功能。

矩形框④中的“WCS”及其下拉菜单箭头，表示几何模型的坐标系统。WCS 是全局坐标。

图 2.10 右下角的矩形框⑥中的快捷键从左到右依次是为“新增结果”“储存结果状态”“探针”“笔记”“挑选开启”“正交”“平面”“锁点”，其中锁点的用处非常多，需要留意一下。

接下来展示怎样激活②、④、⑥矩形框中的快捷功能图标，即如何导入几何模型。进入图 2.10 的界面后，点击“新增”图标，则会出现图 2.12 的弹出式窗口，用户可以选择想要存储的位置，也可选择默认（缺省）位置，然后键入名称“MDXProject20230404”（示例）后，单击窗口下面的“确定”按钮，则创建一个新案例。“开启”图标是打开已有的案例。单击“开启”图标后，从弹出的“打开”菜单（文档资源管理器，见图 2.13），选择已有案例所在电脑硬盘的位置和“*.mrm”文件后，双击文件名开启，或单击底部的“打开”按钮，则界面如 2.14 所示，②、④、⑥矩形框的快捷功能图标均处于可操作（点击）状态，如图 2.10 所示的灰色。相应的第二行图标，从图 2.13 的“主页”“公用程式”2 个图标变为图 2.14 的“主页”“模型”“网格”“工具”“检视”“边界条件”“FEA 介面”“显示”“公用程式”9 个图标。同时，第三行的“主页”图标从图 2.13 的“新增”“开启”两项，变为图 2.14 多项图标。下面将第二行的图标从左到右依次介绍相关功能，进一步地应用于后面章节学习。

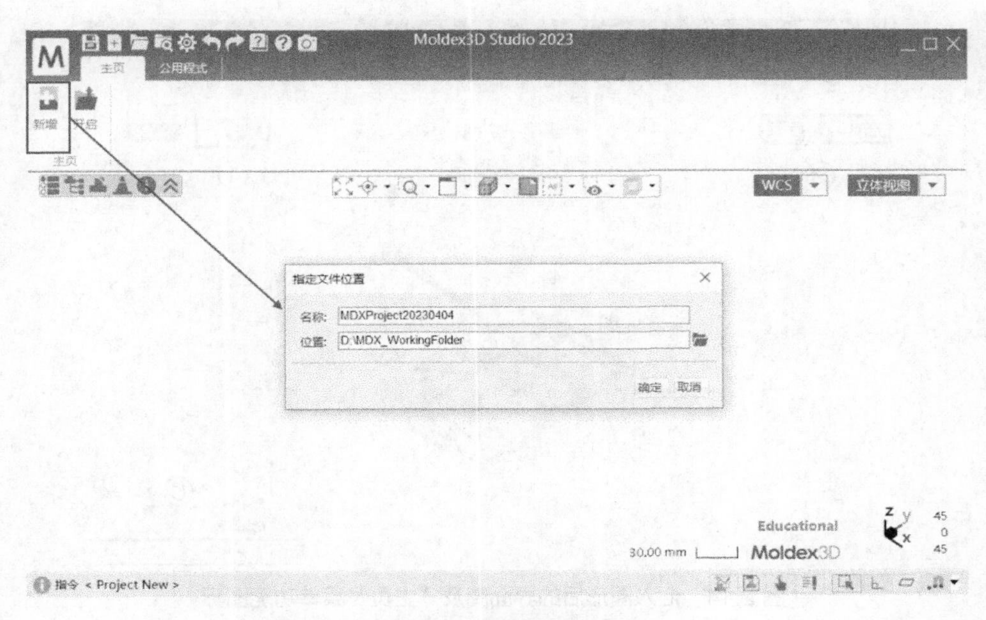

图 2.12　新增案例位置

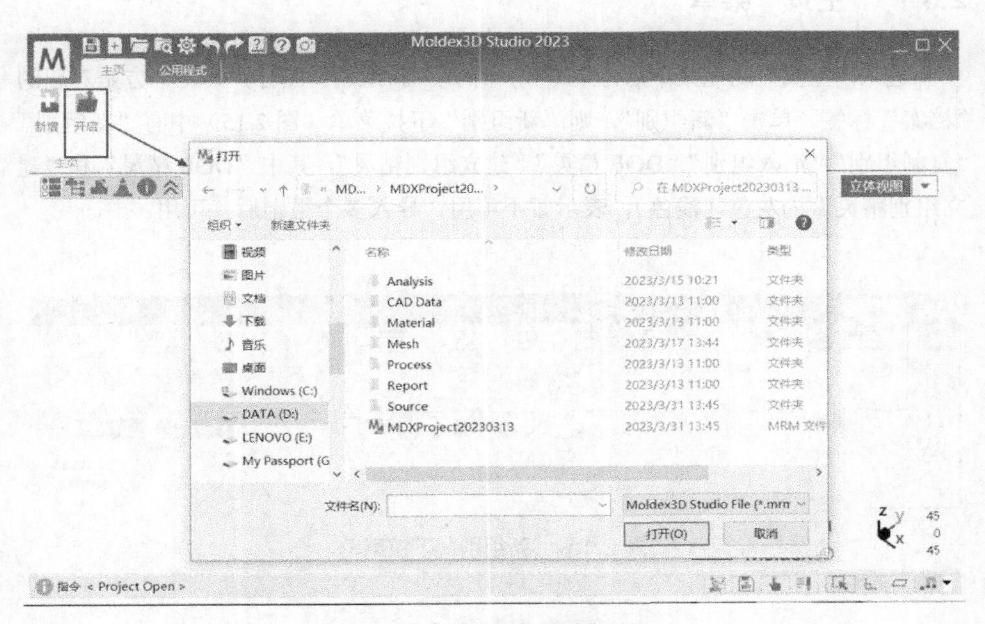

图 2.13　“打开”案例位置

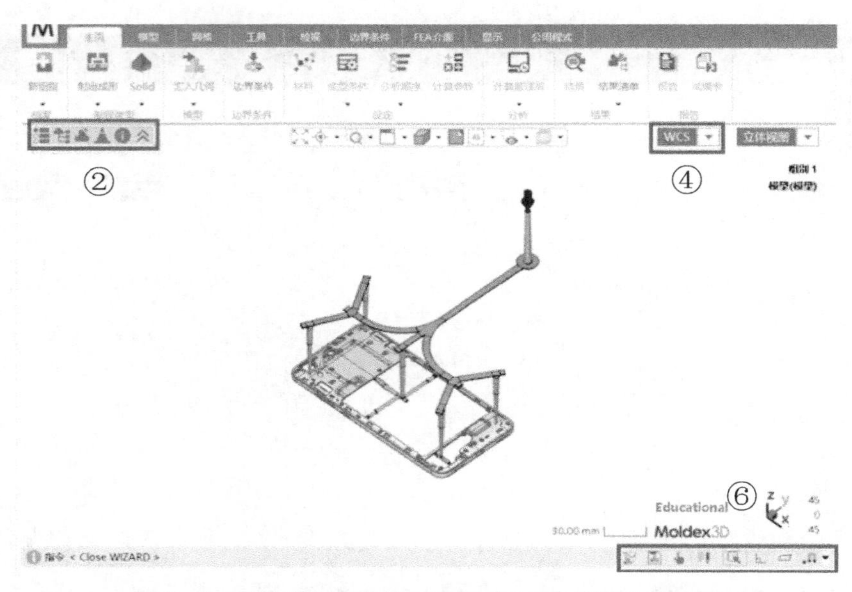

图 2.14　汇入图形后的界面图及“主页”菜单功能图标

2.6.1 “主页”菜单

进入“主页”功能菜单后，下方第一个是“新组别”图标，其正下方是对应的“档案”标签。单击“新组别”，则“新组别”下拉菜单（图 2.15）中有“新组别”“复制组别”“汇入组别”“DOE 精灵”“建立组别精灵”，其中“DOE 精灵”和“建立组别精灵”为灰色（浅色），表示暂不可用，导入多个组别后，可用。

图 2.15　“新组别”下拉菜单

“新组别”右侧是“射出成形”和“Solid”图标，下面对应的是“制程类型”（工艺类型）标签。用户可以选择所需要的成型工艺类型，包括“射出成形”“粉末注射成型”“发泡射出成型”“化学发泡成型”“射出压缩成型”“压缩成型”“气体辅助射出成型”“液体辅助射出成型”“共射出成型”“双料共射成型”“树脂转注成型”“晶片封装”（图 2.16）❶。选择完成型工艺，单击“Solid”，下拉菜单界面如图 2.17 所示，网格类型包括“Solid”和“eDesign”两种，用户可以选择设置模型的网格。

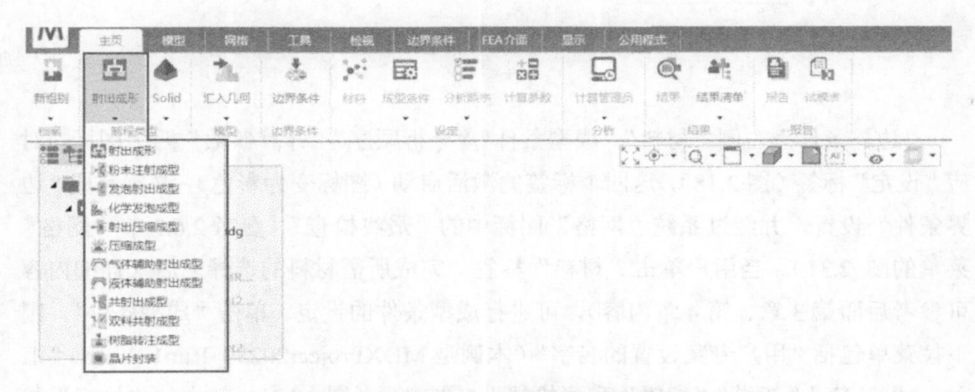

图 2.16　“射出成形”附属菜单/下拉菜单

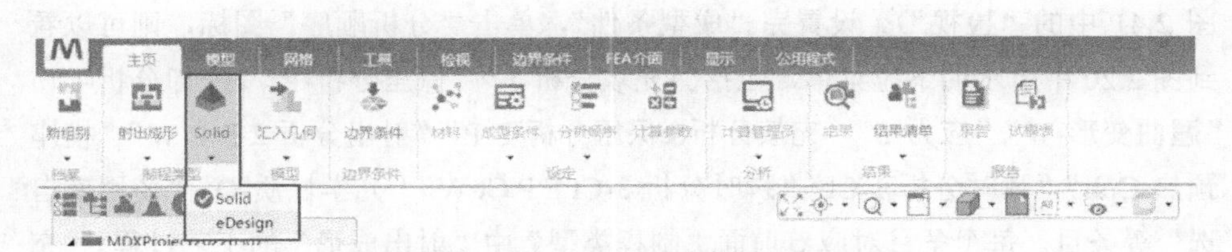

图 2.17　“Solid”附属菜单/下拉菜单

接下来是“汇入几何”，即导入用户所需的几何模型，其下面对应的是“模型”标签。单击“汇入几何”，出现如图 2.18 所示的下拉菜单，有“汇入几何”“汇入几何（自动修复）”“置换几何”“汇入网格”“汇入 FiberSim 档案”5 个功能，用户最常用的就是“汇入几何”。

模型汇入之后，用户可以根据自己的需求设置“边界条件”。“边界条件”将在 2.6.6 节仔细说明。

❶ 由于台湾与大陆术语差异，软件中射出成形即注射成型，双料共射成型即双色注射成型等。

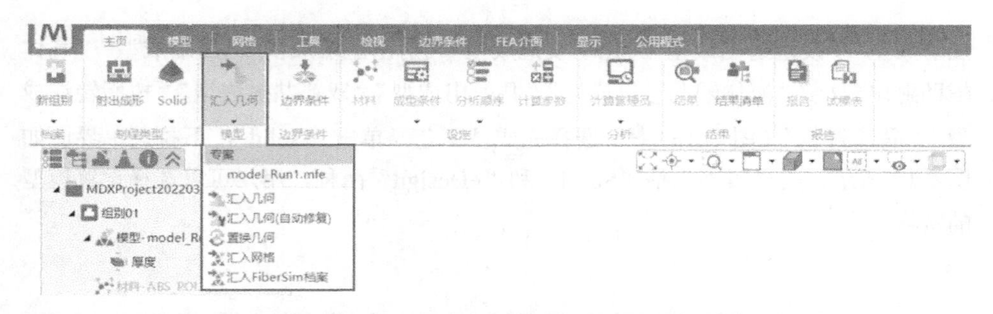

图 2.18 “汇入几何”附属菜单/下拉菜单

“边界条件”右侧“材料”“成型条件”“分析顺序”“计算参数”四个图标，对应“设定”标签（图 2.18），这四个标签的激活启动（图标变为彩色），必须完成“边界条件”设置，并经过系统“网格”图标中的“最终检查”（参考 2.6.3 节“网格”菜单的图 2.31）。当用户单击“材料”标签，完成所需材料的选择之后（详细内容可参考后面第 3 章、第 4 章内容），可进行成型条件的设定。单击“成型条件”，则下拉菜单包括“用户专案设置的名字”（本例是 MDXProject20230_Run1_1.pro）“汇入”“默认值”“新增”“编辑”和“检视”5 个功能（图 2.19），其中的“检视”就是核实成型条件，不同于第二行主功能快捷键的“检视”内容（参考后文 2.6.5 节图 2.41 中的“检视”）。设置完“成型条件”，单击“分析顺序”图标，则可以看到图 2.20 中所示的下拉菜单，包括“充填分析-F”“保压分析-P”“冷却分析-C”“翘曲变形-W”“应力-S”“充填分析&保压分析-F P”“射出分析 2-F P W”“模座预热-Cph”“瞬时分析 1-Ct”“瞬时分析 3-Ct F P Ct W”“光学性质-O”“使用者自选”等条目。每个条目对应着前面“制程类型”中“射出成形”的工艺过程。“充填分析-F”通常是指塑料熔体注射成型过程中，从喷嘴到型腔的充填模拟；“保压分析-P”通常是指型腔充满后的补缩压实阶段；“射出分析 2-F P W”为与共注塑相关的第二次注射；“瞬时分析 3-Ct F P Ct W”与冷却系统、变模温技术注射成型相关。

“计算参数”图标，将在后面章节介绍，此处略过。至此，完成了属于前处理相关菜单功能和参数设置的介绍。

“设定”标签全部设置完成后（图 2.20），可单击“计算机管理员”图标，下面对应“分析”标签，则出现如图 2.21 所示的下拉菜单，包括“开始分析”“计算机管理员”“建立 BJS”“提交批次执行”4 个条目。这是模流分析的模拟分析命令，可实现模拟运算、计算权限、建立批处理归档分析，执行批处理计算等工作。

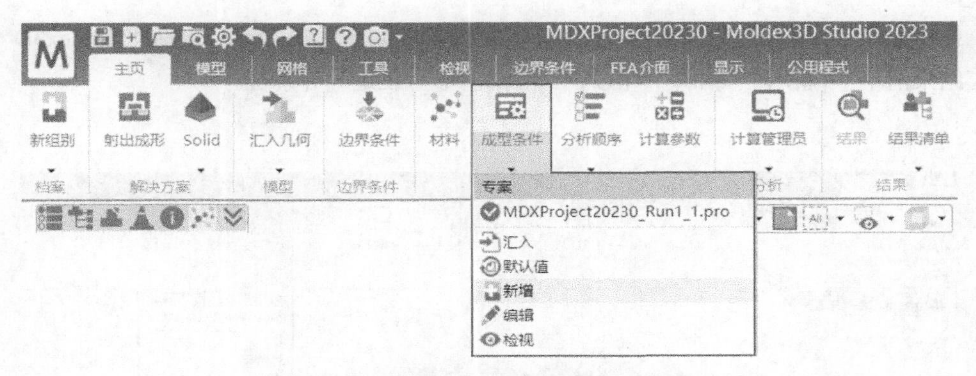

图 2.19　“成型条件”附属菜单/下拉菜单

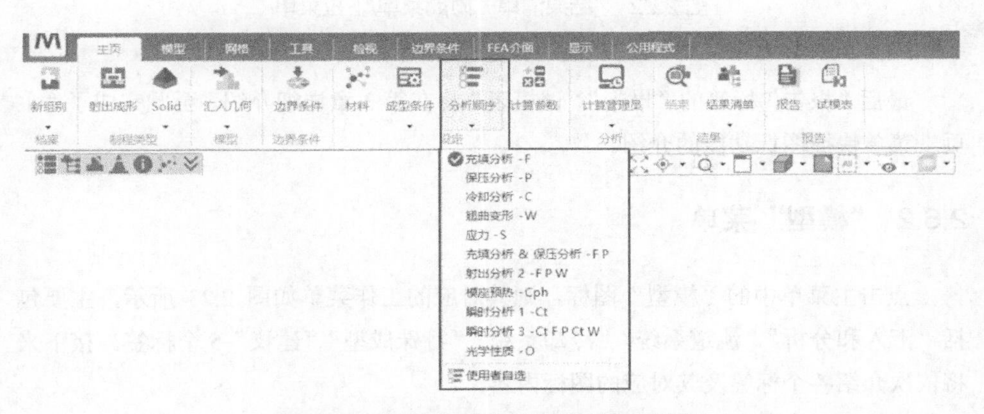

图 2.20　“分析顺序”附属菜单/下拉菜单

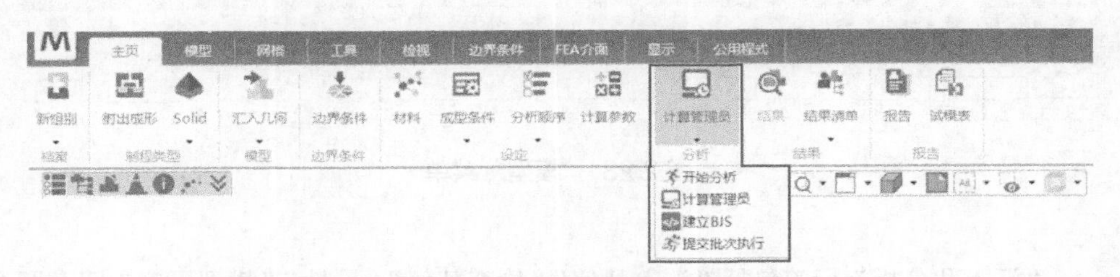

图 2.21　“分析”附属菜单/下拉菜单

“结果”和“结果清单”对应的“结果”标签（图 2.22），及其右侧“报告”和“试模表”对应的“报告”标签，属于模流分析的后处理功能，显示软件分析完成后的结果。“结果”标签中的“结果”是要分析之后才有的，没有完成分析计算前，显示为灰色；单击“结果清单”图标，则下拉菜单如图 2.22 所示，包括“Moldex3D 结果清单”“新增”“编辑”“汇入”“汇出清单与设定”等条目。

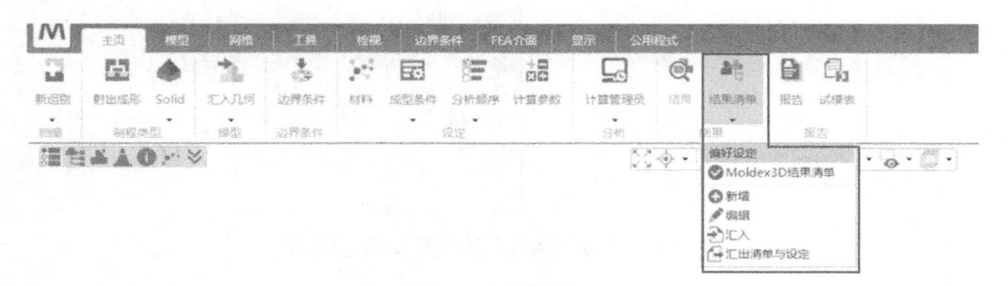

图 2.22 “结果清单”附属菜单/下拉菜单

最后“报告”标签的“报告”“试模表”将在第 3 章详细介绍。至此完成了“主页”菜单快捷图标功能的介绍。

2.6.2 “模型”菜单

点击主菜单中的“模型”图标，则其对应的工作菜单如图 2.23 所示，主要包括“汇入和分析”“流道系统”“冷却系统”“特殊成型”“建议”5 个标签。接下来将依次介绍各个标签及其对应的图标内容。

图 2.23 “模型”菜单

“汇入和分析”标签包括“汇入几何”“检查几何”“属性”“模型厚度”四个图标（图 2.24）。其中“汇入几何”功能与 2.6.1 节“主页”菜单中的功能一样；“检查几何”的作用是对模型数据进行检查，“属性”可用来设置模型的属性，这两个图标的功能后面再细讲。单击“模型厚度”，则可以查看所汇入模型的厚度分布（图 2.25），观测制品厚度的变化。

图 2.24　“汇入与分析”菜单

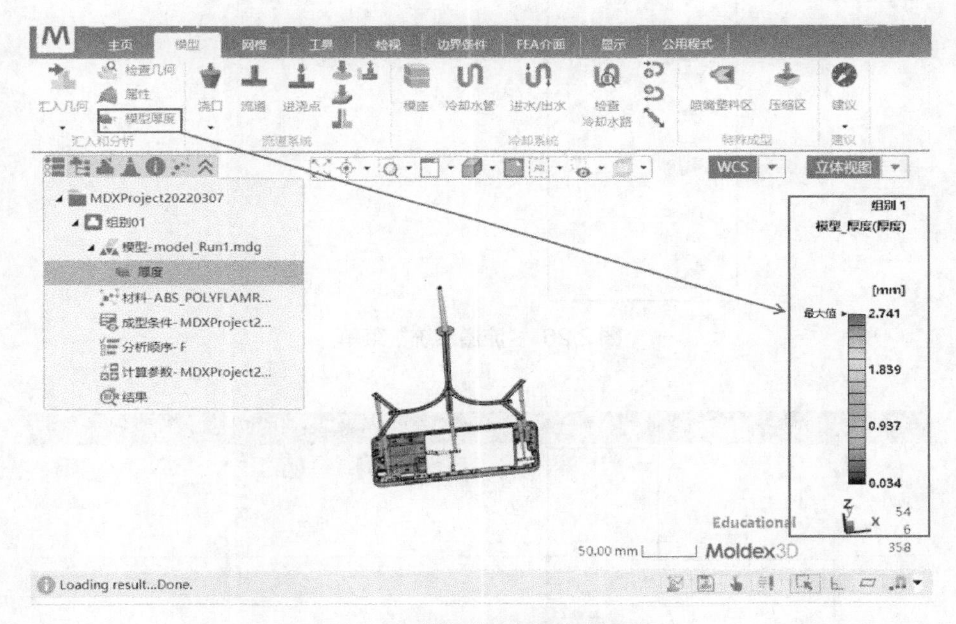

图 2.25　“模型厚度”功能示意

“流道系统”标签，包括“浇口”“流道”“进浇点”“指定点”“指定面”“流道对称”“路径长度”等 7 个图标（图 2.25 白色菜单区）。“流道系统”用于生成制品的浇注系统，是注塑模具设计的重要内容，包括浇口位置、类型、数目、尺寸，以及流道尺寸、类型、长度等。汇入（导入）制品几何模型之后，单击“浇口”图标，则“浇口”下拉菜单如图 2.26 所示，包括“建议浇口位置”“新增针点浇口”“针点浇口”“直接进浇口”“侧边浇口”“扇形浇口”“潜式浇口”“牛角浇口”“重叠边缘式浇口”（搭接浇口）“含顶针牛角浇口”“含顶针潜式浇口”和“薄膜式浇口”12 个功能图标，用于选择浇口类型、位置、数量。单击“流道”图标，可以设置所需流道。单击“进浇点”图标，设置进料的位置。单击“指定点”图标，可以对几何模型的“节点”或“孤立点”进行浇口设定；单击“指定面”图标，可以选择几何模型的“面”设定浇口。单击“流道对称”图标，通常可以设置一模两腔。单击“路径长度”图标，可以查看汇入（导入）的几何模型各个流道的长度及数量，如图 2.27 所示。

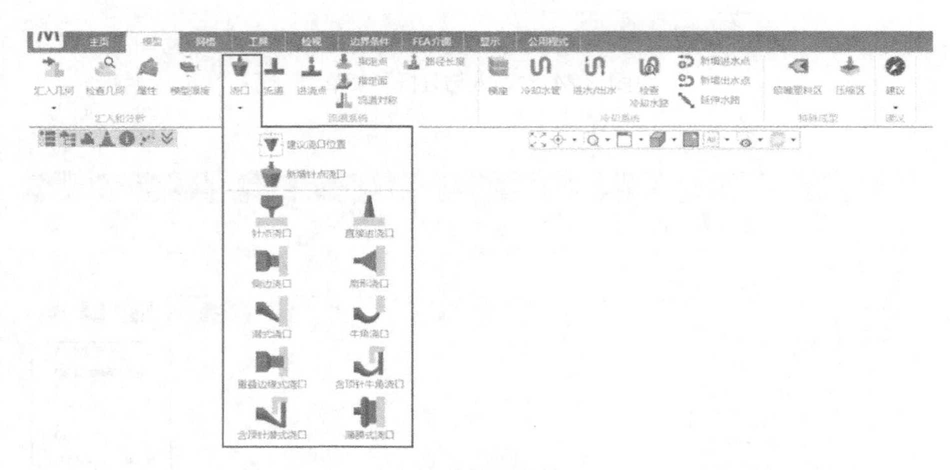

图 2.26 “流道系统”菜单

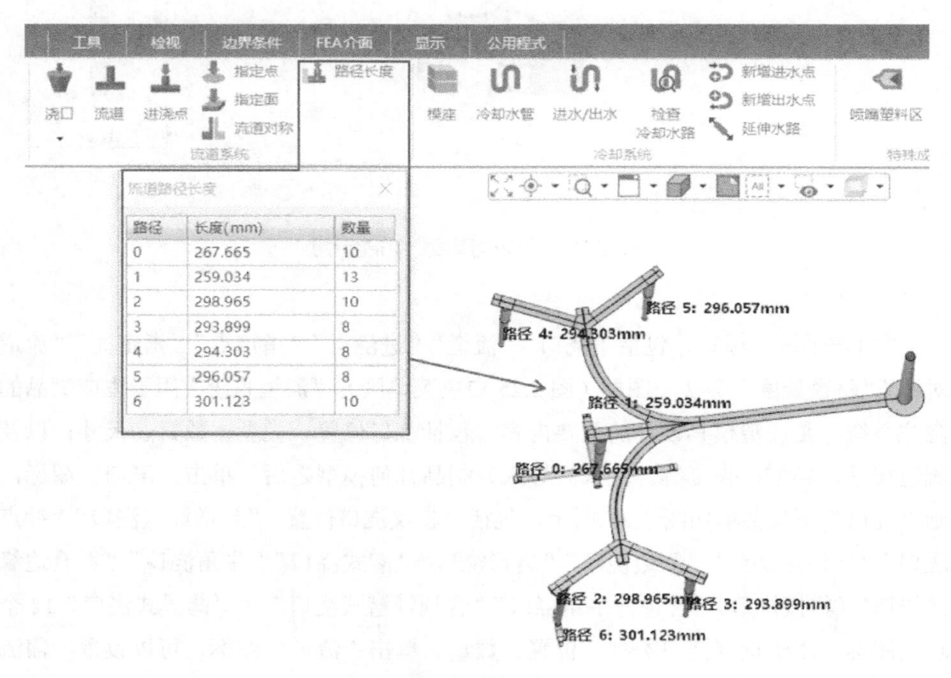

路径	长度(mm)	数量
0	267.665	10
1	259.034	13
2	298.965	10
3	293.899	8
4	294.303	8
5	296.057	8
6	301.123	10

图 2.27 路径长度

“冷却系统”标签（图 2.28）包括“模座”“冷却水管”“进水/出水”“检查冷却水路”“新增进水点”“新增出水点”“延伸水路”7 个功能图标，用于完成模具冷却管道（温控系统）的设计。“模座”图标用于为汇入的几何模型匹配相应的模座（模板）：一方面可利用软件系统自带数据库中的模板数据咨询检索匹配；另一方面用户也可以对系统匹配的模座进行修改。完成“模座”设置后，单击“冷却水管”，则出现如图 2.28 左侧所示的“水路配置精灵”窗口，可以对冷却水管的方向、水管直径 D、水管数目 N、水管间中心距 C、水管中心到模具表面的距离 H 进行设定。设置完冷却水管之后，单击“进水/出水”图标，软件“水路配置精灵”可以自动设置进水口和出水口，用户也可以通过单击“新增进水点”和“新增出水点”图标分别手动设置进水口和出水口。“延伸水路”图标可以延伸已经设置好的水路，便于编辑修改冷却管道。

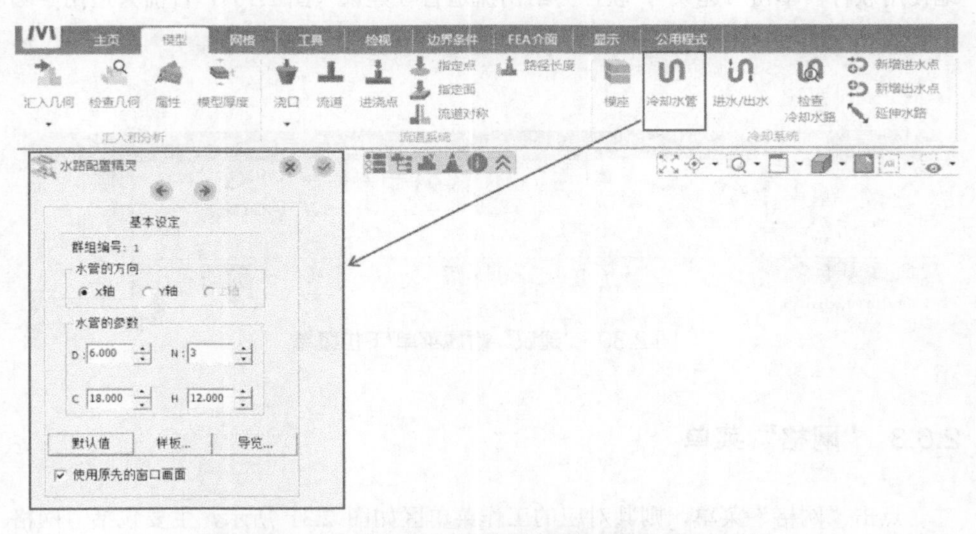

图 2.28　“冷却水管”及“水路配置精灵”弹出窗口

大部分成型工艺的分析模型主要包括“流道系统”和“冷却系统”，但有些特殊成型的工艺需要更多的设置来完成模拟。“特殊成型”标签包括“喷嘴塑料区”和“压缩区”2 个图标（图 2.29）。单击“喷嘴塑料区”图标，可让三维料管压缩成型模拟的喷嘴建模变得便捷。需要说明的是，这个功能只支持 BLM 下的六面体为主流道网格及 Solid Cool 模座，软件系统会自动设置流道和模座连接。“压缩区”

图标，主要用于协助压缩成型 CM、注射压缩成型 ICM 模型中设置压缩区，定义出在成型过程中压缩掉的区域。点击“压缩区（Compression Zone）”可以开启“精灵工具”进行设定。

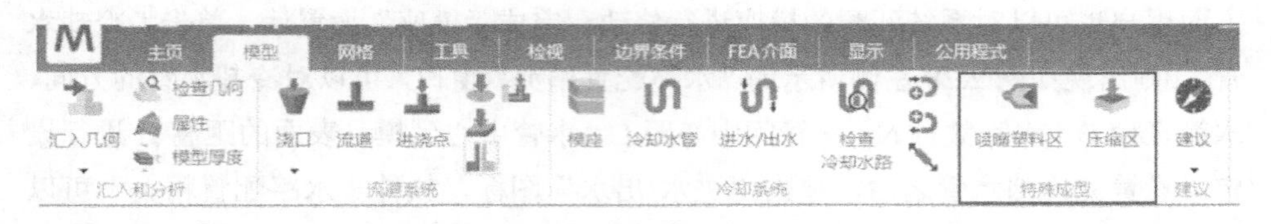

图 2.29 “特殊成型”菜单

“建议”标签下的“建议”图标就是流道管径的预留升级功能，方便用户更好地使用软件。单击“建议”，软件会给出流道管径建议（图 2.30），目前只适用于圆形管道。

图 2.30 “建议”附属菜单/下拉菜单

2.6.3 “网格”菜单

点击“网格”菜单，则其对应的工作菜单区如图 2.31 所示，主要包括“网格产生”“边界条件”“输出”三个标签。“网格”功能对于整个模拟非常重要，会直接影响分析的效率和分析的精度。接下来对“网格产生”的标签内容进行介绍。“边界条件”标签内容与主菜单“边界条件”（2.6.6 节内容）有重合；图 2.31 中的“输出”及“最终检查”主要是网格的检查与文档的存取，具体应用于后面章节详细介绍。

“网格产生”标签包括“Solid”等网格类型的选择、“撒点”、“生成”、“网格参数”、“修复网格”5 个功能图标。本例汇入的几何模型是实体网格 Solid，无需再选择。点击“撒点”图标，则出现如图 2.32 所示的下拉菜单，包括“撒点”和“同步撒点”，用于形成离散单元的节点（离散点），预判网格的疏密，也可在生成网格前加密网格以提高模型的单元数目。“撒点”完成之后，单击“生成”图标，可以生成几何模型的离散网格；单击“网格参数”，可以修改网格的尺寸、类型等参数；如果网格生成过程中，出现错误，则单击“修复网格”图标启动修复功能。“生成”“网格参数”“修复网格”在第 3 章、第 5 章有具体应用。

图 2.31　“网格”菜单及其标签

图 2.32　“撒点”附属菜单/下拉菜单

2.6.4　“工具”菜单

点击“工具”菜单，则其对应的工作菜单区如图 2.33 所示，主要包括“创建”“编辑”“凿切”“输出”四个标签。工具菜单主要是用于生成或构建几何模型以及修复生成的模型，与商品化的 CAD 软件功能类似。这里简单介绍一下“创建”和“编辑”标签的部分功能。

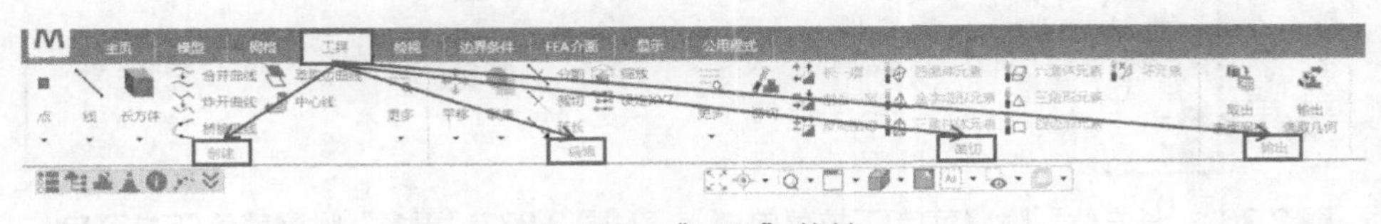

图 2.33　“工具”菜单

“创建”标签的功能图标主要用于模型创建，如简单的塑件模型，或对导入的制品模型添加流道等结构。单击“点”图标，则出现如图 2.34 所示的下拉菜单，包括“点”“多点”“沿曲线产生点”“体积形心”等条目，方便完成点的设定。单击“线”图标，则出现如图 2.35 所示的下拉菜单，包括“线”“复线段”“内插曲线”“圆”“矩形”“曲线”“垂直线”“螺旋线”等条目，方便各种线型、线段的构建。单击“长方体”图标，则出现如图 2.36 所示的下拉菜单，包括“长方体”和“圆柱”条目，便于建立体模型。“合并曲线”“炸开曲线”“桥接曲线”“萃取边曲线”“中心线”新手不常用，但对构建冷却管道、流道等非常方便，读者熟练后可自行尝试应用。单击“更多”图标，则出现如图 2.37 所示的下拉菜单，包括“剖面线”“投射曲线”“偏移曲线”“挤出”“相交”和“通道复曲面”等条目，满足多样性的需求。

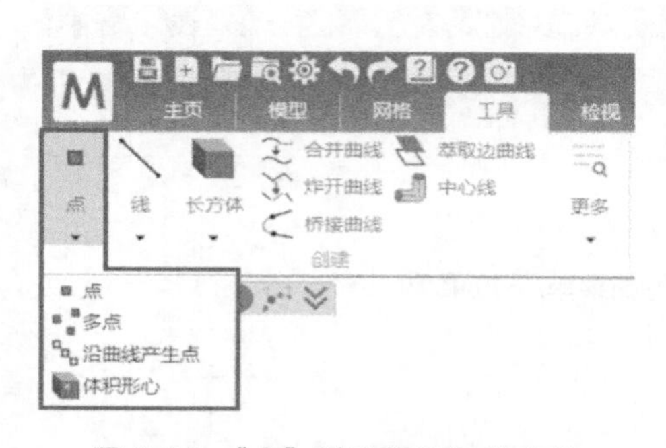

图 2.34 “点”附属菜单/下拉菜单

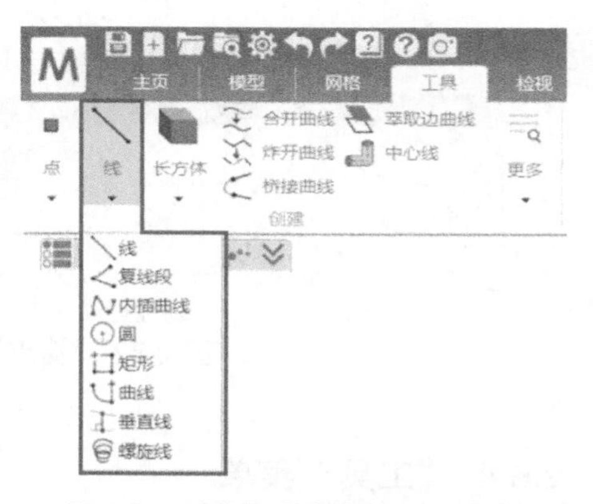

图 2.35 “线”附属菜单/下拉菜单

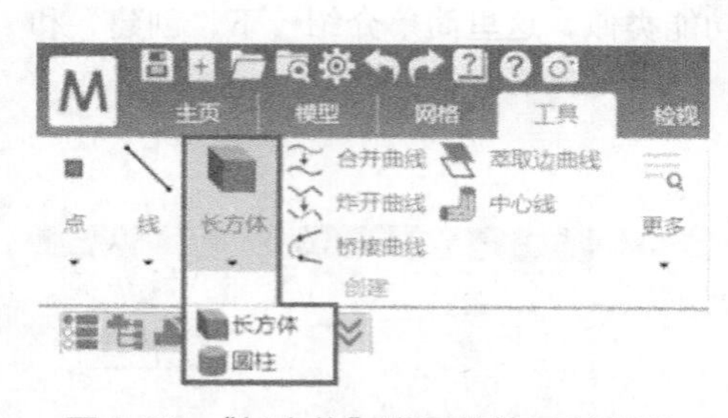

图 2.36 “长方体”附属菜单/下拉菜单

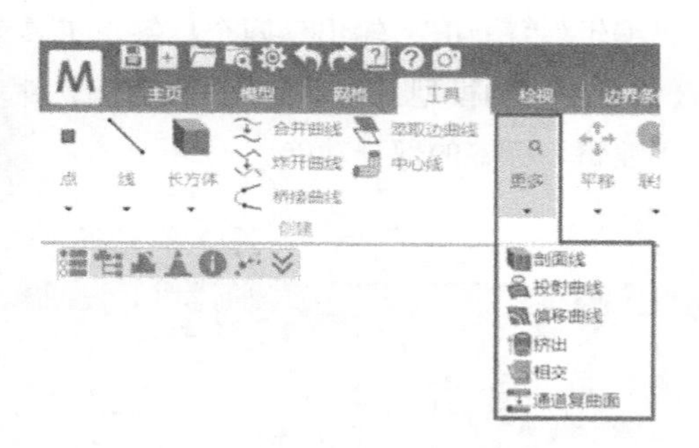

图 2.37 “更多”附属菜单/下拉菜单

图 2.33 中的“编辑”“凿切”“输出”图标，就是修复和查看模型的工具。以“编辑”图标的功能为例说明。构建完图形或者汇入图形后，通常要对模型进行修改，这时可以通过“编辑”标签提供的工具来实现。“编辑”标签主要包括“平移”“联集”“分割”“裁切”“延长”“缩放”“设定 XYZ”“更多”功能图标（图 2.38）。若单击“平移”图标，则出现如图 2.38 所示的下拉菜单，包括“平移”“复制”“二维旋转”“三维旋转”“三点定向”“镜射”“阵列”7 个条目，方便模型的平移、旋转等操作。单击“联集”图标，则出现如图 2.39 所示的下拉菜单，包括“联集”“差集”“交集”，实现几何模型的并、差、交集布尔运算。单击“更多”图标，则出现如图 2.40 所示的下拉菜单，包括“分割面”“反向曲线”“移动曲线末端”等条目，便于捕捉所需的面、线、点元素。

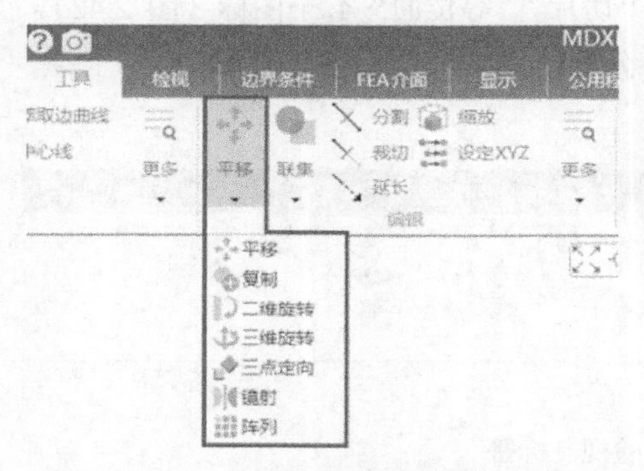

图 2.38　“平移”附属菜单/下拉菜单

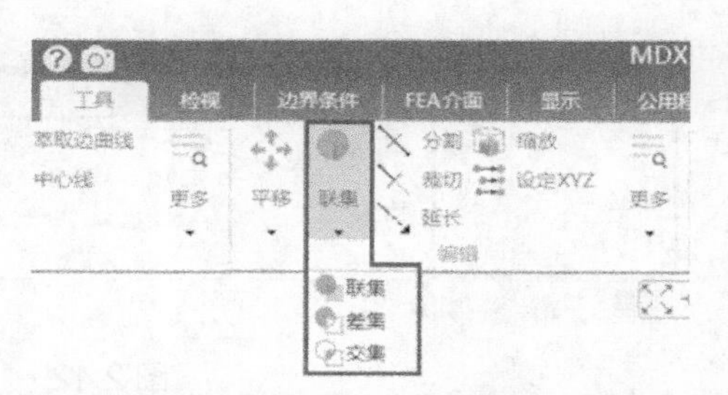

图 2.39　“联集”附属菜单/下拉菜单

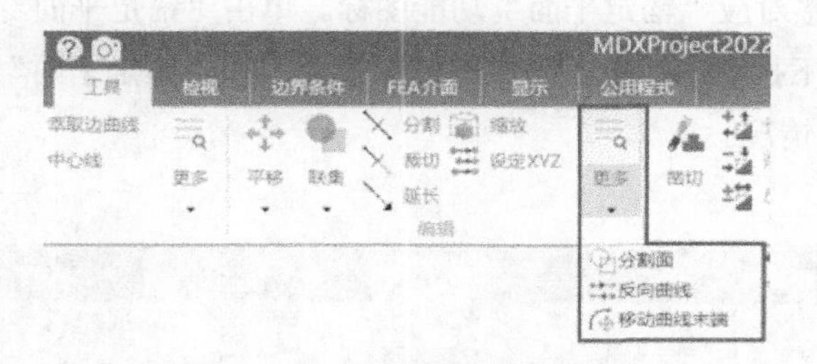

图 2.40　“更多”附属菜单/下拉菜单

2.6.5 “检视”菜单

点击“检视”菜单，则其对应的工作菜单如图 2.41 所示，主要包括“检视”“翘曲”“测量”“比较”4 个标签。“检视”属于后处理功能，用于查看模流分析完成后制品、模具、流道、水路等各个位置的物理量及其随着时间的变化情况。

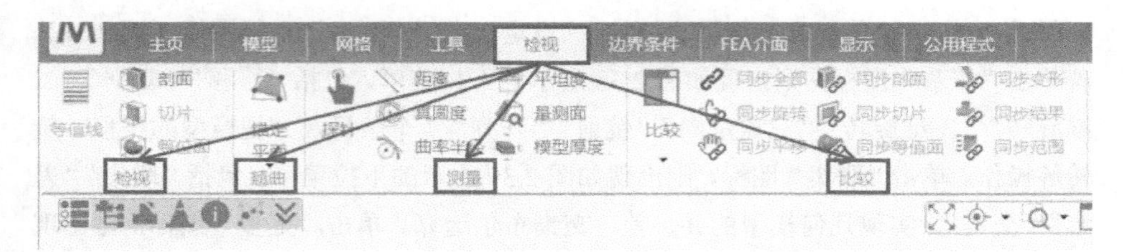

图 2.41 “检视”菜单

“检视”标签包括“等值线”“剖面”“切片”“等位面”4 个图标（图 2.42）。灰色部分不可点击操作，只有模拟结束，分析结果出来之后方可查看。

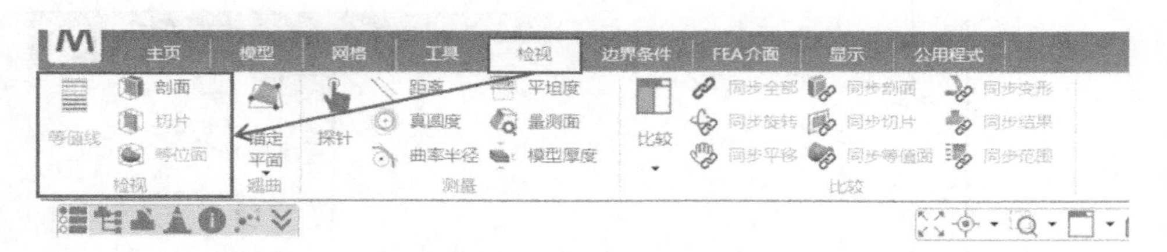

图 2.42 “检视”标签

“翘曲”标签对应“锚定平面”功能图标。单击“锚定平面”图标，则出现如图 2.43 所示的下拉菜单，包含“局部最佳拟合”和“锚定平面”两个条目，用于查看制品的翘曲情况。

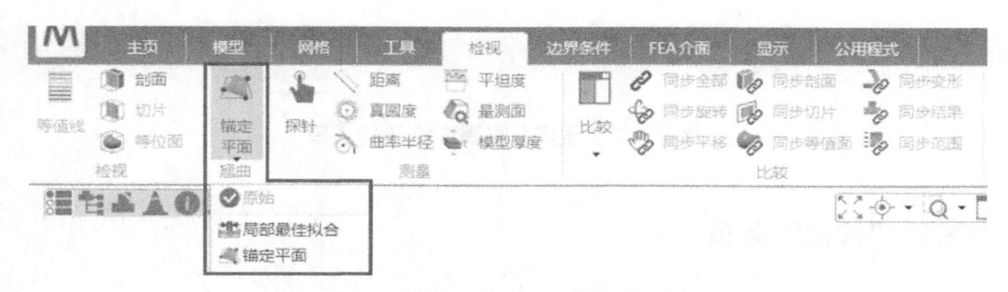

图 2.43 “锚定平面”附属菜单/下拉菜单

“测量”标签（图 2.44），主要包括“探针”“距离”“真圆度”“曲率半径”“平坦度”“量测面”“模型厚度”等功能图标，为评估成型质量提供便捷的量化工作。

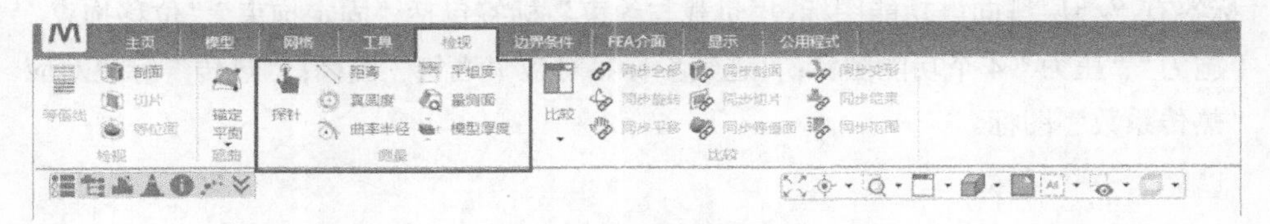

图 2.44 “测量”菜单

主菜单“检视”中的“比较”标签（图 2.45）中包括“比较”“同步全部”“同步旋转”“同步平移”“同步剖面”“同步切片”“同步等值面”“同步变形”“同步结果”“同步范围”等功能图标，便于评估不同案例、不同物理量的模拟结果。图 2.45 中目前只有“比较”图标可用。单击“比较”图标，则出现如图 2.45 所示的下拉菜单，包括“纵向排列 2 个窗口”“横向排列 2 个窗口”“纵向排列 3 个窗口”“横向排列 3 个窗口”“平分 4 个窗口”五个条目，为查看分析结果提供便利。

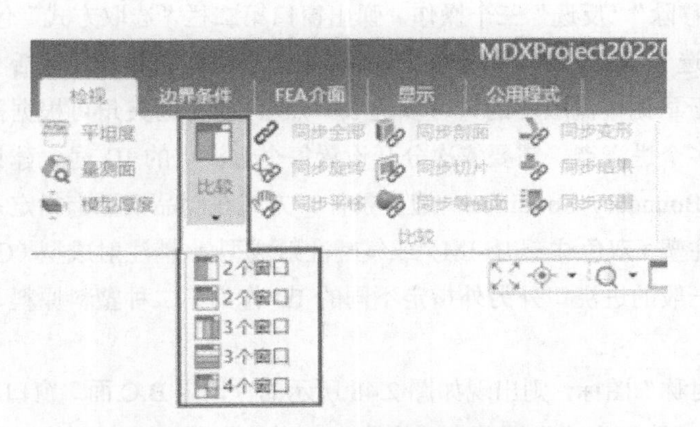

图 2.45 “比较”附属菜单/下拉菜单

2.6.6 “边界条件”菜单

点击“边界条件”菜单，则其对应的工作菜单如图 2.46 所示，从左到右依次是“汇入”“网格 B. C.”“叠层排向”“负载与约束”“逃气”“热传”标签，分别对应制品模型导入、模拟所需网格模型相关的边界条件、结构分析、成型质量及其温度场计算的边界条件。其中“网格 B. C.”标签包括“进浇”“对称”“移动面”“热传导”“热边界条件”“IMD 薄膜”“进水面”“出水面”8 个功能图标；“叠层排向”标签有“叠层排向”功能图标；“负载与约束”标签包括“固定拘束”“位移拘束”“施力”“压力”4 个功能图标；“逃气”标签对应“逃气”图标；“热传”标签对应“热传系数”图标。

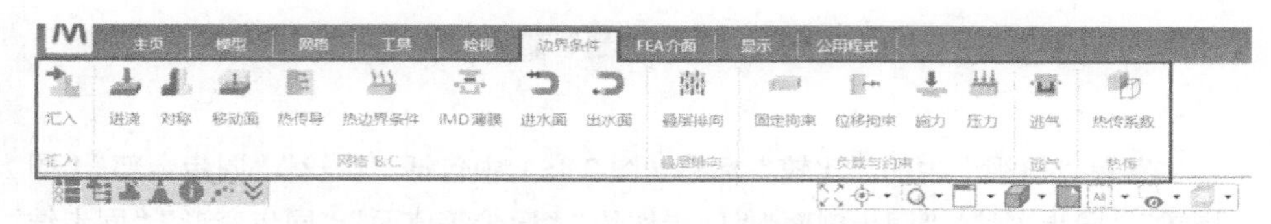

图 2.46 “边界条件”菜单及其各功能图标

“汇入”图标，前面已经讲过，这里不再多加叙述。

“网格 B. C.”标签的功能图标，主要是考虑成型工艺过程模拟的边界条件。点击“进浇”图标，弹出如图 2.47 所示的“设定 B.C.面”窗口，第一栏“动作”包括“增加”“移除”“反选”三个操作。弹出窗口第二栏“选取方式”包括“点”“交点”“矩形框选”“圆心”“全部选取”5 种类型，请注意选取方式包括“点”和“面”两种，不同于早期模流版本的只可以选取“点”。面与面夹角可根据需要输入相关数据。若有多个进浇点，需要依次分开设置每个进浇点的 ID 号，建议连续编码。若以 B. C.（Boundary Condition，边界条件）方式在制品模型上指定入料口时，当有不同塑料注塑（双色注塑 Bi-IM）或气辅注射成型/水辅注射成型（GAIM/WAIM）时，需要在一般的进浇口外另外指定不同的 ID 作为第二种塑料原料、气体或水的入口。

点击“对称”图标，则出现如图 2.48 所示的“设定 B.C.面”窗口，第一栏“动作”、第二栏“选取方式”同前文“进浇”。“对称”可在准备好的对称模型的切割面上指定对称边界条件，并指定正确的对称体积比例（1/2、1/4、1/8 对称分别代表 1D、2D 和 3D 对称）。不同于其他自动对称设定，此“对称”设定可以同时包含塑件和流道系统的对称设置，不仅仅是流道系统。

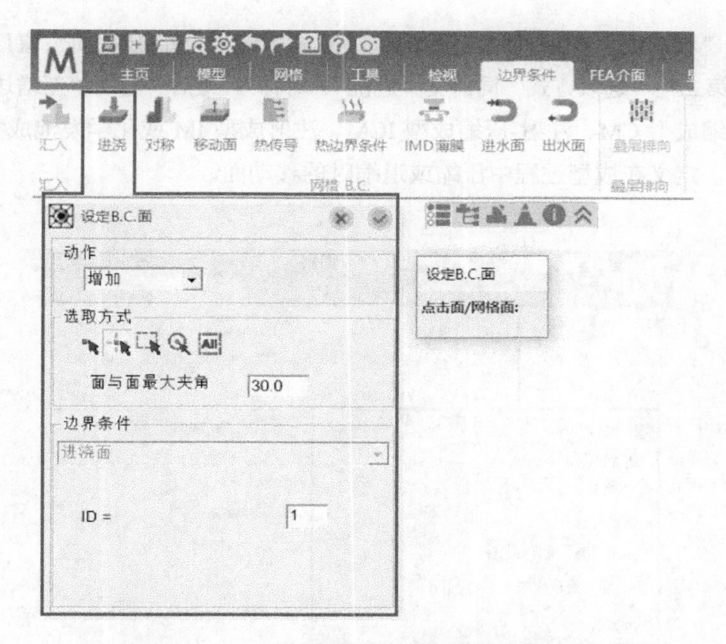

图 2.47　“进浇”及“设定 B.C.面”弹出窗口

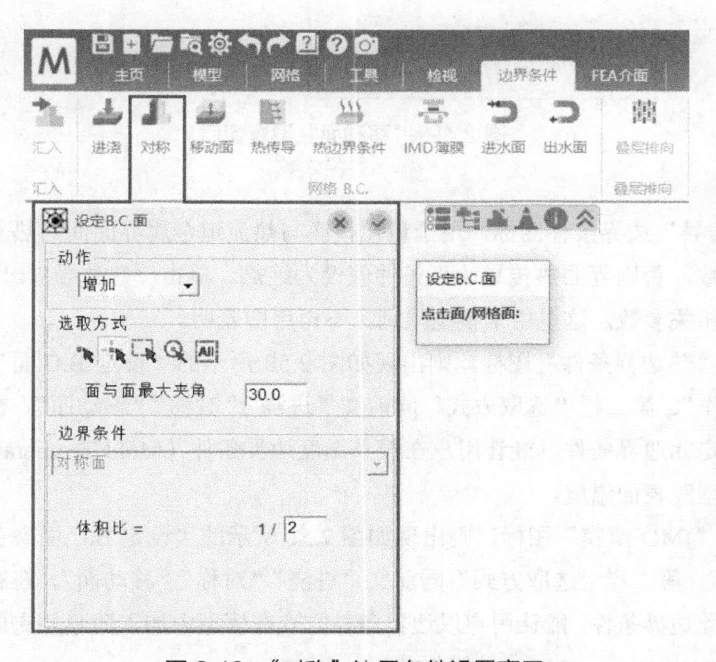

图 2.48　“对称”边界条件设置窗口

单击“移动面”图标，则出现如图 2.49 所示的“设定 B.C.面”窗口，第一栏“动作”、第二栏“选取方式”同前文“进浇”“对称”。最后一栏的“新增边界条件”，可根据压缩成型 CM、注射-压缩成型 ICM、注射成型 IM 或化学发泡成型 CFM 的模拟需要，定义在成型过程中压缩或退缩时的移动面。

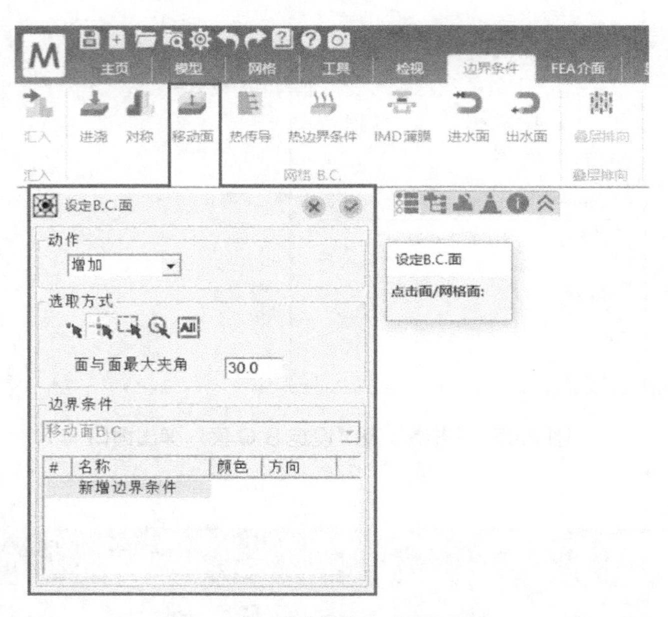

图 2.49 “移动面”设置窗口

“热传导”边界条件图标，用于量化模座与热流道金属界面间的热交换（热量通过）参数，否则界面热传导边界条件假设为绝热。单击“热传导”，用户可以设置热传导相关参数，这里由于模型限制，不再用图表明。

单击“热边界条件”图标，则出现如图 2.50 所示的“设定 B.C.面”窗口。第一栏“动作”、第二栏“选取方式”同前文“进浇”“对称”“移动面”。在制品几何模型上指定此边界条件，能让用户在模具温度边界条件（Mold Temperature B.C.）中自定义型腔表面温度。

单击“IMD 薄膜”图标，则出现如图 2.51 所示的“设定 B.C.面”窗口。第一栏“动作”、第二栏“选取方式”同前文“进浇”“对称”“移动面”。在制品几何模型上指定此边界条件，能让用户以边界条件方式在模型中加入薄膜并完成模内装饰（In-mold Decoration，IMD）的模拟分析。

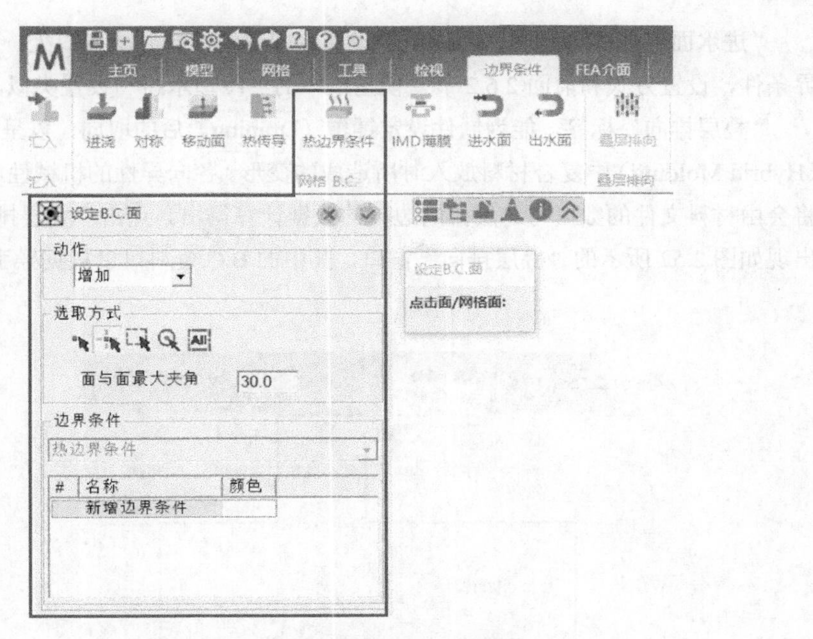

图 2.50　“热边界条件”设置窗口

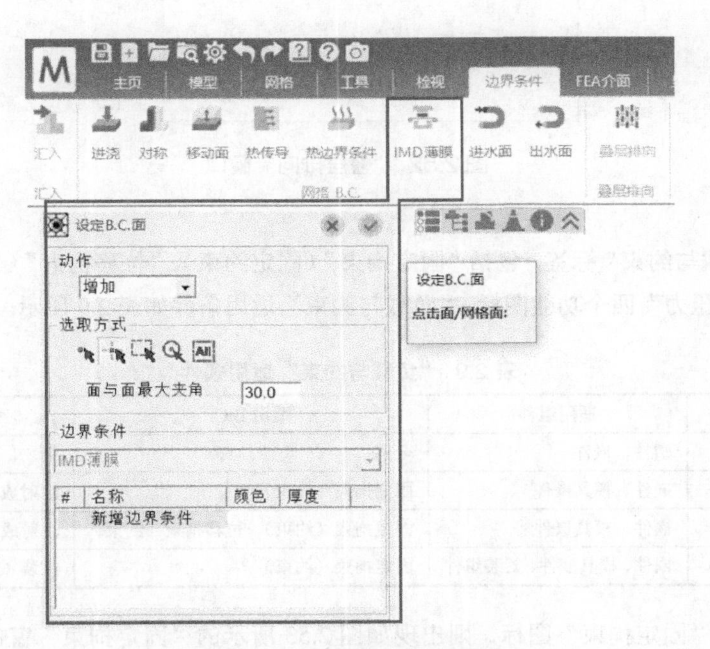

图 2.51　“IMD 薄膜”设置窗口

“进水面”或“出水面”图标用于设置冷却管道冷却介质入口处、出口处的边界条件，设置方式和前面 2.6.2 节“模型”中的“冷却水路”设置类似。

“叠层排向”标签，能为嵌件设定铺覆（Draping）后的取向，以呈现复合成型（Hybrid Molding）中复合材料放入时所造成的变形。各向异性的机械性质（铺覆后）将会由材料文件的数据与迭层排向边界的数据计算得出。点击“叠层排向”图标，出现如图 2.52 所示的“叠层排向”窗口，其中的 B.C.资料可以根据导引完成设定。

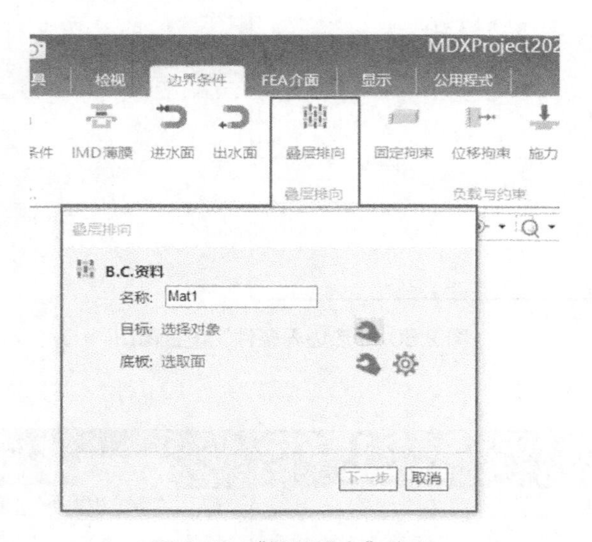

图 2.52 “叠层排向”窗口

“负载与约束”标签，包括“固定拘束”（固定约束）、“位移拘束”（位移约束）、“施力”“压力”四个功能图标，“负载与约束”适用条件如表 2.9 所示。

表 2.9 “负载与约束”适用条件

分析模块	适用组件	适用 B.C.	工艺要求
应力	塑件、嵌件	全部	无
型芯偏移	嵌件、模具嵌件	固定拘束（约束）	注射成型 IM 类型
模座偏移	嵌件、模具嵌件	固定拘束（约束）、位移拘束（约束）	注射成型 IM 类型
导线架偏移	嵌件、模具嵌件、封装组件	固定拘束（约束）	封装（IC）成型类型

单击“固定拘束”图标，则出现如图 2.53 所示的“固定拘束”窗口，缺省的“名称”是“固定拘束 1”，用户可键入不同的字来改变其在对象树（Component Tree，

一种数据结构类型，可理解为一种形式的数据库）上的名称。“分析”类型如表 2.9 第一列所示，包括“应力”“型芯偏移”“模座偏移”“导线架偏移”4 项，案例选择应力。“目标”显示将要设置“固定拘束”（固定约束）边界条件的节点数。“目标”行的右端有图标，点击选择图标，可在显示窗口中的几何模型上指定边界进行设置，配合设定图示协助选择节点。“固定于”是说明选择节点的约束方向，X、Y、Z 全部选择，代表此节点所有方向没有位移，即选定的表面单元节点 X、Y、Z 方向的位移设置为零，其角位移也可设置为零。固定边界拘束（固定约束）可用于锁定制品在分析中某方向或全方向的移动或转角。点击“确定”将边界条件加到数据库中，并可点击右键选择重新编辑。在表面节点上设置固定约束条件来锁定节点在分析中的某方向或全方向的移动，如用来表示模座等来自外部的约束。

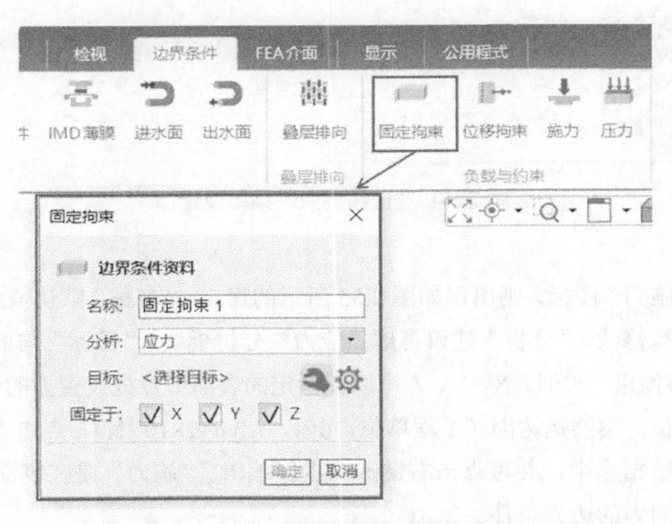

图 2.53 “固定拘束”菜单及窗口

单击“位移拘束”图标，则出现如图 2.54 所示的弹出窗口，可以在指定节点设置位移约束。“名称”默认值是“位移 1”，用户也可自己键入新的名称。“分析”类型请参考表 2.9，只有“应力”和“模座偏移”两项。“目标”设置同前“固定约束”。X、Y、Z 用来指定各节点在各个方向的位移分量，0 代表此节点在对应方向无位移，非零值表示该方向上的允许位移量。如果某方向没有被选择，那么表示此点在此方向为自由位移。点击“确定”将边界条件加到数据库中，并可点击右键选中重新编辑。位移约束在表面节点上设置边界条件，考虑节点在分析中的某方向或全方向的移动量。

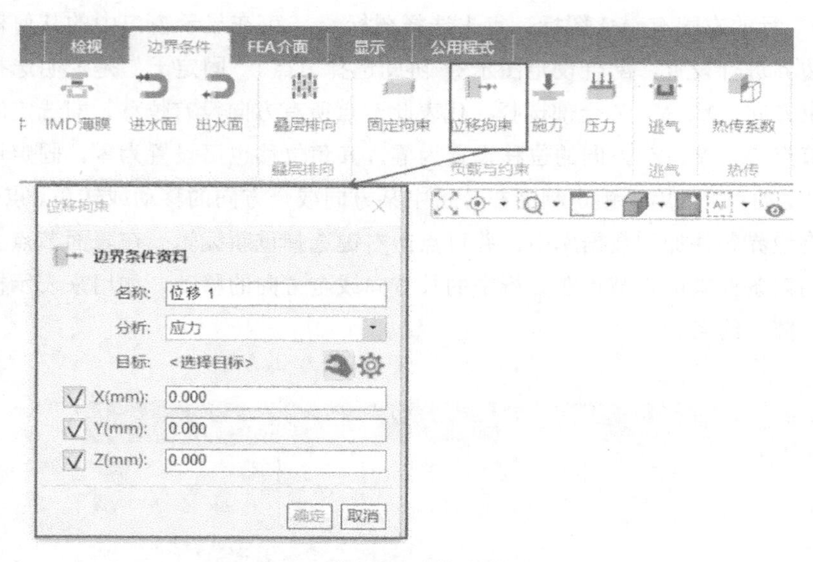

图 2.54 “位移拘束”菜单及窗口

单击“施力”图标，则出现如图 2.55 所示的窗口。“名称”默认值是“施力 1”，用户也可自行修改；“分析”建议考虑“应力”分析模块。“目标”与前面的“固定拘束”“位移拘束”类似。X、Y、Z 可以在指定的表面节点处设置力的大小和方向，注意缺省单位，案例是达因（工程单位，dyn，$1\text{dyn}=1\times10^{-5}\text{N}$）。点击“确定”将边界条件加到数据库中，并可点击右键选中重新编辑。“施力”是在表面节点上设置施加某方向的力的边界条件。

单击“压力”图标，则出现如图 2.56 所示的窗口，可以在所选单元表面设置压力的大小。“名称”默认值是“压力 1”，也可键入不同的字符来改变其在数据库上的名称。“分析”建议选择“应力”分析模块。“目标”会考虑这类边界条件的分析类型，依据分析类型制定不同的对象属性，显示目前要设置压力边界条件的面数。在“目标”右侧可以点击选择图标用于在显示窗口中指定边界添加设置，并配合设定图标⚙协助选择面。“压力”的单位是兆帕（MPa），设置要施加的压力数值，正数代表压，负数代表抽拉。点击“确定”将边界条件加到数据库中，并可单击右键选中重新编辑。

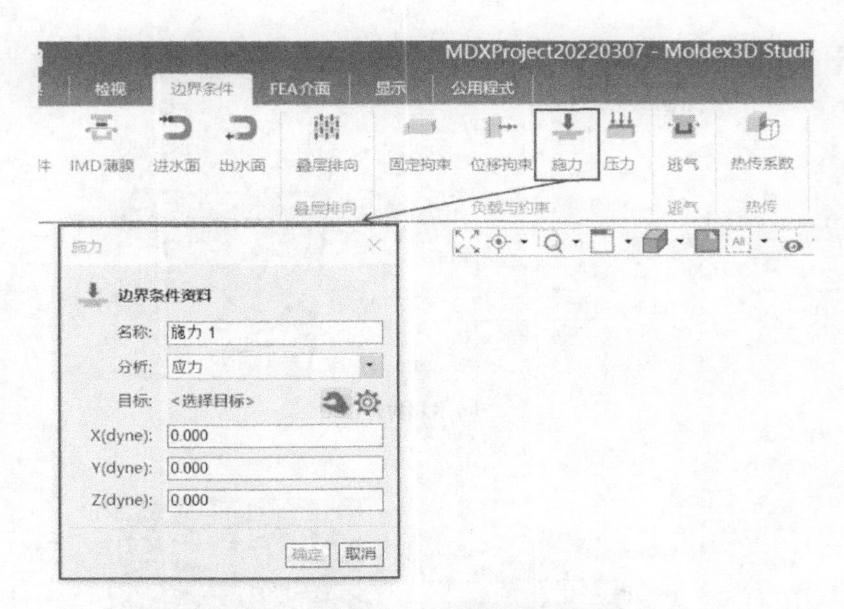

图 2.55　“施力”边界条件设置窗口

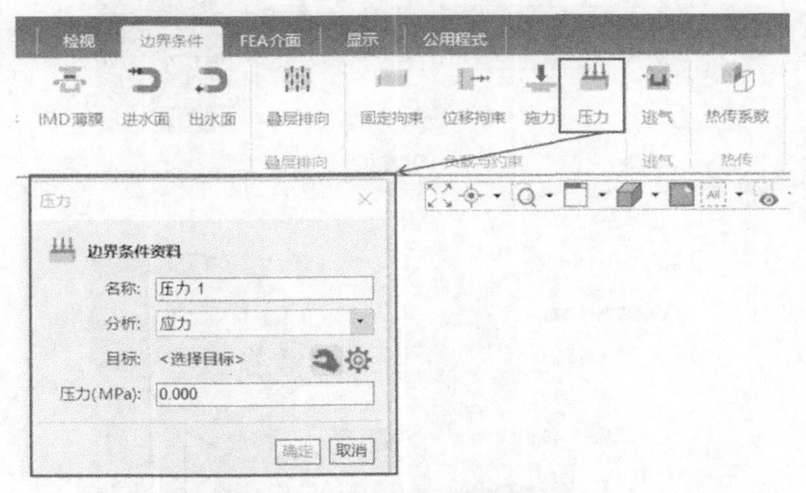

图 2.56　“压力”边界条件设置窗口

“负载与约束”的边界条件设定完成后的结果如图 2.57 所示，从上到下依次是“位移拘束”“施力”“压力”边界条件的设定结果。

位移拘束
边界条件资料
名称: 位移 1
分析: 应力
目标: 37 节点
X(mm): 5.0
Y(mm): 0.000
Z(mm): 0.000
确定 取消

(a) 位移拘束

施力
边界条件资料
名称: 施力 1
分析: 应力
目标: 46 节点
X(dyne): −1.0
Y(dyne): −1.0
Z(dyne): 0.000
确定 取消

(b) 施力

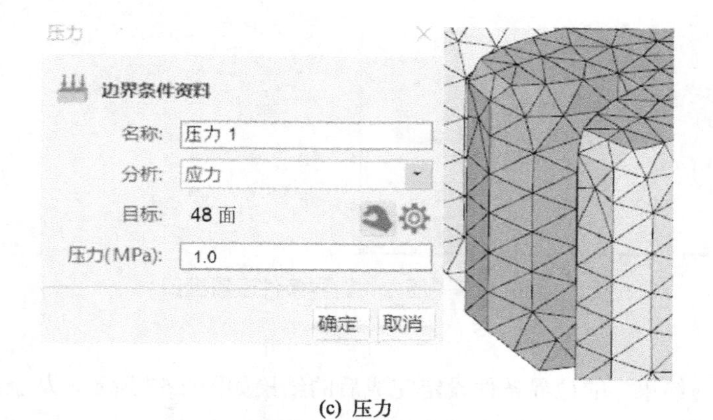

(c) 压力

图 2.57　三种边界条件设置完成后示意

单击“逃气”图标，则出现如图 2.58 所示的“逃气”窗口，可以设置逃气（排气）孔的尺寸和显示颜色。“选择曲线”用于指定边界条件的位置（边或曲线），“目标”的功能与前面的“固定拘束”“位移拘束”“施力”“压力”类似。在“逃气资讯”栏目下的“名称”默认值为“逃气 1”，也可键入不同的字符来改变其在数据库上的名称；“逃气 1”对应的默认颜色是绿色。排气槽的深度 W 和高度 H 尺寸（mm），可自行设置。点击“逃气多段设定”可开启“多段设定精灵”完成逃气气压随时间变化的设置，根据精灵导引完成即可。需要注意的是，这里设置的气压是在逃气通道靠模具表面侧所施加的，工程实际中型腔内的气压是根据排气槽尺寸估算的。

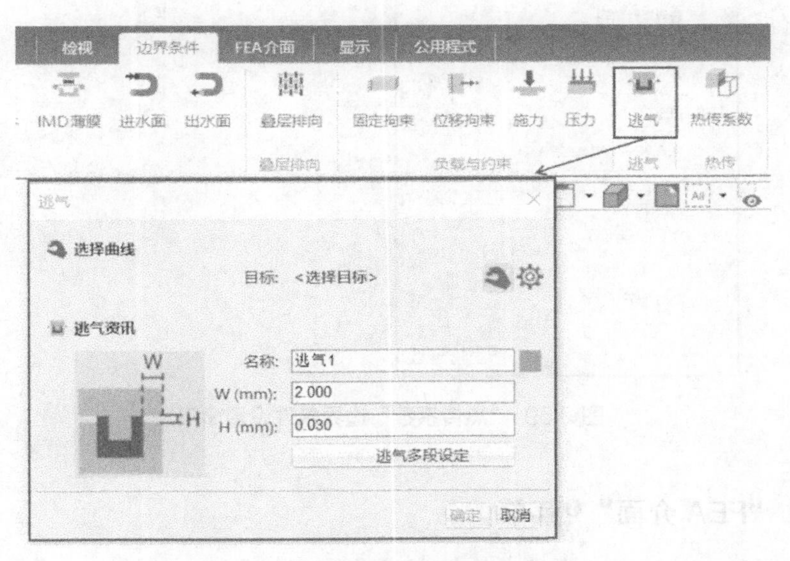

图 2.58 “逃气”边界条件设置窗口

热传系数（Heat Transfer Coefficient, HTC）[1]用来描述热不同材料界面处热量通过时的热阻。若没有设定 HTC 的边界条件，则软件系统会根据对象属性在对应的阶段自动给 HTC 赋值。如果要在特定区域的接触面为特定阶段 HTC 赋值，则需要通过“热传系数”图标功能。“热传系数”图标与“热传”标签对应。点击“热传系数”，则出现如图 2.59 所示的窗口。在“边界条件资料”栏目下，可以改变“名

[1] 热传系数为软件中术语名，规范术语为热导率，又称导热系数。

称”（默认值为“HTC 1”）和“目标”。“目标”用法同前文一样，可确认被选取面的数量，或使用右侧的“选取”和“工具”实现。在“设定”栏目下，“模内（In Mold）”阶段表示制品开模前的冷却及翘曲模拟中使用的数值；“脱模 Mold Release”阶段则表示在开模后使用，默认值 HTC 在“模内”和“脱模”阶段相等，等于 5000W/（m^2·K）。

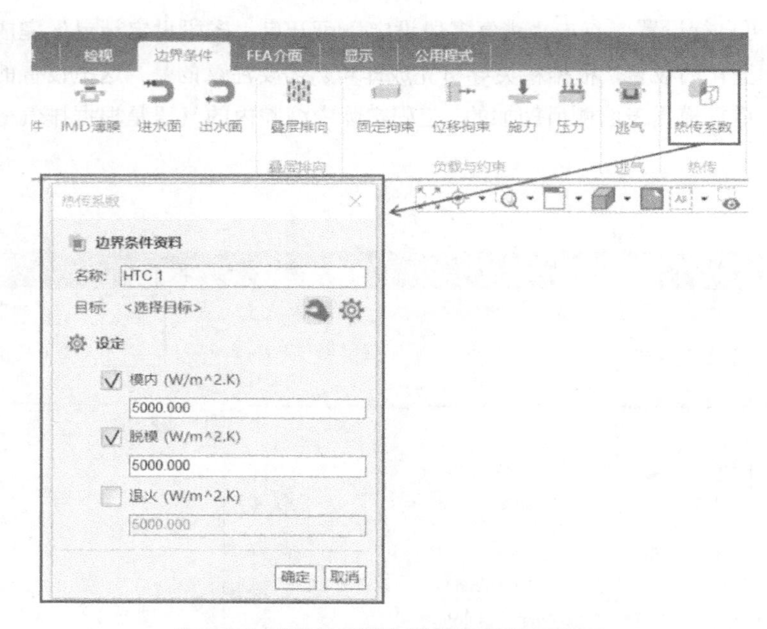

图 2.59 “热传系数”边界条件设置窗口

2.6.7 “FEA 介面”❶菜单

FEA（FEA）接口可以将模流分析的结果映射到原始或不同的网格模型上，然后输出给其他有限元分析软件，考虑成型加工因素进行应力分析，是软件开放性和易用性的体现。这部分内容属于软件的高阶应用功能，建议有数值模拟基础的读者启用，新手可略过此部分内容。

点击“FEA 介面”，则第三行的工作菜单如图 2.60 所示，在“输出”标签上面对应着“FEA 介面”图标。点击“FEA 介面”图标，则弹出如图 2.60 所示的“输出接口功能”窗口。下面对窗口功能进行说明。

---

❶ FEA 介面为软件中术语名，规范术语为 FEA 界面。

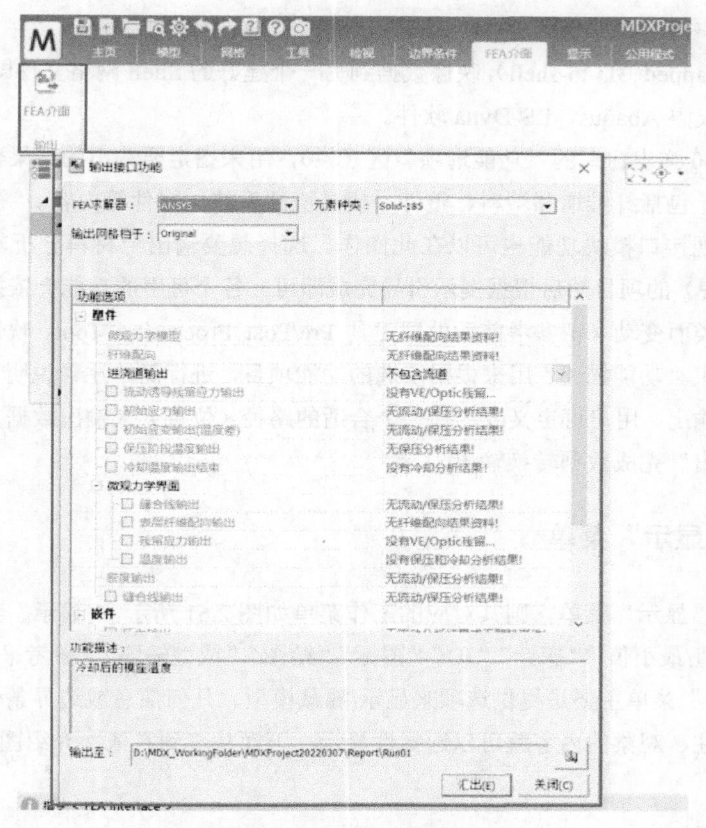

图 2.60　“FEA”创建窗口

“FEA 求解器”用于指定输出目标的求解器及其对应的网格文件及元素种类。单击“FEA 求解器”下拉菜单，则会显示 Moldex3D 支持 Ansys、Abaqus、MSC-Nastran、LS-Dyna、MARC、NX-Nastran、OptiStruct 和 Workbench 软件。“元素种类”即单元类型，根据选择的求解器，确定输出档案的单元类型（如线性六面体力学单元，或者是六面体热传导单元），涉及单元和节点的几何、应力、温度、速度等物理信息，需要输出单元与拟采用的有限元软件匹配。“输出网格档于”是根据选择的求解器，选择输出数据至不同的网格文档中，包括下面四个选项。

① Original，指输出数据到原来用来进行模流分析的网格文件；

② Deformed，指输出数据到考虑翘曲变形后的网格文件，而输出的数据（应力应变）是基于翘曲变形后的结果；

③ Mapped，映像数据到另一个建好的网格文件，需要在另一个工作区利用在

两个模型中指定的三个点定位；

④ Mapped（3D-to-shell），映像数据到另一个建好的 Shell 网格文件即薄壳 2.5D 网格，但仅限 Abaqus、LS-Dyna 软件。

图 2.60 弹出窗口的“功能选项”区（栏），用来指定要输出的结果数据。从成型工艺看，包括纤维增强塑料、塑件、模具浇注系统、嵌件等内容。“微观力学界面”的微观接口模块功能也可以在此操作。选择想要输出至材料分析软件（例如 Digimat-RP）的项目然后根据提示引导完成即可。各个可用的功能会依据模拟模型及网格种类而变动（请参考前后处理工具 Pre/Post Processing Tools 软件手册中的 FEA 部分）。“功能描述”用来根据点选的功能项目，进行简单注释说明。“输出至”用于文件输出，用户可定义或选择一个合适的路径（位置）来输出数据文件，接着点击“汇出”完成数据转换输出。

2.6.8 “显示”菜单

点击“显示”菜单，则其对应的工作菜单如图 2.61 所示。“显示”菜单主要包括“最大值/最小值”“探针”“ID”“图标”“绘图”“成型缺陷”“参考平面”7 个标签。“显示”菜单主要是提供选项来显示/隐藏模型、几何信息或边界条件等对象，有需要标注、观察的内容就可以选择性显示。下面从左到右依次介绍图 2.61 的标签内容。

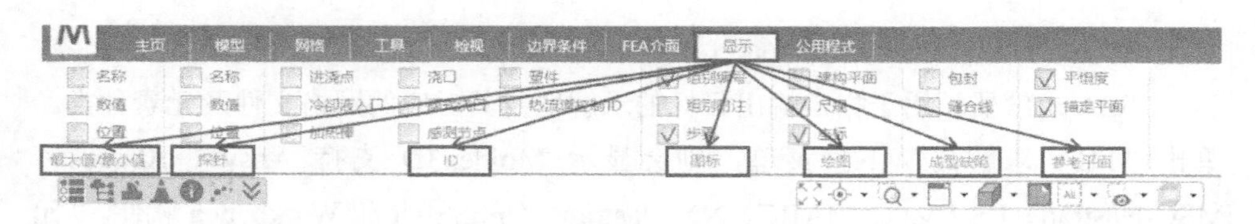

图 2.61 “显示”菜单

图 2.62 中“最大值/最小值”标签包括“名称”“数值”“位置”3 个选择内容。这个功能可以在模型上标示出当前结果项的最大值与最小值，并显示其名称、数值或空间位置（x，y，z）。图 2.62 给出了“名称”“数值”“位置”全部勾选的显示结果。从图中可知，上方浅色矩形框内显示了最小值的位置坐标和充填时间的数值，下方深色矩形框有充填时间最大值的坐标和数值，标尺上方有名称信息“组别 3”。

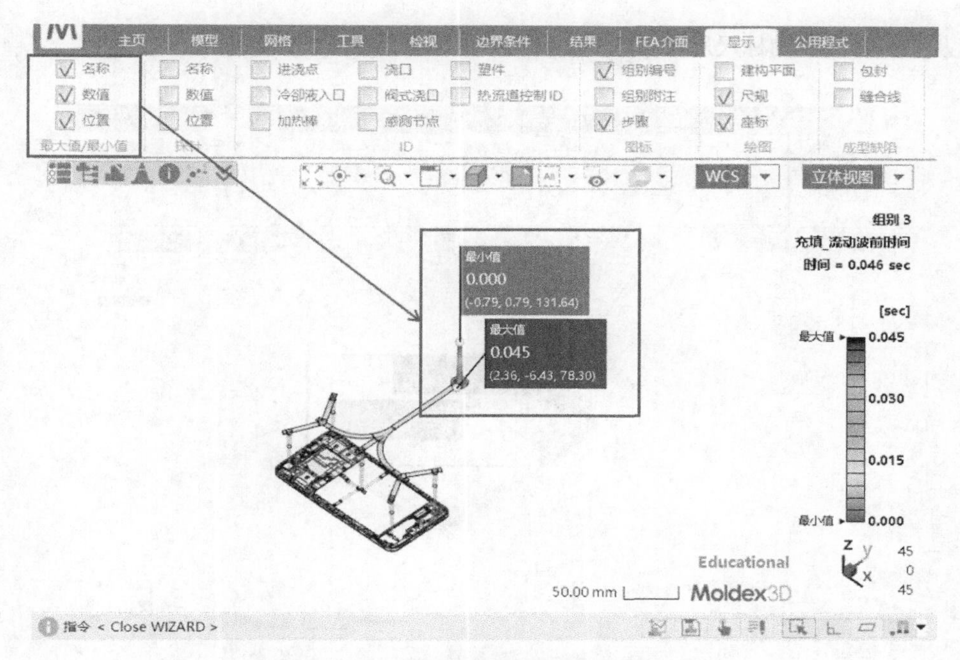

图 2.62　“最大值/最小值”显示内容

“探针”标签包括“名称”“数值”“位置”3 个选择内容，可以显示所选之处模型的名称、当前结果数值和位置（图 2.63）。图 2.63 中，圆点是选择的节点位置，黑色矩形框内显示的是探针的位置坐标（x，y，z）的具体数值，图形区右上角显示组别 3（模型）名称，当前数值是空间坐标的具体数值，即探针 1 的 x、y、z 坐标是（−42.68，−127.23,26.70），探针 2 的 x、y、z 坐标是（−39.22，−103.89，27.15）。

“ID”标签包括“进浇点”“冷却液入口”“加热棒”“浇口”“阀式浇口”“感测节点”“塑件”“热流道控制 ID”8 个图标选项。每个选项都可获得相应对象的组别编号相关信息，图 2.64 是选择“浇口”为例的结果，从图中可知，制品共有同一个系列的 8 个浇口，且编号唯一。

“图标”标签包括“组别编号”“组别附注”“步骤”3 个选项，可用来查看组别编号、组别附注和步骤。图 2.65 是选择“组别编号”后的结果，在右上角显示组别编号为“组别 1”。

“绘图”标签包括“建构平面”“尺规”“座标”[1]3 个图标选项，可用来实时查看模型的建构平面、尺规和坐标。图 2.66 是选择“座标”和“尺规”后的示意图，

[1] 座标为软件中术语，规范术语为坐标。

从中可知量化的标尺尺度（40.00mm）和基于全局坐标的旋转角度（72,3,7）。

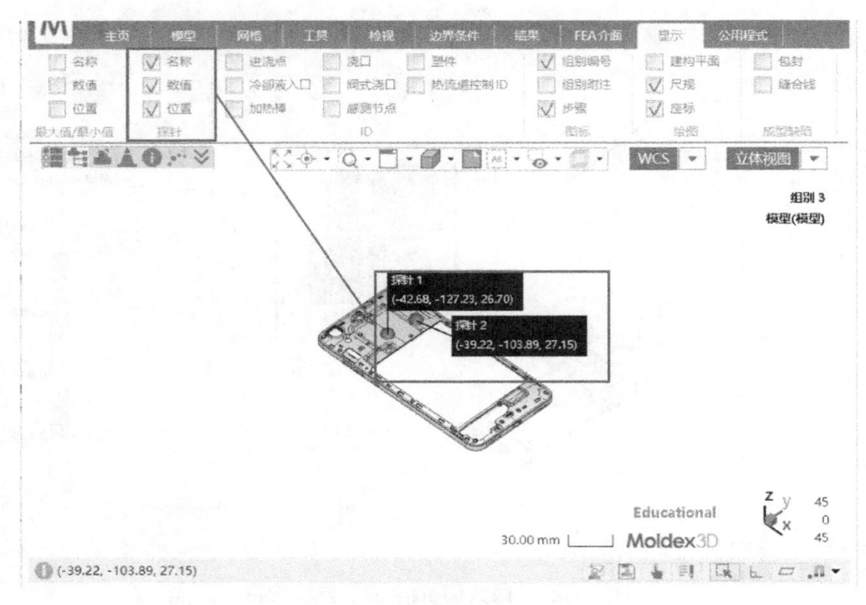

图 2.63 “探针”显示内容

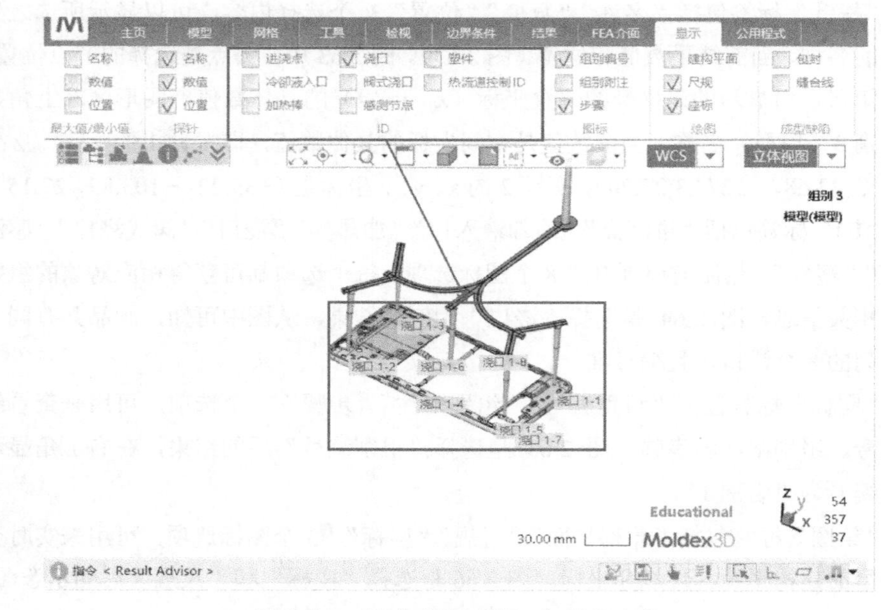

图 2.64 “ID”选择“浇口”显示内容

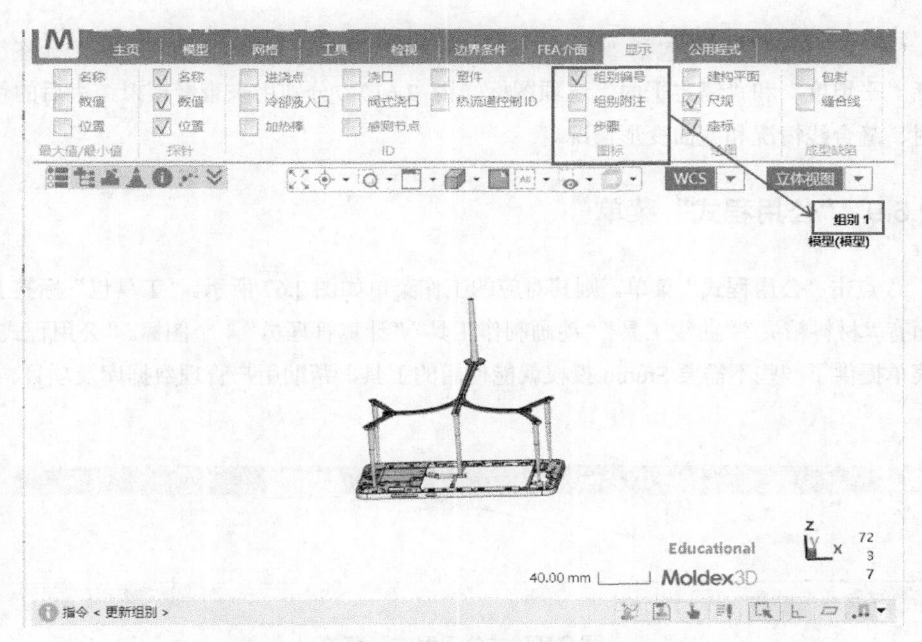

图 2.65　“图标”选择“组别编号”显示内容

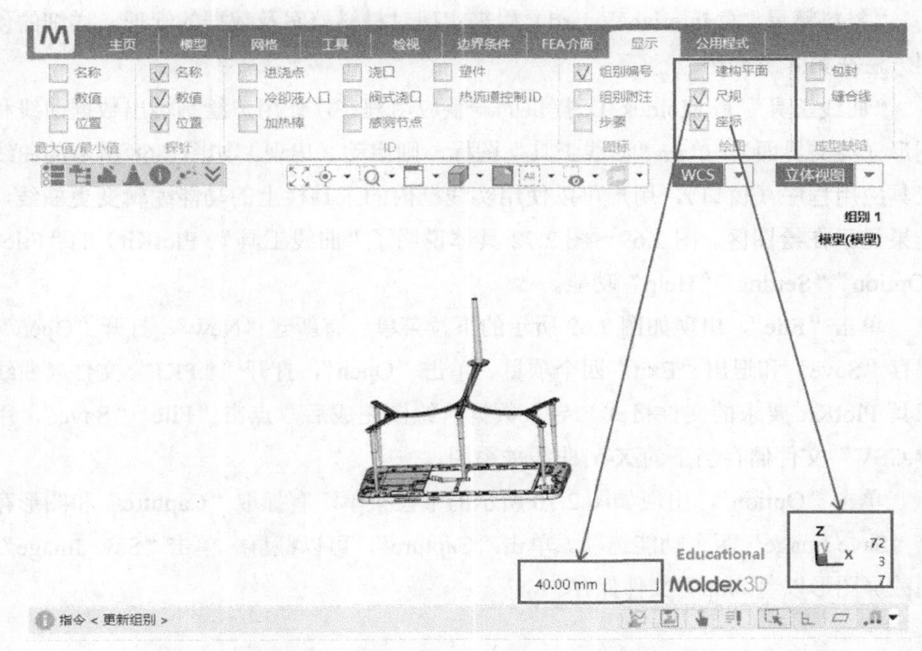

图 2.66　“绘图”标签中选择“尺规”和“坐标”的显示内容

“成型缺陷”标签包括“包封”和“缝合线”[1]选项图标，“参考平面”标签包括“平坦度”和“锚定平面”选项图标（图 2.61），分别用来查看模拟结束后的包封、缝合线情况和翘曲变形情况。

2.6.9 “公用程式”菜单

点击“公用程式”菜单，则其对应的工作菜单如图 2.67 所示。“工具包”标签上面有“材料精灵”“曲线工具”“动画制作工具”“计算管理员”4 个图标。“公用程式”菜单提供了一些不需要 Studio 授权就能使用的工具，帮助用户管理数据库及项目。

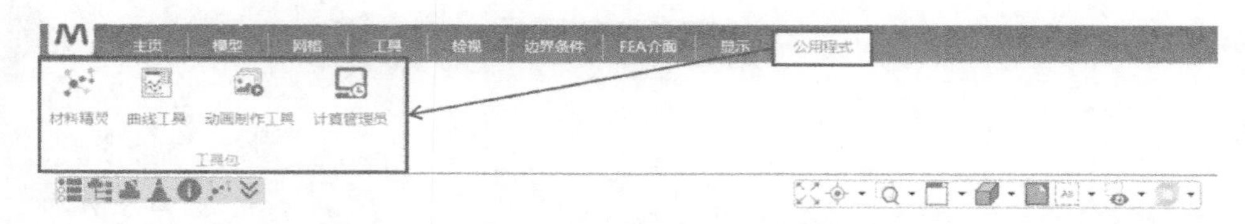

图 2.67 “公用程式”菜单

“材料精灵”（Material Wizard）用来实现对材料档案及数据的管理。详细的使用方法在第 4 章介绍。

“曲线工具”是 Moldex3D 提供的一款应用程序，让用户绘制输出数据曲线和图形（英文界面）。单击“曲线工具”图标，则启动（出现）如图 2.68 所示的曲线工具应用程序（窗口），用户可以使用实线框内的工具栏上的功能编辑变更曲线，结果显示在绘图区。图 2.69～图 2.72 具体说明了“曲线工具”（PlotKit）的“File”“Option”“Setting”“Help”功能。

单击“File”，出现如图 2.69 所示的下拉菜单。有新建“New”、打开“Open”、保存“Save”和退出“Exit”四个项目。单击“Open”，打开“*.PKF”文件（曲线工具 PlotKit 要求的文件格式）导入数据；绘图完成后，点击“File”“Save”，用“*.CSV”文件储存当下的 X-Y 曲线关系图。

单击“Option”，出现如图 2.70 所示的下拉菜单。有抓取“Capture”和图形存储“Save Image”两个功能选项。单击“Capture”，可以截屏；单击“Save Image”，则截屏图形以“.bmp”文件保存。

[1] 缝合线为软件中术语，规范术语为熔接线。

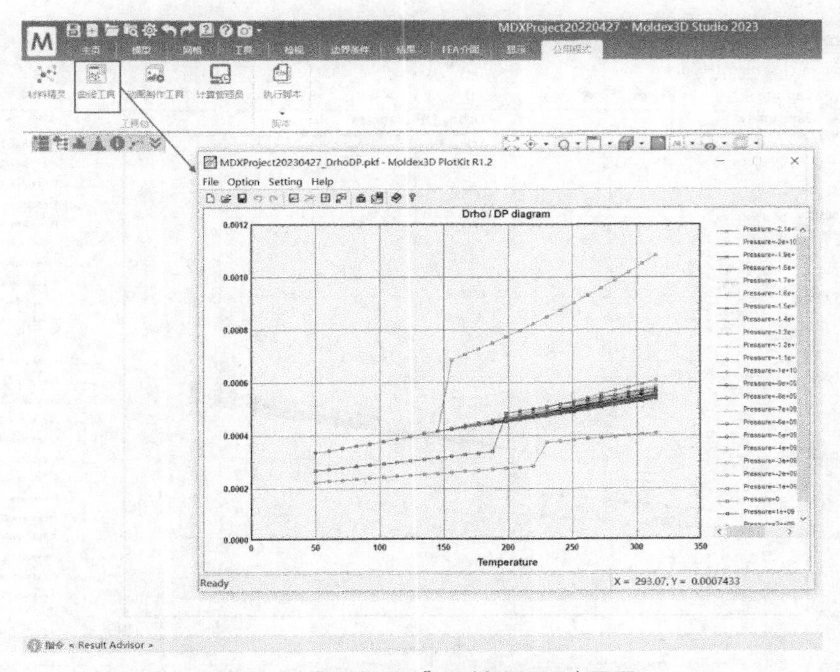

图 2.68 “曲线工具”及其应用程序界面

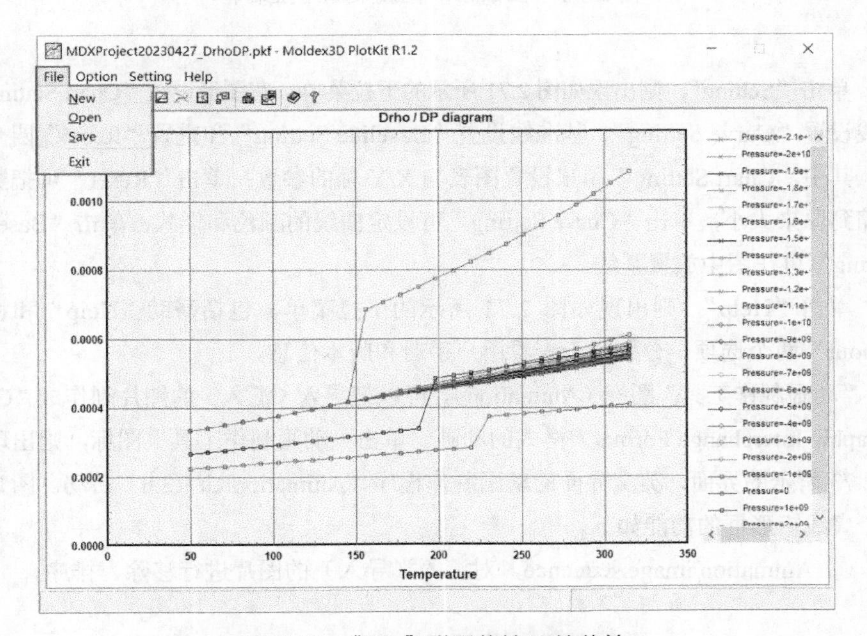

图 2.69 “File”附属菜单/下拉菜单

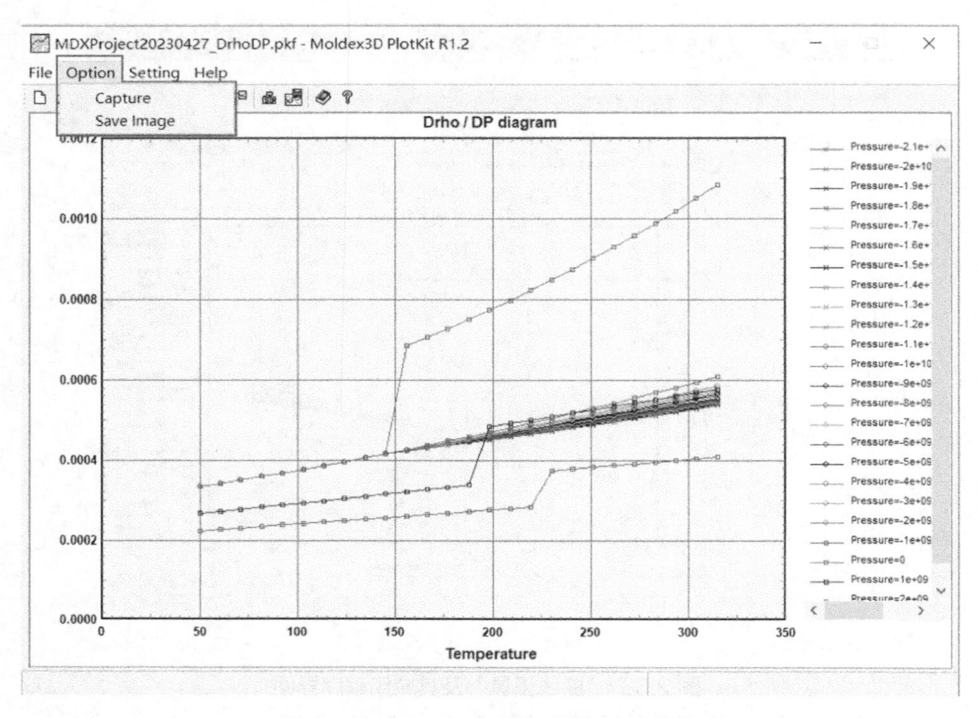

图 2.70 “Option”附属菜单/下拉菜单

单击“Setting”，则出现如图 2.71 所示的下拉菜单。有图形设置“Chart Setting”、曲线设置“Curve Setting”、基准线设置“Baseline Setting”和重置“Reset”四个选项。其中“Chart Setting”用来设置图表与 X/Y 轴的参数；单击“Reset”可把数据放缩到原来大小；单击“Curve Setting”可设定曲线的颜色和样式；单击“Baseline Setting”可在图中放置基线。

单击“Help”，则出现如图 2.72 所示的下拉菜单，包括帮助“Help”和相关“About”两个选项，分别用于查看用户手册和版本信息。

“动画制作工具”图标（Animation），可以把导入（汇入）的图片制作成“GIF”（Graphic Interchange Format）格式的动画。单击“动画制作工具”图标，则出现如图 2.73 所示的界面，英文界面的动画制作程序（AnimationKit R2.0）启动。图 2.73 三个虚线矩形框的功能如下。

① Animation image sequence，对汇入（导入）的图片进行移除、排序。

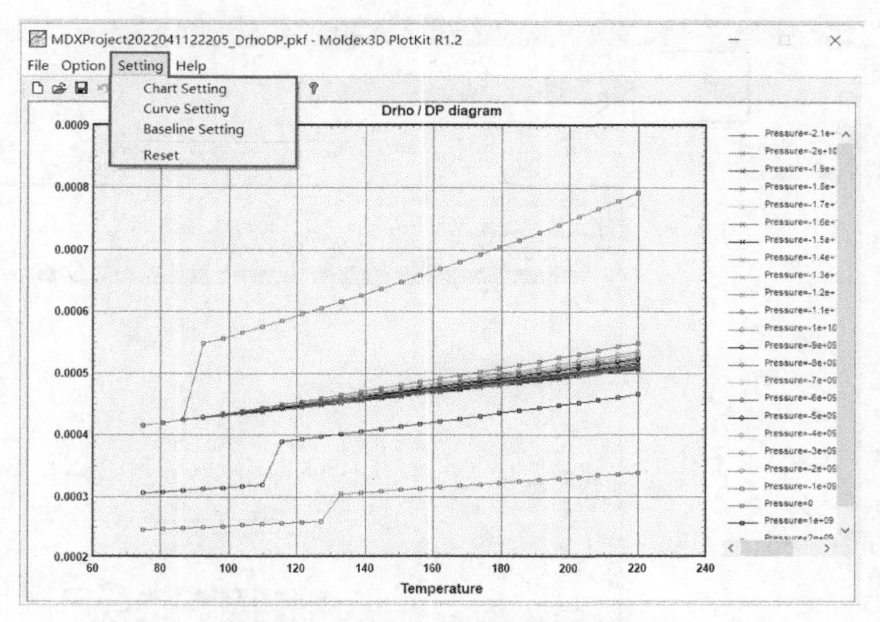

图 2.71　“Setting”附属菜单/下拉菜单

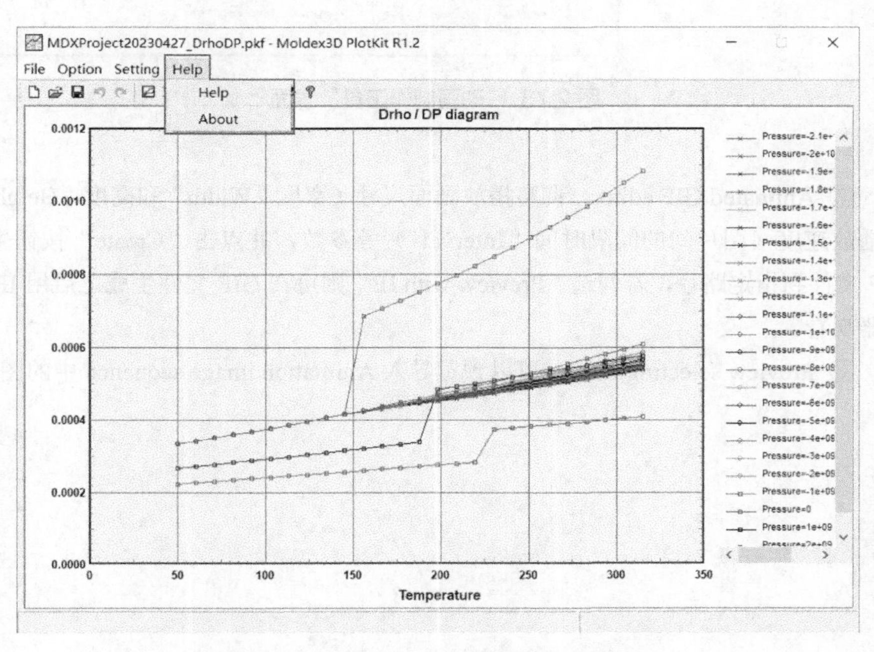

图 2.72　“Help”附属菜单/下拉菜单

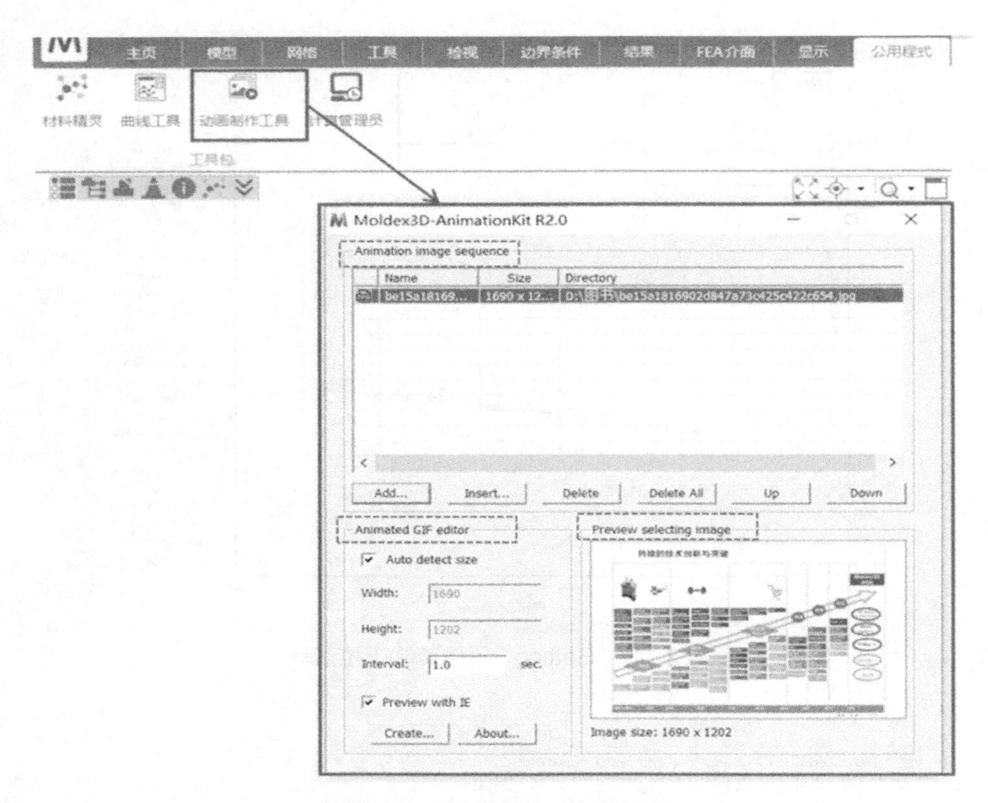

图 2.73 “动画制作工具”界面

② Animated GIF editor，调整播放画面尺寸（宽度“Width”和高度“Height”）及播放速度（图片间的间隔时间“Interval”）等参数，并点击“Create”按钮生成 GIF 文件到指定路径，若勾选“Preview with IE”则可在 GIF 文件生成之后用 IE 浏览器观看。

③ Preview selecting image，可以预览导入 Animation image sequence 中的图片。

第3章 Moldex3D 模流分析基本流程

本章以齿轮制品为例，在 Moldex3D Studio 2023（教育版）软件平台上，进行基于实体网格技术的模流分析的基础学习。从齿轮几何模型导入开始，一步一步说明如何使用 Moldex3D Studio 2023 软件进行模流分析。

本章适合模流分析新手阅读，强调注射成型模流分析的步骤和流程，更详细的软件入门内容请参考刘海彬、刘引烽主编的《Moldex3D 模流分析技术与应用》；模流分析基础较好的读者，可以大致浏览。本章相应的齿轮 CAD 模型文档、数据和图片，读者可通过扫描书后二维码，回复“Moldex3D 基础篇”获取。

3.1 概述

在启动软件之前，再次熟悉一下模流分析的流程（图 3.1）。模流分析的流程，通常包括前处理、成型参数设置和运行、后处理三部分，分析过程与第 1 章、第 2 章的内容类似，本章以具体的齿轮为例。

从图 3.1 可知，前处理包括 8 项内容，按照顺序依次是：①打开软件建立项目；②汇入几何模型、检查几何模型（包括修复几何模型）；③确定浇口位置（包括大小、尺寸、数目）；④建立流道系统（包括浇道尺寸、形状等）；⑤生成模座；⑥创建冷却系统；⑦划分网格；⑧再次确认检查。本例中，汇入（导入）的几何模型是用商品化的 CAD 软件提前绘制完成的模型；如果没有预先准备 CAD 模型，也可以通过 Moldex3D 的绘图工具进行绘制（此时忽略汇入几何步骤）。

成型参数设置和运行包括 5 项内容，依次是：①选择材料；②设置工艺参数；

③设置分析顺序；④设置计算参数；⑤执行模拟分析。

后处理部分通常包括3个部分：①查看、解读模拟结果；②完成分析、给出建议；③生成模流分析报告。

需要说明的是，图3.1中的步骤仅供参考，模流分析包括但不仅限于这些步骤，如果使用不同公司的模流分析软件或者不同版本的模流分析软件，可能会有操作步骤的变化。

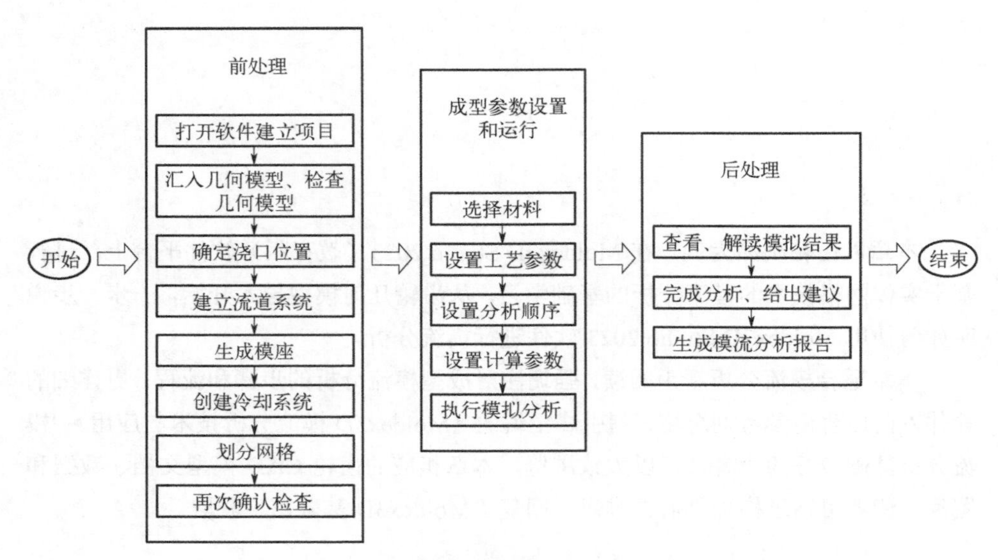

图3.1　注射成型的模流分析流程

3.2 前处理

前处理是模流分析的基础。用户需建立待分析制品的几何模型，在网格划分时该模型的几何形状被分割成若干个离散的子区域空间，称为“单元”，构成单元的离散点称为“节点”。各单元在一些离散的“节点”上相互连接。单元或节点是工程物理量的载体，如温度、压力、速度、应力、位移等。这些单元或节点中，根据模拟的需求不同，有些是给定或已知的物理量，如温度、压力、位移甚至是外部载荷等，这些“节点”或“单元”称为边界节点或边界单元，已知的或给定的数据就是边界条件；其余的节点或单元则称为“内部节点”和“内部单元”；若节点或单元的物理量，如速度、压力等，随着时间变化，还要给出或者设定相应的初始条件

（时间等于零，或者开始时刻的物理量数据）。在施加边界条件和初始条件后，计算机通过边界节点或边界单元、内部节点及内部单元的运算，获得数值结果。同一制品，不同数目和不同位置的节点或单元有时会导致模拟结果的不同，特别是网格数量或质量不合适的时候，因此，前处理会对模流分析结果产生重要的影响。

3.2.1　建立 CAD 模型

本案例在进行模流分析之前，已经完成了制品 CAD 模型的建立。下面的模流分析就用这个准备好 CAD 模型，从演示“汇入几何模型”开始。

制品模型通常用商品化的专业制图软件完成。常见的三维制图软件有 AutoCAD、UG NX、PRO/E、3Ds MAX、Solidworks、CATIA、CAXA 等。这些专业 CAD 模型绘制软件随着用户需求，界面和操作步骤不断完善，能很好地满足制图需求。本案例用的齿轮形状尺寸如图 3.2 所示。塑料原料选用聚酰胺 PA（又被称为尼龙）。三维 CAD 图形建模用 UG NX 12.0 完成；完成后的 CAD 模型导出并保存为“.stp”格式的文件，命名为“Gear.stp”。这里建议文件名用英文字符命名，以免出现因操作系统不兼容等因素引起的乱码或无法识别的情况。Moldex3D Studio 2023 软件能支持多种 CAD 文件格式（请参考第 2 章表 2.3），包括 UG 的“.prt”格式，这种格式的模型精度更高，但由于“*.prt”格式文件导入教育版的 Moldex3D Studio 2023 需要额外授权，因此本案例用“.stp”格式。

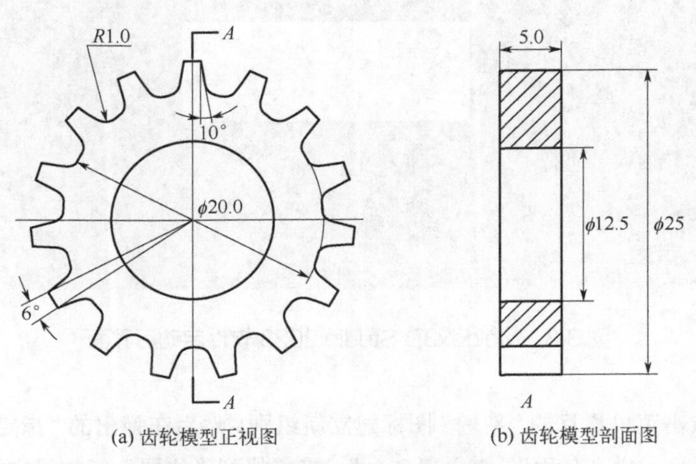

(a) 齿轮模型正视图　　(b) 齿轮模型剖面图

图 3.2　齿轮形状尺寸示意（单位：mm）

在进行模流分析之前，需要了解齿轮制品的成型要求。齿轮制品属于结构件，需要与其他结构零件装配并承受一定的外部载荷，对内孔和外廓有装配要求。外廓的形状、尺寸精度达标才能满足齿轮啮合要求，这就需要考虑齿轮制品在注射成型过程中的密度是否均匀、收缩变形如何、5mm 的厚度是否出现凹痕缺陷等，相应的模流分析就需要考虑充填、保压、冷却和翘曲分析，在后面选择分析顺序时，需要考虑这些需求（要求）。本章作为模流分析的入门学习，对于齿轮的装配精度不作赘述。

3.2.2 打开软件建立项目

根据图 3.1 的流程，开始启动软件。从前处理的“打开软件建立项目”开始详细介绍模流分析的具体步骤。为便于理解，步骤编号保持了连续性（即不被图 3.1 小矩形框中的内容章节打断）。

步骤一（打开软件建立项目）：启动 Moldex3D Studio 2023 软件（方法参考第 2 章 2.6 小节），Moldex3D 软件界面如图 3.3 所示。

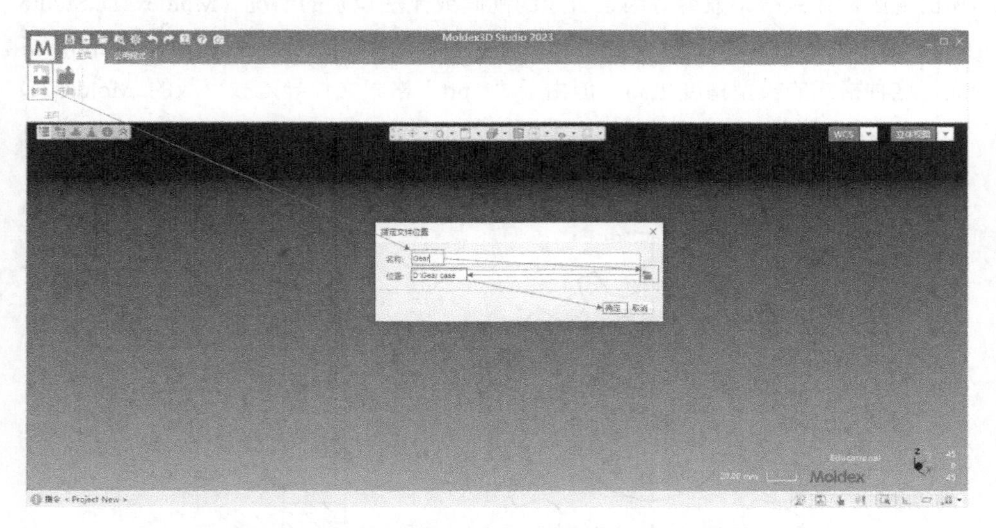

图 3.3　Moldex3D Studio 2023 软件启动后界面

首先点击菜单栏目的“新增”图标建立新组别，然后在弹出的“指定文件位置”窗口，找到第一栏“名称”，键入“Gear”；接着找到“位置”行的最右端的“文件夹”图标，点击后选择自己习惯用的位置和目录，这里将模流分析的文件（档案）

位置保存为 D 盘根目录下“D:\Gear case”，最后点击“确定”，完成新项目的建立。此时“项目”仅仅有一个名字，没有具体的内容。建立新项目后，Moldex3D 界面如图 3.4 所示，虚线矩形框的“主页”下面出现了更多的功能图标（实线矩形框内）。

图 3.4　“主页”快捷功能包括的各个功能图标

如果电脑（计算机）内已有保存的项目，在图 3.3 左上方“新建”图标的右侧，点击“开启”图标，则出现图 3.5 所示的文件夹，找到已有项目所在位置，打开“*.mrm”格式的文件，本例文件名为“Gear.mrm”（图 3.5 矩形框所选的文件）。

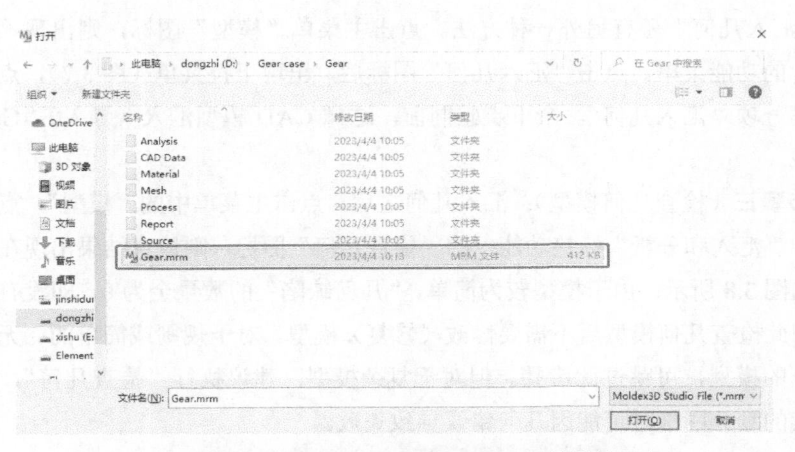

图 3.5　已有项目所在位置及打开项目时的快捷图标

3.2.3 汇入几何模型、检查几何模型

步骤二（汇入几何模型）：新项目建立后，选择制程类型为“射出成形”，即注塑工艺，然后点击功能区的“汇入几何”，则出现图 3.6 所示的弹出窗口，在电脑中选择已完成并保存的 CAD 模型文件“Gear.stp”，点击“打开”，则软件系统界面如图 3.8 所示。

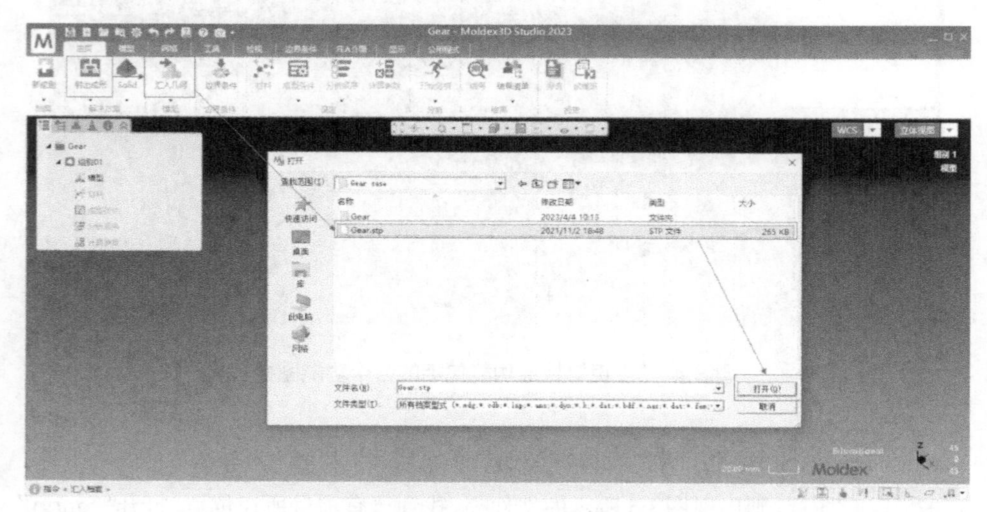

图 3.6 通过“主页”汇入几何模型的方法示意

“汇入几何”还有另外一种方法。点击主菜单“模型”图标，则出现“模型”所包含的功能菜单。点击“汇入几何”图标后，出现下拉菜单（图 3.7），点击下拉菜单第一项“汇入几何”。余下步骤同前，这样 CAD 模型汇入（导入）“Gear”项目完成。

步骤三（检查几何模型）：汇入几何之后，点击主菜单中的“模型”，点击模型菜单中“汇入和分析”标签功能中的“检查几何”图标，则检查结果出现在工作窗口，如图 3.8 所示。由于模型较为简单，“几何缺陷”的数量全为 0，即没有几何缺陷，因此检查几何模型后不需要修改（修复）模型。对于规则或简单的、无复杂细节特征的模型，可跳过此步骤。但对于复杂模型，建议执行“检查几何”，否则进行后续的划分网格时可能因几何错误导致失败。

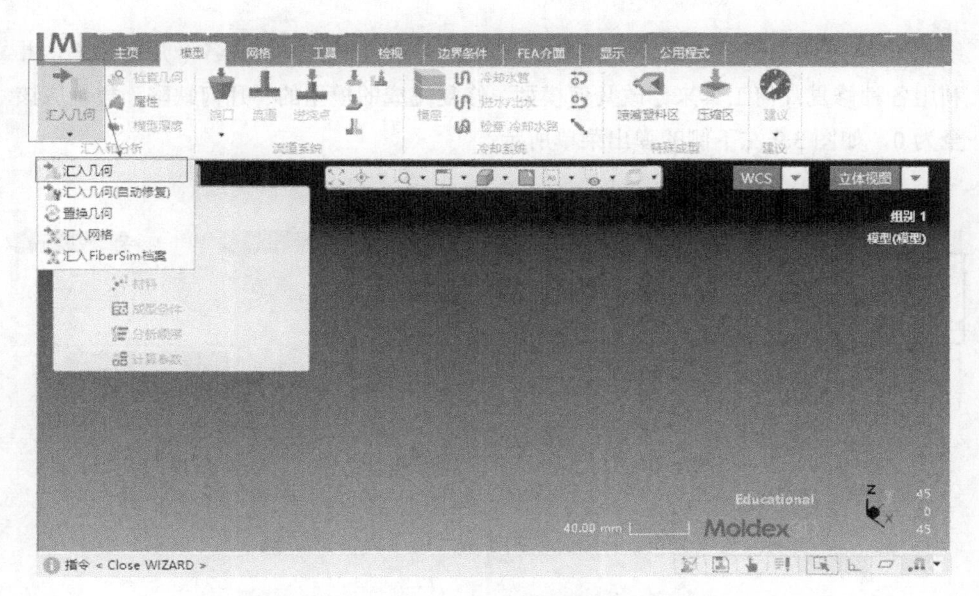

图 3.7　通过“模型”汇入几何模型的方法示意

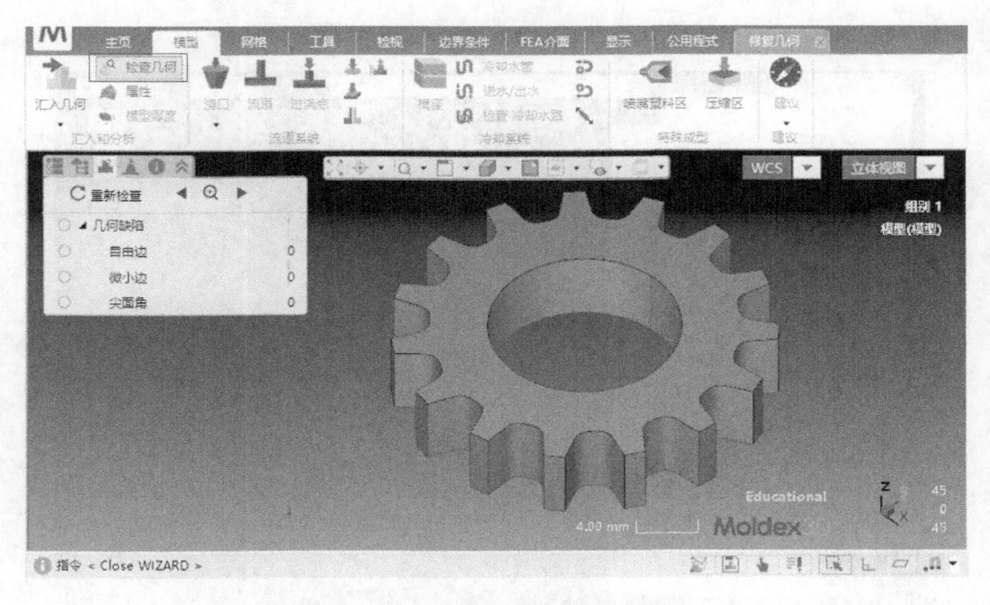

图 3.8　“检查几何”功能位置

在“检查几何”中会统计被检查到的几何缺陷数量（点击“重新检查”来刷新

统计），可以利用浏览工具（快捷图标，图 3.9）定位或放大检视各个几何缺陷，并利用各种修复几何工具来修改几何模型，修复完成的模型的“几何缺陷”数量应该全为 0，如图 3.9 左下侧的弹出菜单所示。

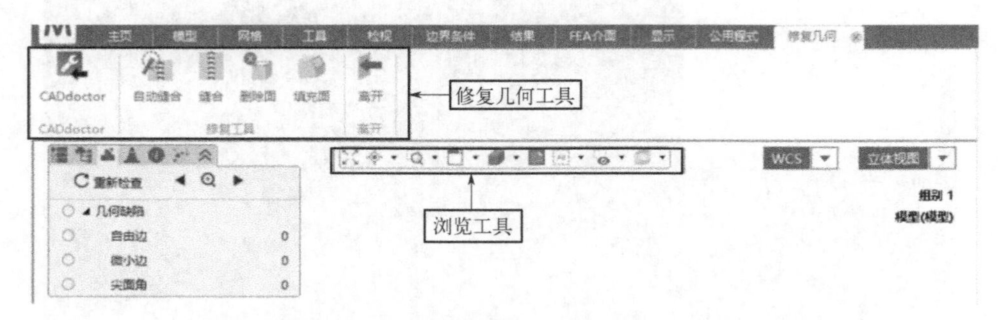

图 3.9　浏览工具和修复几何工具位置示意

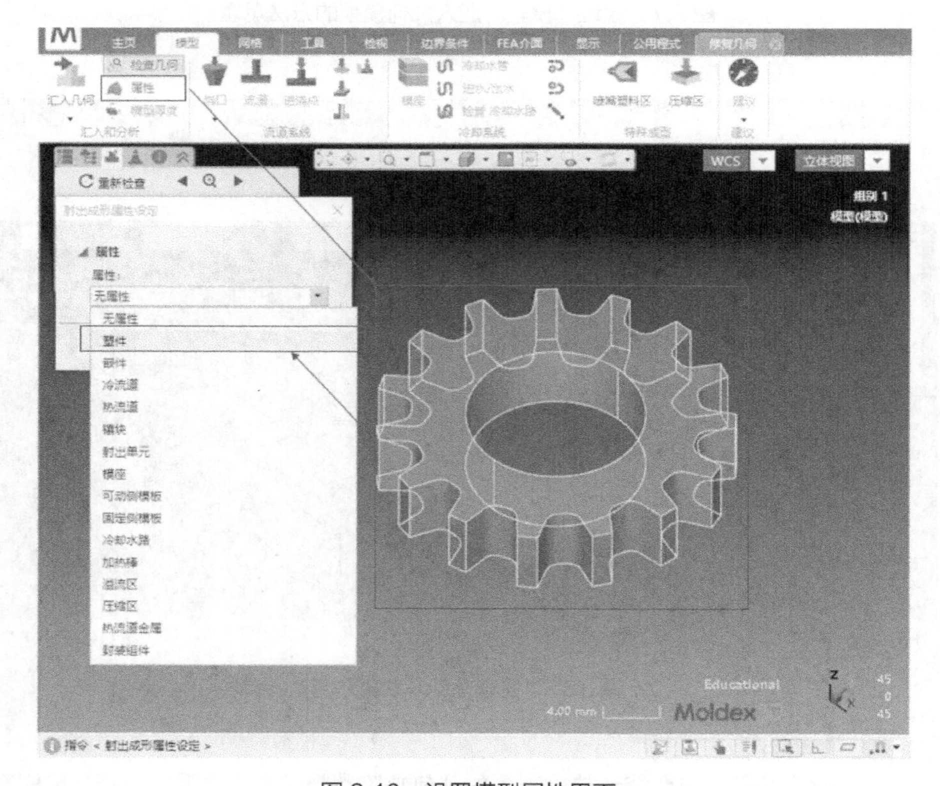

图 3.10　设置模型属性界面

步骤四（设置属性）：完成“检查几何”零缺陷后，点击图 3.10 所示的主菜单栏中的“模型”图标，找到其所包括“汇入和分析”（灰色字体）标签上面的“属性”（黑色）图标，点击后出现图 3.10 所示的“射出成形属性设定”弹出式窗口，长按鼠标左键选取要编辑属性的几何模型对象，点击“射出成形属性设定”弹出式窗口的下拉菜单，选择属性为“塑件”，点击“关闭”，完成设置属性。

塑件属性设置完成后，如图 3.11 所示，“模型”菜单的“汇入和分析”标签上面的“模型厚度”功能图标变为黑色、“流道系统”（灰色字体）标签上面的“浇口”功能图标变成黑色，“冷却系统”（灰色字体）标签上面的“模座”功能图标从图 3.10 所示的不可操作的灰色（浅色）变成图 3.11 所示的可操作的黑色（深色），即“模型厚度”“浇口”“模座”（图 3.11 中 3 个矩形框的图标）解锁。

图 3.11　模型属性设置界面

3.2.4　确定浇口位置

根据注射成型工艺的工程实践，通常完成塑件制品的分析后，需要考虑模具结构，如型腔数目、浇注系统（浇口、流道）、温控系统（冷却管道）、脱模机构（分型面）等。Moldex3D 系统进行了简化和流程规范化，按照“模型”主菜单包含的功能，从左到右依次完成模具结构浇口、流道、进浇点等相关设计（图 3.12）。

步骤五（确定浇口位置）：塑件属性设置完成后，找到主菜单栏中“模型”功能区的“流道系统”标签上的“浇口”功能图标（图 3.12 正方形框处），点击“浇口”图标下方的三角符号，则出现如图 3.12 所示的下拉菜单，点击下拉菜单的“建议浇口位置”条目（实线矩形框）后，在图形工作窗口右侧出现“建议浇口位置”的弹出式窗口，如图 3.12 右边矩形框的窗口所示。在“建议浇口位置”的弹出窗口中，从上到下完成设定。第一行“浇口模式”取默认值“自动”；第二行“浇口数目”，默认值为“1”，需要修改键入“3”，即 3 个浇口；第三行“不可进浇侧”取默认值“X”，本例表示不可以从齿轮制品的齿状外边界轮廓进料；第四行，勾选“进浇区限制”，表示要限制进料的位置；选择“进浇区”，点击“选择面”；长按鼠标左键选择齿轮塑件制品的上表面后（图 3.13），选中的齿轮制品上表面从浅色（香槟色）变为深色（土黄色），然后点击“建议浇口位置”弹出式窗口右上角的绿色“✓”图标确认（图 3.13 左侧示意图）；再对已选择的面，点击弹出窗口的“套用”按钮，则 Moldex3D 软件系统将会自动生成三个针点浇口（带进浇点），如图 3.14 所示；点击“建议浇口位置”窗口右上角“✓”完成浇口设置。

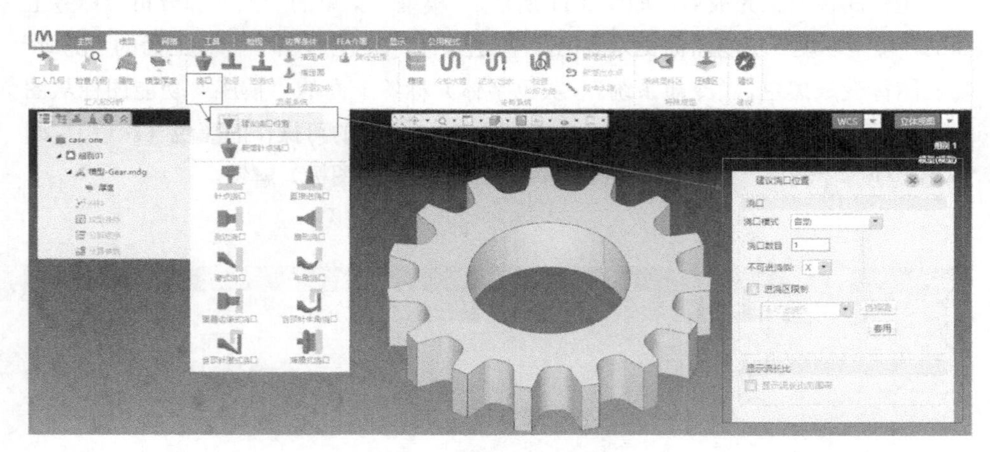

图 3.12 “建议浇口位置”窗口

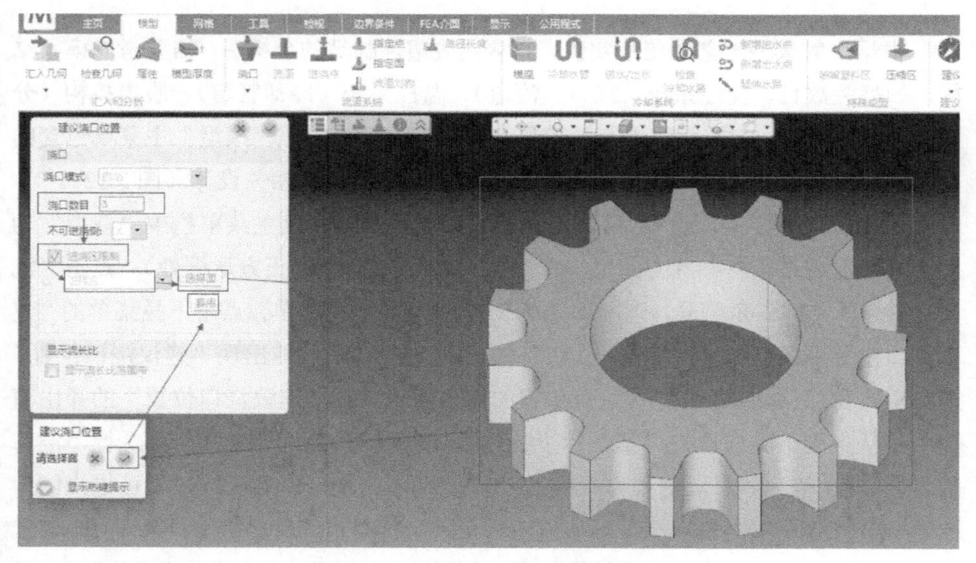

图 3.13 设置浇口位置和数目示意

这里需要说明一下。首先，本案例演示的浇口位置和数目仅为展示软件应用，在实际案例中并非最佳方案。其次，Moldex3D 中“浇口”不同于“进浇点”：浇口是连接流道（或分流道）与型腔的部分，而进浇点是与相应注塑机的喷嘴相关。当所有浇口与进浇点（喷嘴附近）相连后，浇注系统模型才算正确建立。有其他模流分析经验的读者要特别留意这一点。因此图 3.14 浇口上所示的进浇点是模型建立的中间结果（临时的/暂时的）。

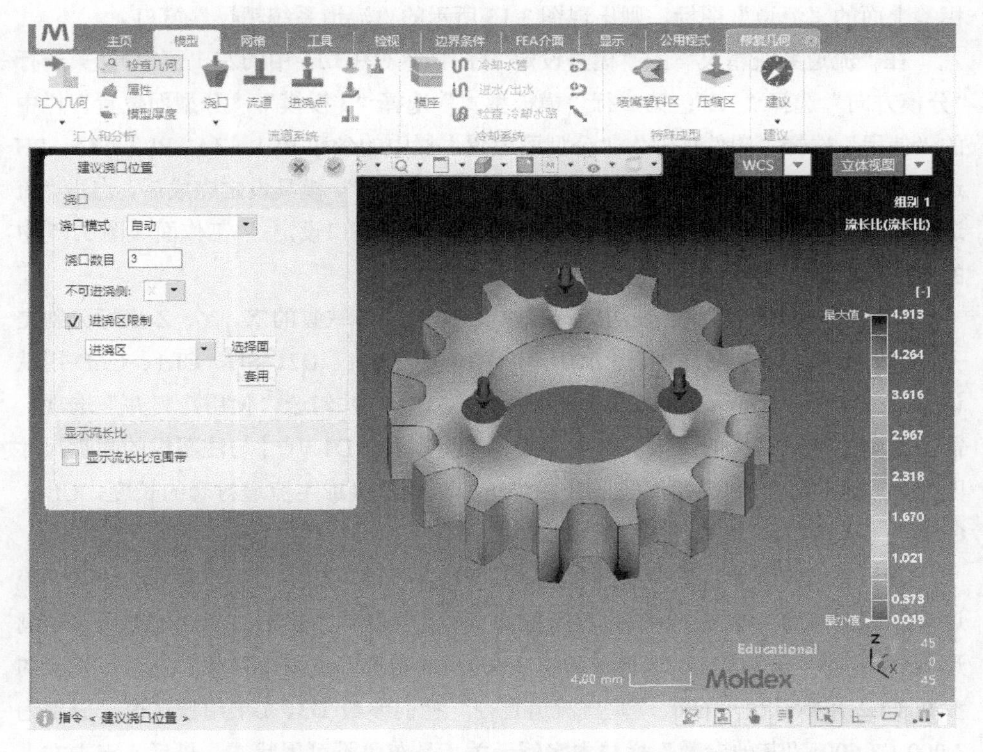

图 3.14　三个针点浇口位置确定（带有 3 个与流道相连的进浇点/暂时的进浇点）

3.2.5　建立流道系统

完成三个针点浇口设置后，“流道系统”（灰色字体）标签上的“流道”“进浇点”功能图标从图 3.13 中不可操作的灰色变成图 3.14 中可操作的黑色。前面提到“浇口”需要通过流道与“进浇点”连接，才能完成塑件和模具结构模型的设定，可以通过下面的操作（图 3.15），激活“流道系统精灵”，通过“流道系统精灵”方便地完成设置。

在“流道系统精灵”中，通过点选“下一步”及“上一步”的箭头图标，切换变更流道设定的工作页面；调整参数（缺省值：分模方向 = +Z，模板形式 = 3 板模，边缘侧浇口参数 D1 = 3、D2 = 2，设定较宽及长的浇口 SH = 30mm）后，点选“对号”图标即可完成设定流程。下面看一下具体操作。

步骤六（建立流道系统）：点击图 3.14 中“模型”主菜单功能的“流道系统”标签上面的“流道”图标，则出现图 3.15 所示的“流道系统精灵”窗口。

在“流道系统精灵”的“模具设定”工作面（图 3.15 中的左 1 窗口），第一行“分模方向”选择“−Z”；第二行“模板型式”选择“3 板模”；“分型面位置”栏中的“使用”选择“塑件顶部”。“分型面位置”栏中的参数 PL1（Z）、PL2（Z）、PH 选用软件的默认值，分别是“5.000”“13.753”“8.753”。模具设定完成后，点击“流道系统精灵”窗口的下一步“ ”图标，进入“直浇口设定：”工作面（图 3.15 中的中间窗口）。

“直浇口位置”栏的“使用”选择“浇口中心”，缺省的 X、Y、Z 坐标分别是 −3.902、−5.815、13.753。“直浇口几何参数”栏的 D1、D2、SH、CL1、CLD 用默认值，分别是 3.600、2.160、7.003、3.600、3.600，并勾选“使用冷料井”选项。需要指出的是，这里的直接浇口相当于主流道衬套，D1 尺寸与注塑机的喷嘴尺寸匹配，“D2”与浇道尺寸相关，SH 相当于模板的厚度或主流道衬套的长度，CL1、CLD 可以理解为冷料井的相关尺寸。

浇口完成设置后，继续点击“流道系统精灵”的下一步“ ”图标，进入“流道设定”工作面（图 3.15 中的右侧窗口）。“几何参数”栏的“型式”选用“半圆形”，相应的几何参数 D1 选择缺省值 3.600，并勾选“使用冷料井”选项，相应的参数 CL2 用默认值 3.600。“垂直流道直径”栏的参数 D3、D4 用默认值，分别为 3.000、3.600。“其他参数”栏与本案例无关，是灰色不可用状态。最后，点击右上角“ ”图标，完成流道的设置。完成后的流道系统如图 3.16 所示。

流道构建完成后需要设置进浇点。Moldex3D Studio 2023 软件提供了三种方法，即进浇点、指定点、指定面（参考图 3.13 中的白底菜单栏）。①点击“模型”主菜单“流道系统”标签中的“进浇点”图标，软件会根据构建好的流道系统模型自动设置进浇点；进浇点可设置在节点上，也可设置在单元上。②点击“模型”主菜单“流道系统”标签中的“指定点”图标 指定点，进行进浇点设置；进浇点设置在指定的节点上。③点击“模型”主菜单“流道系统”标签中的“指定面”图标

指定面 设置进浇点；进浇点设置在指定的单元面上。本案例使用流道精灵建立流道，进浇点自动生成，因此操作中略过了进浇点设置。

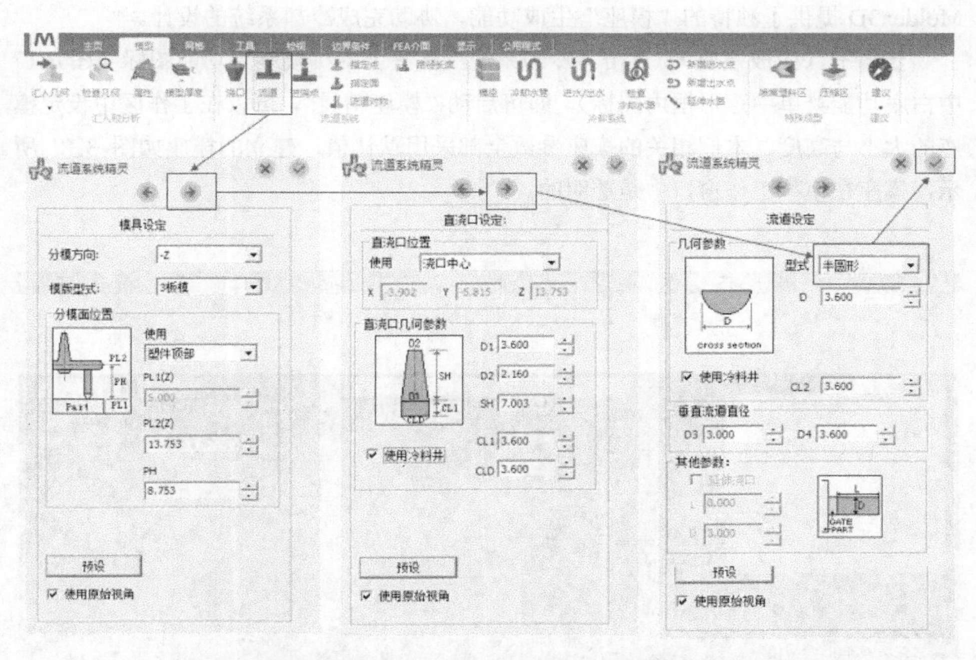

图 3.15 “流道系统精灵”的三个工作面（流道系统参数设定示意）

图 3.16 步骤六完成后生成的流道系统（带进浇点）

3.2.6 生成模座

对于新手而言，模具温度系统的冷却管道设计容易混淆型芯侧和型腔侧，为此 Moldex3D 提供了独特的“模座”生成功能，协助完成冷却系统的设计。

步骤七（生成模座）：点击“冷却系统”标签上的“模座”功能图标（图 3.17 中白底功能菜单中矩形框内图标），即可启动“模座精灵”，可以在工作区中设定模座的大小与高度，本例相关的模座参数全部采用默认值，建立的模座如图 3.17 所示，模座在模型工作窗口中是透明的。

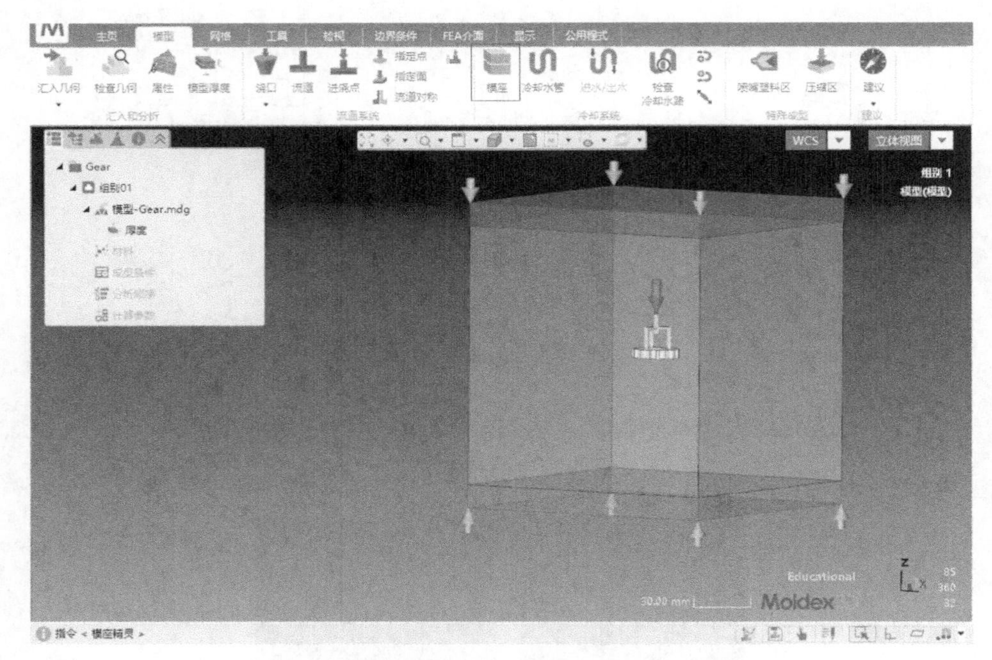

图 3.17　生成模座

Moldex3D 提供了协助完成冷却系统设计的 7 个设计精灵，即模座、冷却水管、进水/出水、检查冷却水路和其他功能（新增进水点、新增出水点、延伸水路，参考图 3.15“冷却系统”标签上的菜单栏）。其中，“模座精灵”的参数设置过程如图 3.18 所示，使用过程与前面的“流道系统精灵”类似。

这里介绍一下“模座精灵”工作面和参数的具体应用。“模座精灵”的工作面包括“尺寸设定”[图 3.18（a）] 与“高度设定”[图 3.18（b）] 2 个工作面，分别用于设定相对于分模方向的模座长度 L、宽度 W 的尺寸，以及模座高度尺寸 H。每个参数值的设定都会提供“绝对”与“相对”标签，可以根据自己的习惯选择任一种方式来定义模座参数。“绝对”值直观，是在全局坐标系的（指定位置处的坐标）数值；“相对”值方便灵活。

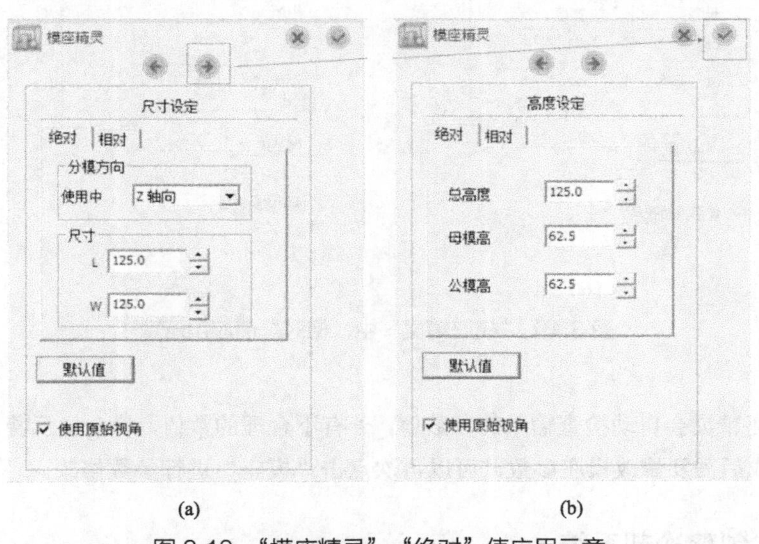

(a)　　(b)

图 3.18 “模座精灵”“绝对”值应用示意

“尺寸设定”和“高度设定”工作面中选择“相对”值设定时（图 3.19），必须给定“参考点”的具体参数。“尺寸设定”和“高度设定”工作面中的参考点，通过选定该点 X、Y、Z 三个方向的坐标值设定，通常建议“尺寸设定”和“高度设定”使用相同的参考点。“尺寸设定”工作面的［图 3.19（a)］“相对”标签的参数包括 4 个，“长度”栏 L1、L2，“宽度”栏 W1 和 W2，其中：L1 代表参考点与模座左侧之间的距离；长度 L2 是参考点与模座右侧之间的距离；宽度 W1 是参考点和模座前面之间的距离；宽度 W2 是参考点与模座后面之间的距离；具体的数值应该参考模具型腔和开模尺寸，本例中 L1、L2、W1 和 W2 取值相同，均为 107.5。“高度设定”工作面［图 3.19（b)］“相对”标签的“高度”有 H1 和 H2 两个参数。H1 是参考点和模座下面之间的距离，H2 是参考点和模座上面之间的距离，具体的数值应该参考模具型腔尺寸，本例中根据分型面 H1 和 H2 的取值分别是 30.0 和 70.0。数值确定后，点击确认 完成设定，然后退出“模座精灵”窗口。

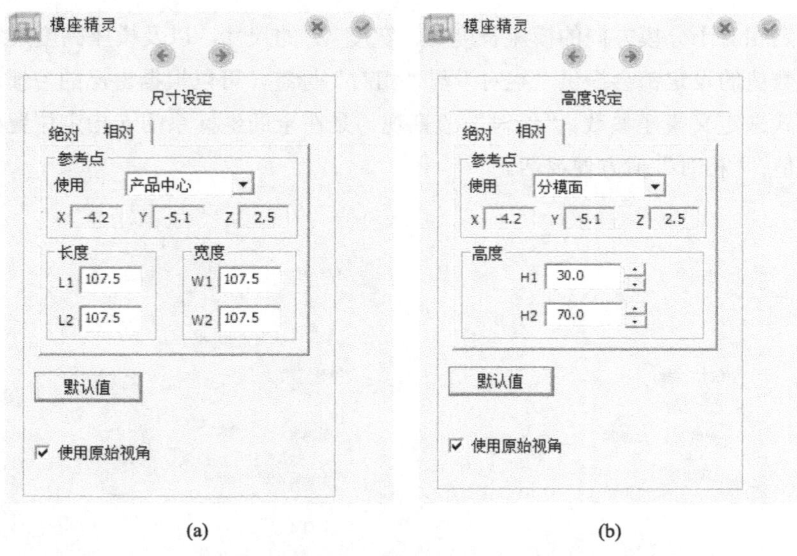

图 3.19 “模座精灵”中“相对”值应用示意

模座精灵会自动检查输入的参数值，若有不合理的数值，将会显示警告。如果设置完成后需要修改模座参数，可以再次点击“模座”进行参数修改。

3.2.7 创建冷却系统

“模座”设计（设置）完成后，“模型”主菜单的“冷却系统”标签上的“冷却水管”和“检查冷却水路”功能图标解锁，即如图 3.20 所示的两个矩形框内的图标，从图 3.14 的灰色（浅色）不可操作状态变为图 3.20 图中黑色（深色）可操作状态，功能或颜色对比请参考“进水/出水”图标。

图 3.20 冷却系统中的“冷却水管”和“检查冷却水路”图标功能可用

Moldex3D 软件提供了三种方法设置（设计）冷却水路。①通过“模型”主菜单的中的“冷却系统”实现。点击“模型”主菜单“冷却系统”标签上面的“冷却水管”图标（图 3.20），启用“水路配置精灵”，然后依次按照需求输入参数完成冷却水路设置。②通过“工具”主菜单“创建”标签中的功能图标，构建冷却水路。点击“工具”主菜单“创建”标签上“线”功能图标（可参考第 2 章内容），绘制或从外部导入完成线段绘制后，设置线段属性。“射出成形属性设定”中“冷却水路”形式的下拉菜单如图 3.21 所示。其中“属性”栏的“属性：”项选择“冷却水路”，“型式：”下拉菜单有“普通管”“隔板式水路”“喷泉式水路”“软管”4 种。选择“普通管”，则管道的截面参数只有一个“D”，键入冷却管道的直径值就完成了设定。若“型式：”选择“隔板式水路”（图 3.22），则按照提示须输入外管直径 D、内管尺寸 S 和内外尺寸高度差值 H 三个参数值，此处选用缺省值，D=6.000、S=0.750、H=2.500，然后点击右上角的图标 ，完成水路设置。③通过外部 CAD 软件来构建水路，然后导入 Moldex3D 系统，再设置导入结构的“模型属性”为冷却水路。

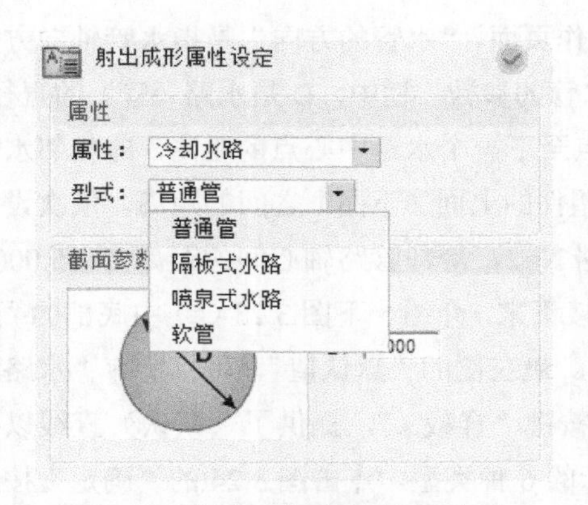

图 3.21 “射出成形属性设定”中“冷却水路”形式下拉菜单

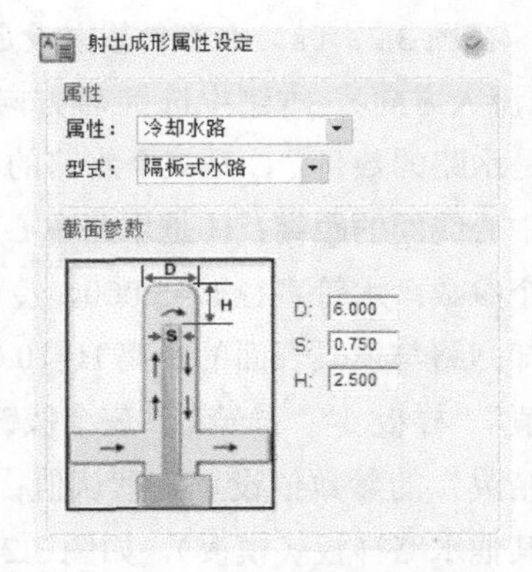

图 3.22 “隔板式水路”结构和参数示意

接下来，具体说明冷却水路设置方法①的应用，即通过“水路配置精灵”设置冷却水路的过程。点击“模型”主菜单的“冷却系统”标签上的“冷却水管”功能图标（图 3.20），则“水路配置精灵”启动，出现图 3.23 所示的窗口，使用方法与前面的“模座精灵”类似。“水路配置精灵”包括“基本设定”[图 3.23（a）] 和“进阶设定”[图 3.23（b）] 两个工作页面，点击“ ”可从“基本设定”工作页面切换至“进阶设定”。

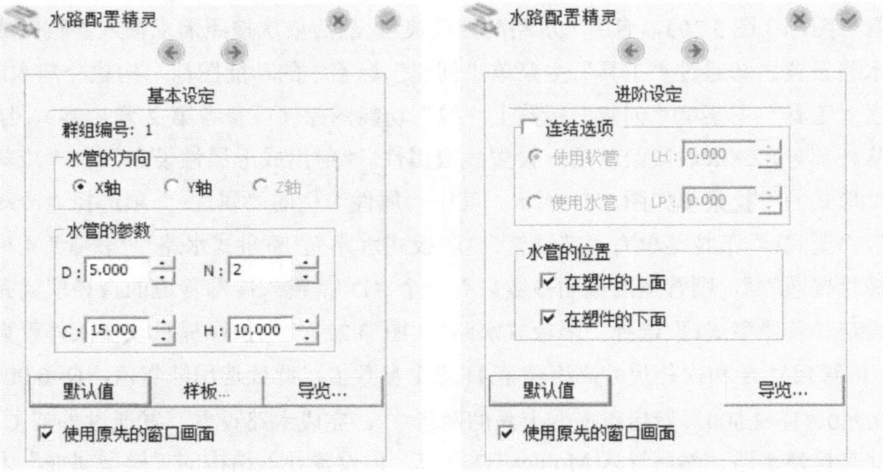

(a) (b)

图 3.23 “水路配置精灵”的“基本设定”和“进阶设定”工作页面

在图 3.23（a）中的“基本设定”工作页面，“水管的方向”是指水管轴向方向（水流入方向），本例中选 X 轴方向；“水管的参数”栏中，D 是水路（管）的直径；N 是水路的数目；C 是某个水路的中心点至下一个水路中心点的距离，即相邻水管的中心线间的距离；H 是水路中心点与塑件的上面（下面）之间的距离。依次设定各个参数：水管直径 D=5.000，冷却回路 N=2，冷却管路轴心间的距离 C=15.000，冷却回路与模具表面的距离 H=10.000。接下来，介绍一下图 3.23（a）中底部的“默认值”“样板...”“导览...”三个按键功能。最左侧的“默认值”，可将所有“水路配置精灵”的参数值设置为默认值；中间按键“样板...”，提供了（默认）直线以外的其他水路样板（模板），如图 3.24 所示的 6 种类型。点击图 3.24 的“确定”按钮后，则可设定每段管道长度、位置及配置等参数［类似图 3.23（b）直线水路的进阶设定］。图 3.23（a）中底部最右侧的“导览…”按键，则提供了如图 3.25 所示的冷却水路设计的设计引导（参考数据），给出冷却水路样式中参数的物理意义和参数选择范围，协助用户合理量化相关参数。

在“进阶设定”工作面［图 3.23（b）］中，“连结选项”栏中，“使用软管”的参数 LH 表示延伸超出模座的距离，如图 3.26（a）所示；LP 表示延伸超出塑件的距离，如图 3.26（b）所示，二者的参照物不一样。“水管的位置”栏用于确定水道（水管）和塑件位置的上下关系，可根据需要勾选。本工作页底部的“默认值”和“导览…”按钮功能同前面的“基本设定”工作页，分别用于确定工作页参数的缺省值，提供参数选择的参考值范围。最后点击工作页面右上角的“ ”图标，完成水路配置精灵的设定。

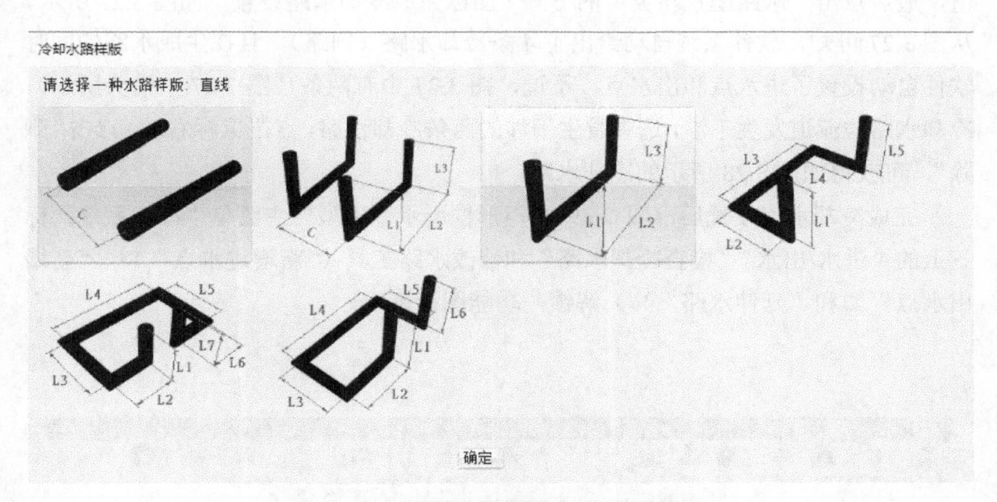

图 3.24 “水路配置精灵”的样板/模板

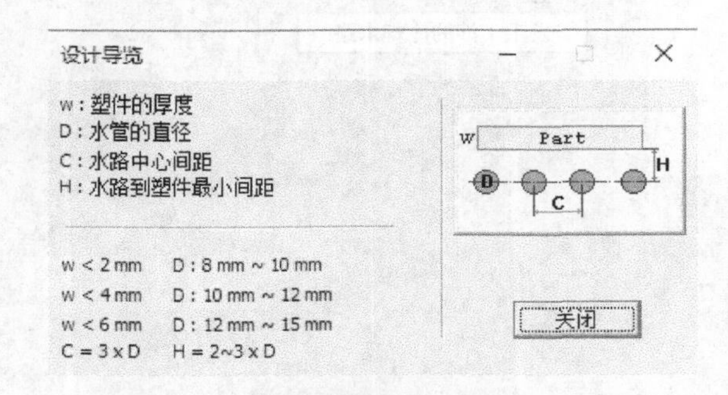

图 3.25 “水路配置精灵”中“导览”功能

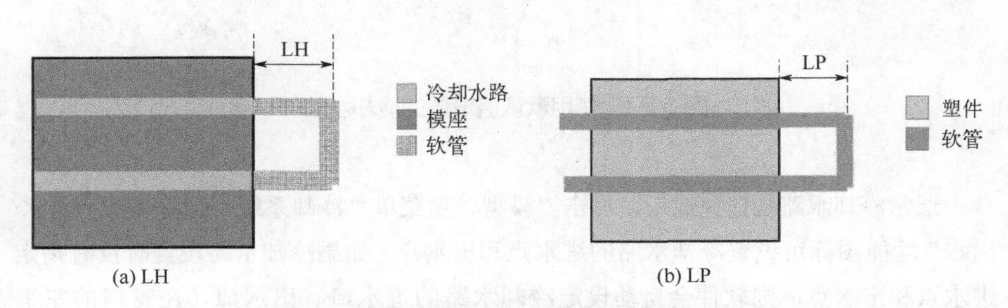

图 3.26 “水路配置精灵”进阶设定参数含义说明

步骤八（创建冷却系统）：对于本案例的齿轮制品，完成“模座”参数设定后，点击“冷却水管”图标，启动“水路配置精灵”，有关的参数使用前面介绍的默认值，最后点击“水路配置精灵”的“✓”图标完成冷却水路设置，如图 3.27 所示。从图 3.27 可知，软件系统自动给出了 4 条冷却水路（回路），且在生成水路的同时软件自动设置了进水点和出水点。不过，图 3.27 中有两条（图 3.27 中箭头所示）冷却水路与流道发生干涉，选中发生干涉的两条冷却水路，点击鼠标右键，点击“删除”，可获得如图 3.28 所示的冷却水路。

完成冷却水路设置后，图 3.29 中矩形框所示“模型”主菜单“冷却系统”标签上的“进水/出水”“检查冷却水路”和修改水路工具（“新增进水点”、“新增出水点”和“延伸水路”）解锁，功能图标可用。

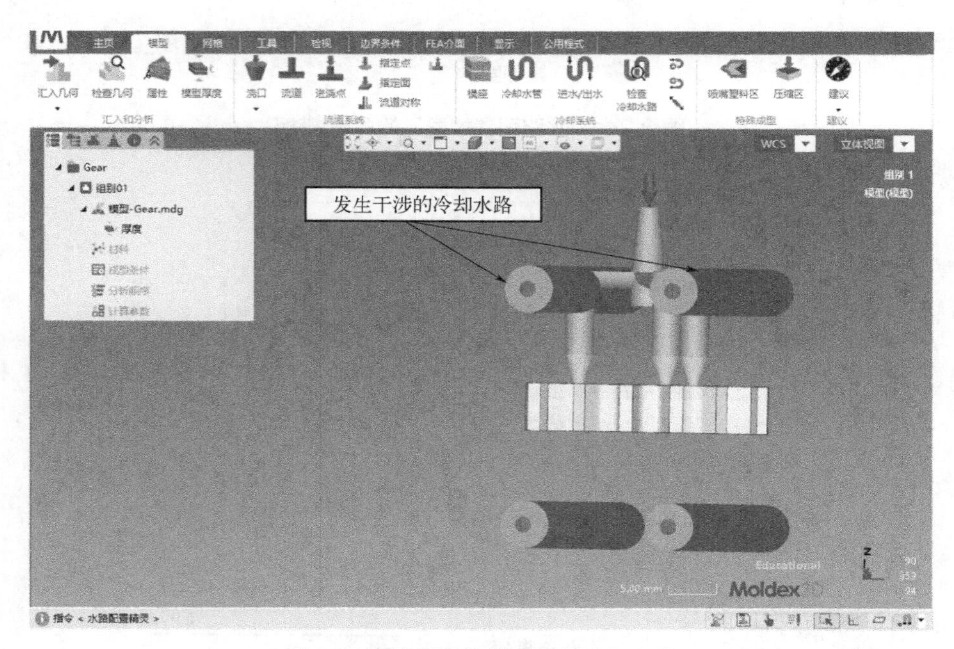

图 3.27　使用默认值设置的冷却水路

通常冷却水路构建完成后，点击“模型”主菜单“冷却系统”标签中的“进水/出水”功能图标可设置冷却水路的进水点和出水点。如果冷却水路设置时没有指定进水点和出水点，则软件会自动设定冷却水路的进水口、出水口（在窗口的左下

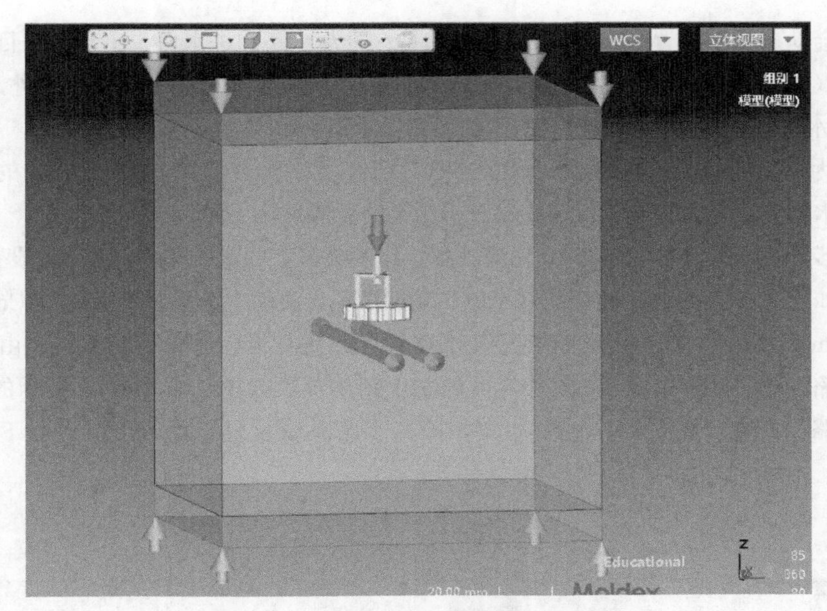

图 3.28　“冷却水路”设置完成后的截图

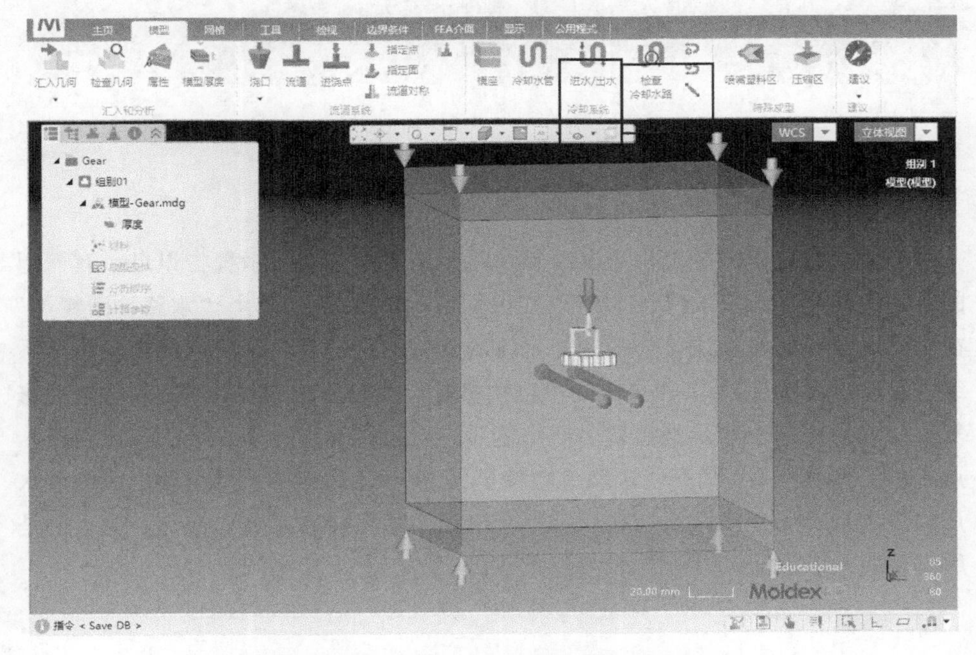

图 3.29　“冷却水路”设置完成后菜单功能区示意

角将会动态显示设置结果）。需要注意的是：冷却水路的进水口、出水口数目是相等的（即一进一出），且同一个冷却回路只能有一个入口和一个出口。另外，“进水/出水”功能也可以修改已有的入水口和出水口。

为保证冷却水路的连通性和进/出水口配对，对于已完成设置（设计）的各个冷却水路要进行检查，以保证模流分析结果的可靠。

步骤九（检查冷却水路）：完成冷却水路的类型、位置、尺寸和出入口设置后，点击如图 3.29 所示的“检查冷却水路”功能图标，启动“水路诊断精灵”（Cooling System Doctor），软件自动检查冷却水路设置正确与否。对于齿轮案例，由于冷却水路简单，检查完成后，软件界面的左下角出现了如图 3.30 矩形框所示的“检查水路...正确”的提示，说明本案例冷却水路系统设置正确，可以进行下一步操作。

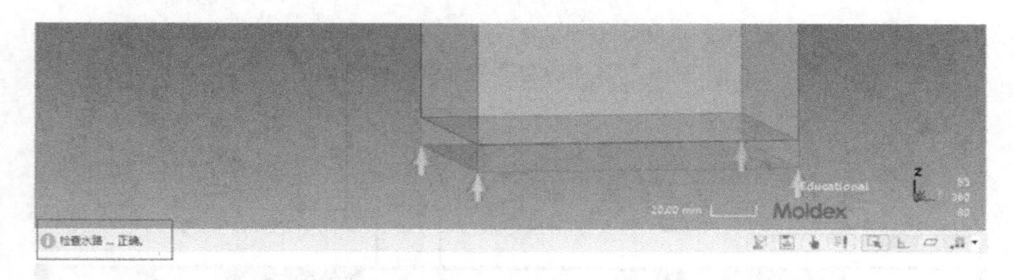

图 3.30 检查冷却水路

若“水路诊断精灵”检查出冷却水路有错误，则会显示警告讯息，有问题的冷却水路或冷却液入口/出口会以红色标示，如图 3.31 所示，“水路诊断精灵”在工作区给出有错误或警告的冷却水路的具体信息。为了修复有问题的冷却系统，可以点击图 3.31 工作页中的“自动修复”按钮，让 Moldex3D 软件自动修复有问题的冷却水路。当错误全部修复后，可再次检查冷却水路；若无问题，点击右上角的“ ”离开“水路诊断精灵”。由于本案例中软件自动生成的进水点和出水点，无任何水路错误，则不会出现“水路诊断精灵”窗口，这里仅是用来说明一下功能。

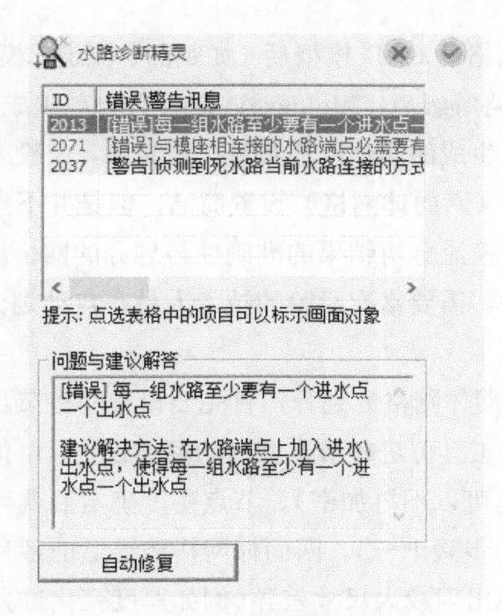

图 3.31 “水路诊断精灵”窗口

3.2.8 划分网格

流道系统和冷却系统设置完成后，就可以进行网格划分了。

按照网格形状的不同，Moldex3D 的三维网格有六面体网格和四面体网格两类。Moldex3D Studio 2023 软件通过不同的操作步骤可以生成这两种网格。

选择图 3.32 中的“eDesign”网格（六面体网格）或“Solid”网格（四面体网格）。

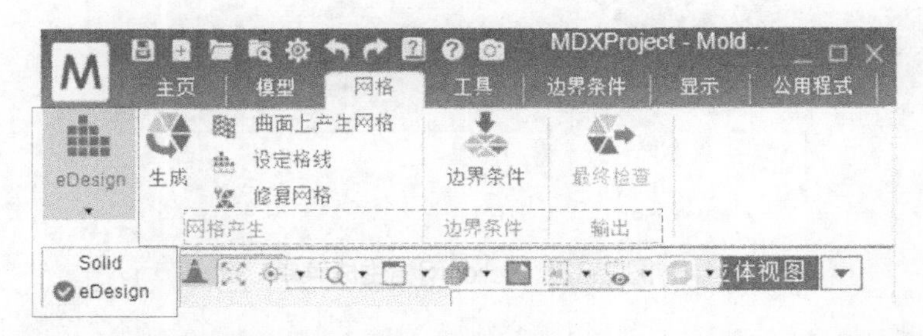

图 3.32 “网格”主菜单“网格产生”标签上的“eDesign”和“Solid”图标位置

Moldex3D Studio 2023 软件中“eDesign”网格（六面体网格）的设置较为简单，

在选取所要进行划分网格的 CAD 模型后（如制品、流道、模座），再进行网格等级（1～5）选择；确定网格等级后，Moldex3D 软件会自动生成 3D（实体）网格。其中网格等级数字越大，生成的实体网格数量也就越多，一般来说分析的准确度也就越高。“eDesign”网格（六面体网格）设置简洁，但是并不能很好地适用于球体或其他不规则物体。由于模流分析结果的准确性与划分的网格质量密切相关，因此要获得精度更高的结果时，需要富有经验的技术人员在自动划分网格的基础上，手动处理网格。

“Solid”网格（四面体网格）划分，首先要设置网格节点的密度（又称为“撒点”），通过软件提供的工具可进行节点密度的整体设定，整体设定完成后可以选取线段进行局部加密（也可以不再加密）。节点密度确定后就可以生成实体网格（请参考本小节的步骤十和步骤十一）。四面体网格能够适应各种形状的制品，但是当要分析的模型部分区域出现较大尺寸差异（例如厚度变化过大或角度变化过大）时，将会生成质量较差的网格，对模拟结果有负面影响。因此在划分网格完成之后，需要检查网格质量，必要时还要修复网格，这也导致“Solid”网格的修复界面内拥有较多的功能选项。检查网格质量功能包含在 Moldex3D Studio 2023 软件“网格”主菜单的“输出”标签上的“最终检查”功能图标（最终检查是对整个前处理进行检查，包括但不限于网格质量检查），如图 3.33 所示第三行菜单的最后一项（白底菜单项）。

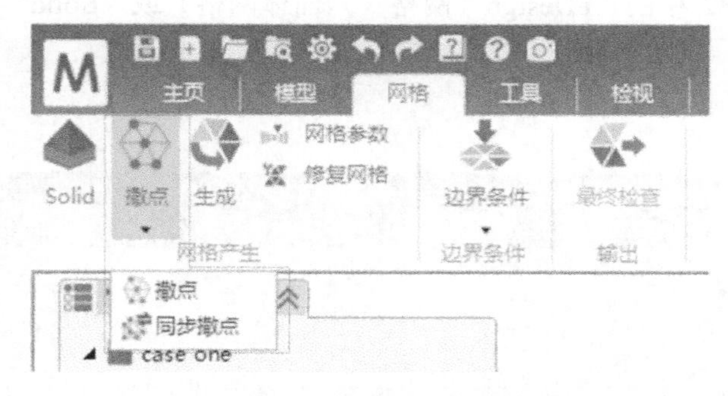

图 3.33　Solid 网格生成菜单

“eDesign”网格和“Solid”网格划分功能的比较如表 3.1 所示。本案例采用“Solid”模式进行网格划分。

表 3.1 “eDesign”网格和“Solid”网格功能选项

标签	Solid 模式 功能菜单	eDesign 模式 功能菜单
网格产生	生成、撒点①、网格参数①、修复网格	生成、曲面上产生网格②、设定格线、修复网格
	① 精灵（Wizard）：修复精灵（Fix Wizard），补洞精灵（Fill Hole Wizard）①，倒角精灵（Unfillet Wizard）① ② 一般（General）：删除（Delete），合并点（Merge Nodes），移动点（Move Node），手绘（Sketch） ③ 自由边修复（Free Edge Fixing）：缝（Stich），补洞（Fill Hole），环形填补（Fill Annular） ④ 品质优化（Fine-tune）①：重建（Rebuild），倒角移除（Unfillet），分割（Split），翻转（Swap） ⑤ 其他（Other）①：复制/贴上（Copy/Paste） ⑥ 离开（Exit）：离开（Exit）	① 精灵（Wizard）：修复精灵（Fix Wizard） ② 一般（General）：删除（Delete），合并点（Merge Nodes），移动点（Move Node），手绘（Sketch） ③ 自由边修复（Free Edge Fixing）：缝（Stich），补洞（Fill Hole），环形填补（Fill Annular） ④ 离开（Exit）：离开（Exit）
边界条件	B.C.	
输出	最终检查（Final Check）	

①“Solid”模式独有。

②“eDesign”模式独有。

点击 Moldex3D Studio 2023 主界面第二行主菜单的“网格”，则菜单栏出现“网格产生”“边界条件”“输出”三个标签项（图 3.32 水平虚线矩形框）。图 3.32 展示了“eDesign”和“Solid”模式切换菜单。图 3.33 是“Solid”模式下的功能菜单。下面说明具体应用。

步骤十（撒点）：点击图 3.34 主菜单栏中的“网格”后，选取“网格产生”标签上的“撒点”功能图标（图 3.34 菜单栏中矩形框内），然后选中塑件作为撒点对象，则出现如图 3.34 左侧所示的“修改撒点”的弹出窗口。在“网格尺寸设定”栏目中的“网格尺寸:”，键入网格最大边长尺寸为 3，则下面“估计:”给出了预估的单元数目和存贮空间大小。其中，“元素量:”给出了边长尺寸=3 时，可能产生的单元数——“820”个单元；“所需记忆体:”给出了这些网格信息存贮所需的硬盘（或内存）存贮空间，即 3MB。点击“套用”按钮，完成了网格尺寸设定。然后点击右上角“ ”切换窗口，可以设置“撒点方式”和“渐变方式”，如图 3.34 左下角弹出窗所示，本案例不需要更改“撒点方式”和“渐变方式”，故忽略此步骤，点击“ ”完成撒点。

在“撒点”完成后，通常需要点击软件界面快捷菜单（图 3.33 第一行）左上方的“保存”图标，以防止软件闪退等意外发生时前面的操作步骤及结果没有保存。保存完成后，点击“网格”界面的“网格产生”标签上的“生成”图标，则出现图 3.35 所示的左侧“产生 BLM”悬浮窗口。“网格程序”栏目下，包括“1.表面网格”（塑件）、“2.实体网格”（塑件、流道）、“3.实体网格-冷却系统”（冷却水路、模座）等内容。若点击该窗口右下角的“生成”按钮，则软件会根据已有参数，依次对“塑件”“流道”“冷却水路”“模座”等进行网格划分，并最终生成实体网格。

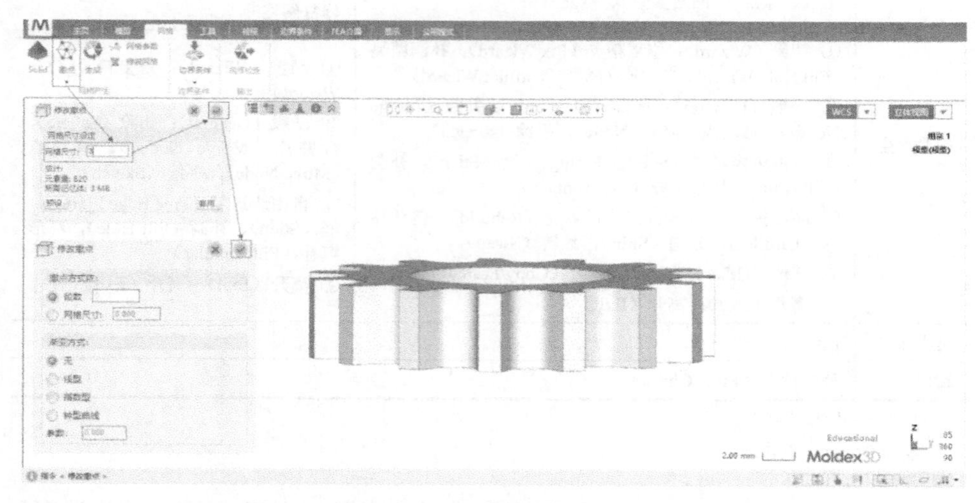

图 3.34 “撒点”应用示意

用户可以通过鼠标完成操作步骤，如点击“1.表面网格”内的“塑件”，点击“生成”按钮，会自动在塑料制品表面生成表面网格。如果塑件表面网格有缺陷，软件会给出提示，且表面网格的缺陷会高亮显示，此时需要用户使用“修复网格”界面内的工具进行网格修复。如果塑件表面网格没有缺陷，或缺陷已经修复完成，将会出现“✓”，如图 3.35 矩形框所示。在了解了网格划分的使用后，接下来看齿轮案例的具体操作。

步骤十一（生成实体网格）：如图 3.36 所示，齿轮案例中“撒点”完成后，点击快捷菜单中的“保存”图标；然后点击“生成”图标，则工作视窗中出现“产生 BLM”的弹出式窗口；点击弹出窗口右下角“生成”按钮后，软件自动执行网格划分功能，随后完成网格划分。此时，弹出的“产生 BLM”窗口的网格顺序中，塑件、流道、冷却水路、模座均有绿色“✓”图标；工作视窗中模座由密度和尺寸不同的网格生成，如图 3.36 右侧工作窗口所示。

再次强调一下：点击“产生 BLM”窗口的“生成”按钮后，软件自动进行余下操作，当其中“网格程序”的所有选项均出现“✓”时，表明网格划分操作已经完成，此时所有模型的实体网格已经正常生成；软件会提醒用户进行前处理的最后一步“最终检查”，如图 3.36 中间窗口中所示“建议使用...”的“最终检查”功能图标。

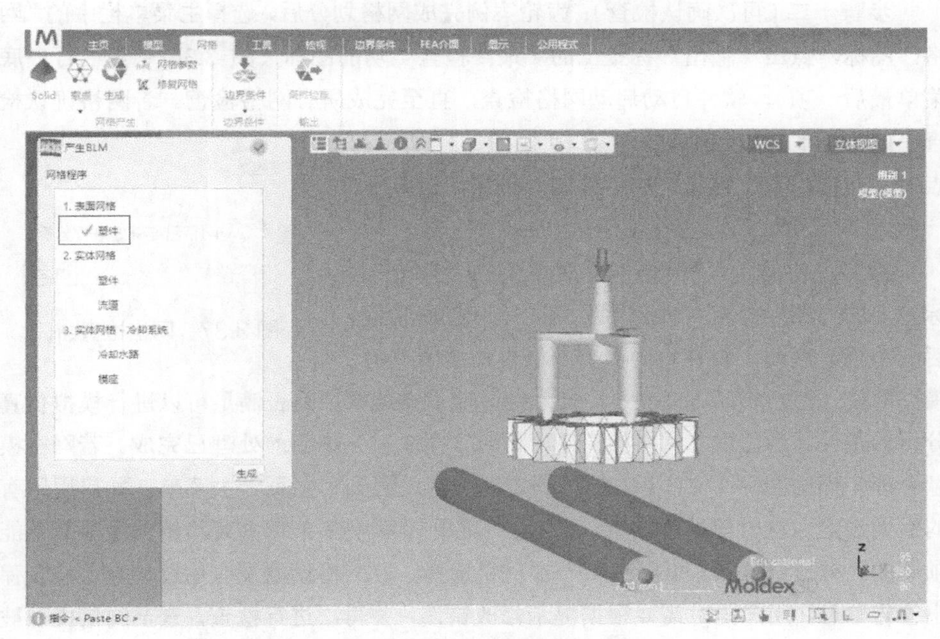

图 3.35　生成表面网格示意

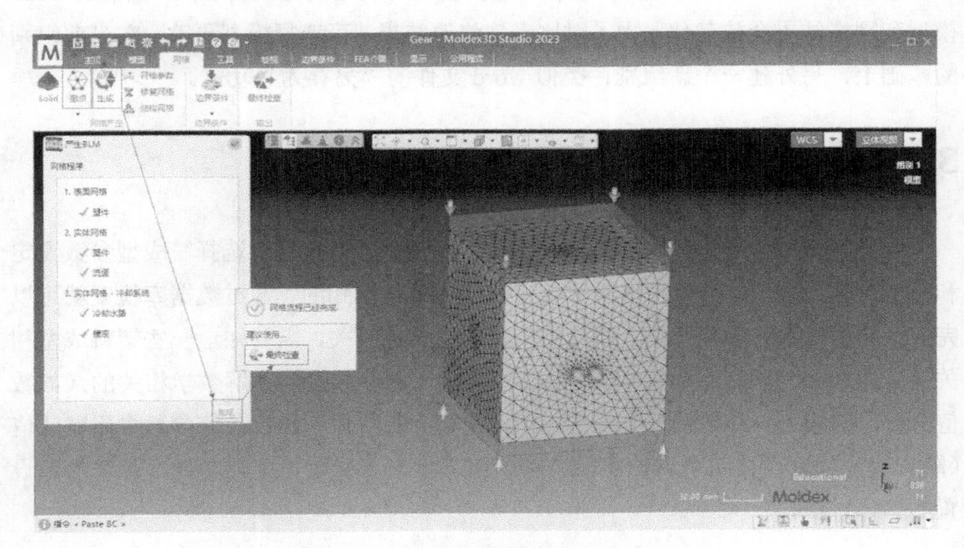

图 3.36　齿轮案例中网格划分完成示意

3.2.9 再次确认检查

步骤十二（再次确认检查）：齿轮案例完成网格划分后，选择主菜单栏中的“网格”图标，点击“输出”标签上的“最终检查”功能图标（图 3.36 中第三行白底菜单最后一项），软件自动启动网格检查，直至完成所有网格检查。若网格确认检查完成，则弹出“网格检查”窗口，如图 3.37 所示；点击“网格检查”窗口中的“确定”按钮，进入下一步。

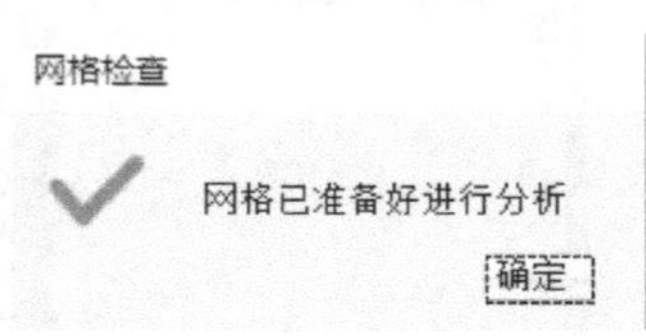

图 3.37 网格检查窗口

需要说明的是：“网格”主菜单中的“输出”标签上的“最终检查”功能（图 3.36 第三行白底最后一个项）启动，软件将会检查网格模型中所有的模型网格（包括制品、模座、冷却水路、流道系统等）是否满足可以进行模拟仿真分析的条件。当出现“网格检查”窗口时（图 3.37）说明前处理已完成。若网格模型合理，点击图 3.37 右下方的“确定”按钮，回到“主页”主菜单，并启用所有的组别设定，这时前处理结束，“主页”菜单（参考第 2 章主菜单相关内容）功能项中的“材料”解锁，可继续下一步材料选择。若网格模型没有通过检查，将会弹出警告信息，用户此时需要根据提示修改错误，并再次进行检查，直至网格模型被判定能用作模流分析并启用组别设定。制品、模座、流道、冷却水路 CAD 模型或网格模型的任何尺寸、位置等的改变，都会重新启动建模与网格工具，当前的 CAD 模型和网格结果会被替代。为了对比多次修改结果，可选择模型更改，在当前组别的基础上，另外建一个新组别，类似 word 文件的“另存为”功能。

3.3 成型参数设定和运行

根据前面图 3.1 的流程，完成前处理后，就可以进行材料选择、成型参数设定和模拟参数设置了。其中，材料种类和类型通常是已知的，通过数据库检索就可以完成；成型参数与成型工艺、模具结构、成型设备有关，需要知道一些塑料成型相关的专业知识（将在后面介绍）；模拟参数或计算参数需要了解数学相关的（如数值分析、有限元、有限差分）一些知识，在初中级阶段，建议计算参数多用默认值（缺省值）或软件使用手册的建议。接下来，看一下材料、工艺参数、计算参数设置的具体方法。

3.3.1　选择材料

步骤十三（进入或启动 Moldex3D 材料精灵）：完成最终检查后，点击“主页”菜单内的“材料”图标，进入“几何”弹出窗口，选择如图 3.38 所示的“未指定”，点击下拉菜单中的“材料精灵”条目，启动 Moldex3D 材料精灵，界面如图 3.39 所示。

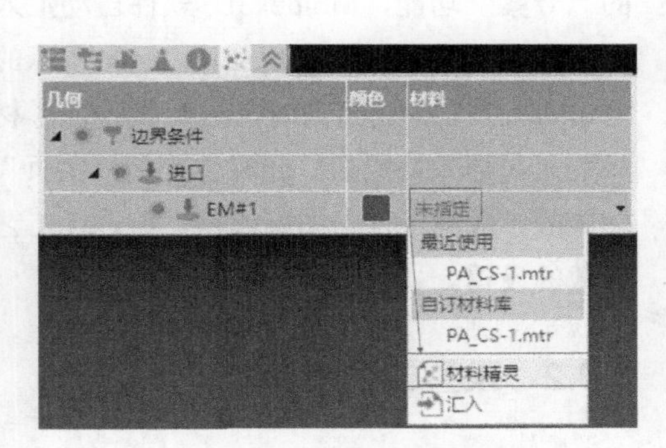

图 3.38　材料项目树导航栏

步骤十四（材料加入专案）：在图 3.39 所示的“Moldex3D 材料精灵”窗口界面，点击“Moldex3D 材料库”（图 3.39 中矩形框），依次选择“PA”条目（项目）中的“PA”→“CAE”→“CS-1”，则黏度与剪切速率的关系曲线如图 3.39 右侧工作窗口所示；然后点击鼠标右键，依次选择“加入专案”→“确定”→“是”，完成材料选择并退出（关闭）Moldex3D 材料精灵窗口。

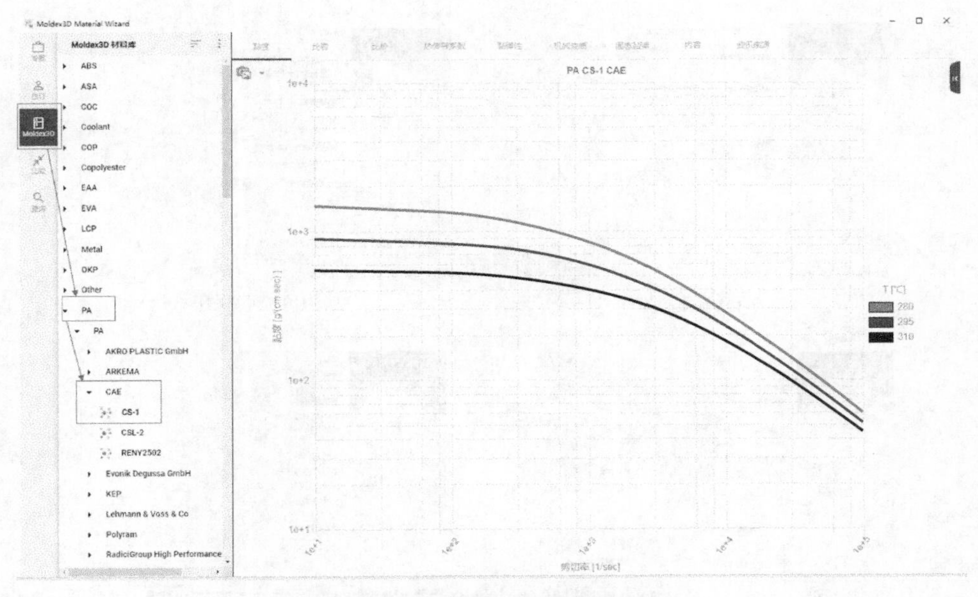

图 3.39　Moldex3D 材料精灵窗口

若点击“Moldex3D 材料精灵”窗口中的“专案”功能，Moldex3D 软件自动汇入材料的相关参数；当出现如图 3.40 所示的“Moldex3D”弹出窗口时，进一步验证了材料汇入（导入）成功，此时主菜单“主页”功能的“成型条件”图标解锁，可进行工艺参数的设置。

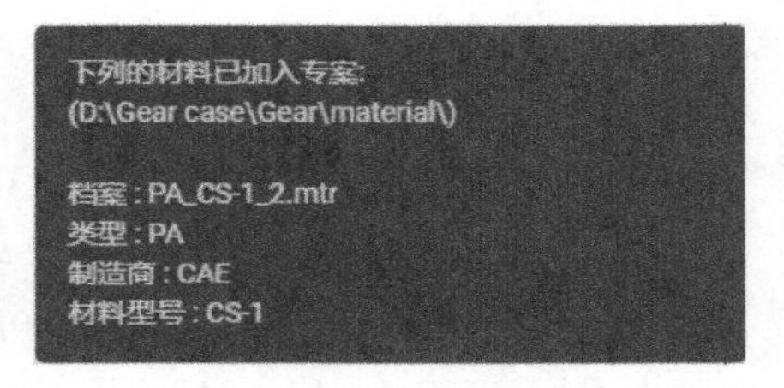

图 3.40　加入专案确认窗口

3.3.2　设置工艺参数

步骤十五（设置工艺参数）：成型材料确定后，选择“主页”菜单的“设定”标签上的“成型条件”图标（参考图 2.19），则出现如图 3.41 所示的“Moldex3D 加工精灵”弹出式窗口。通过点击“下一步”按钮，依次完成图 3.41 中（a）、（b）、（c）、（d）的相关参数设定。即“专案设定”（图 3.42）、“充填/保压”（图 3.43）、“冷却”（图 3.44）、“摘要”（图 3.45），完成工艺参数设置。下面给出具体过程。

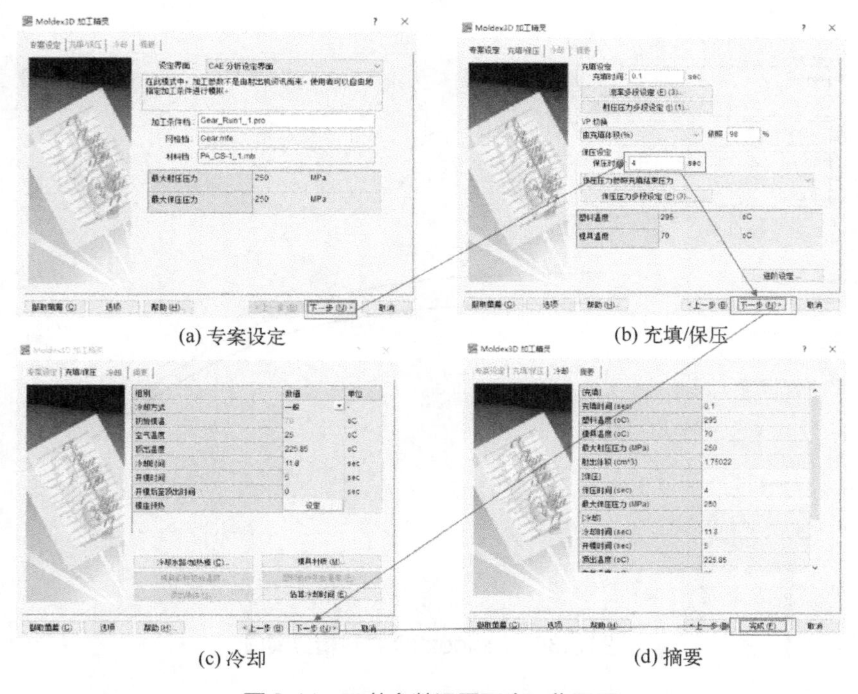

(a) 专案设定　(b) 充填/保压

(c) 冷却　(d) 摘要

图 3.41　工艺参数设置四个工作界面

“Moldex3D 加工精灵”窗口中的“专案设定”标签页面见图 3.42，“设定界面：”对应的下拉菜单有“CAE 分析设定界面”“射出机台设定界面 1（由多段设定）”“射出机台设定界面 2（由射出时间）”三个选项，用于完成与注塑设备相关参数的设定。本案例选择第一项。“加工条件档：”“网格档：”“材料档：”软件系统依次给出了齿轮案例前面设定的“工艺参数文件*.pro”（*表示用户自行命名的，这里是 Gear_Run1_1.pro）、“网格文件*.mfe”（这里是 Gear.mfe）、“塑料材料文件*.mtr”（这里是 PA-Cs-1_1.mtr）的名称。“最大射压压力”和“最大保压压力”可使用软件根据以往经验提供的默认值，也可根据注塑机具体性能键入具体数值，本章节齿轮案例中，二者均为 250MPa。

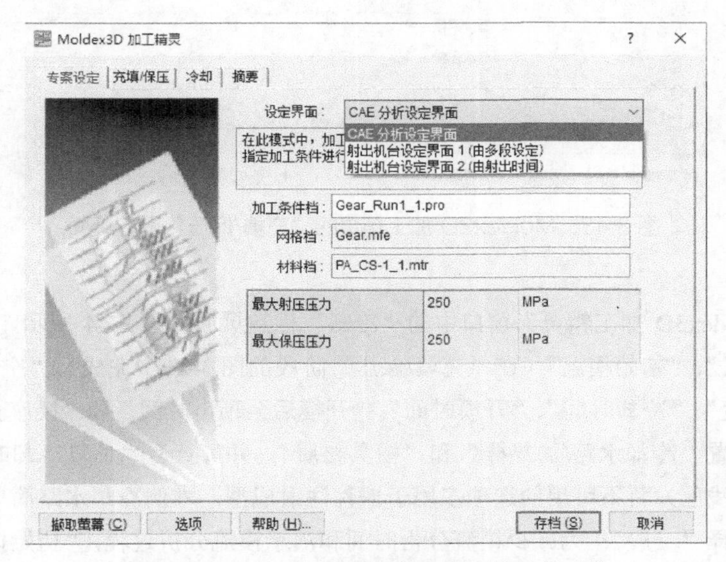

图 3.42 Moldex3D 加工精灵的“专案设定”

“Moldex3D 加工精灵”窗口中的“充填/保压”标签页面如图 3.43 所示。“充填设定”栏目包括“充填时间：”“流率多段设定（F）（3）…”“射压压力多段设定（I）（1）…”。本例“充填时间：”设定为 0.1sec（秒）。“VP 切换”栏目，通常选用“由充填体积（%）”，本案例设定为 98%。“保压设定”栏目包括“保压时间：”“保压压力参照充填结束压力”“保压压力多段设定（P）（3）…”。本案例保压时间设为 4sec（秒），其他用缺省值。“塑料温度”和“模具温度”可直接键入设定数值，也可点击“进阶设定”按钮进一步进行参数设置；本案例输入 295℃的塑料温度和

70℃的模具温度。

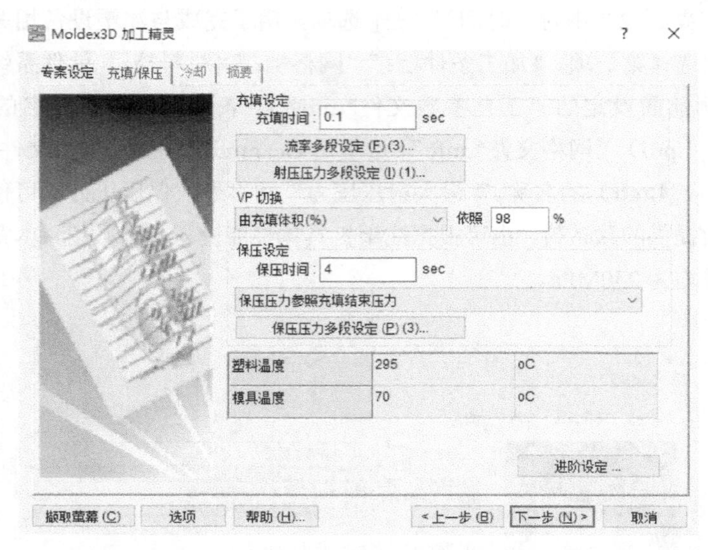

图 3.43　Moldex3D 加工精灵的“充填/保压”设定页面

“Moldex3D 加工精灵”窗口中的“冷却”标签页面如图 3.44 所示，可以设置“冷却方式”、“初始模温”（在“充填/保压”阶段的图 3.43 中完成）、“空气温度”、“顶出温度”、“冷却时间”、“开模时间”、“开模后至顶出时间”和“模座预热”；也可单独设置“冷却水路/加热棒”和“模具材质”，并可查看“估算冷却时间”；其余灰色（浅色）暂不可用的选项多用于嵌件注射成型。本例冷却水路简单，“冷却方式”选择“一般”；为减少模流分析时间和演示模流分析过程，“初始模温”“空气温度”“顶出温度”“冷却时间”“开模时间”“开模后至顶出时间”“模座预热”依次设置为 70℃、25℃、225.85℃、11.8sec、5sec、0sec（仅为快速了解软件的应用，有不符合工程实际的参数数据）。

“Moldex3D 加工精灵”窗口中的“摘要”标签页面如图 3.45 所示，通过“摘要”可以查看前面“专案设定”“充填/保压”“冷却”所完成的具体参数内容和数值，以免发生手误引发的参数错误。需要说明的是，此页面内容只能浏览，不能编辑；参数的修改需要通过图 3.42～图 3.44 工作页面实现。若“摘要”显示的内容没有问题，则点击图 3.45 中的“完成”按钮，则会出现如图 3.46 所示的“MdxPro”弹出窗口，这意味着成型条件设置成功。成型条件设置完成后，主菜单如图 3.47

所示。此时“主页”菜单中的“设定”栏上的“分析顺序”和“计算参数”图标、“分析”栏上的“开始分析”图标及“报告”栏的“报告”和“试模表”图标功能解锁（图 3.47 中矩形框）。

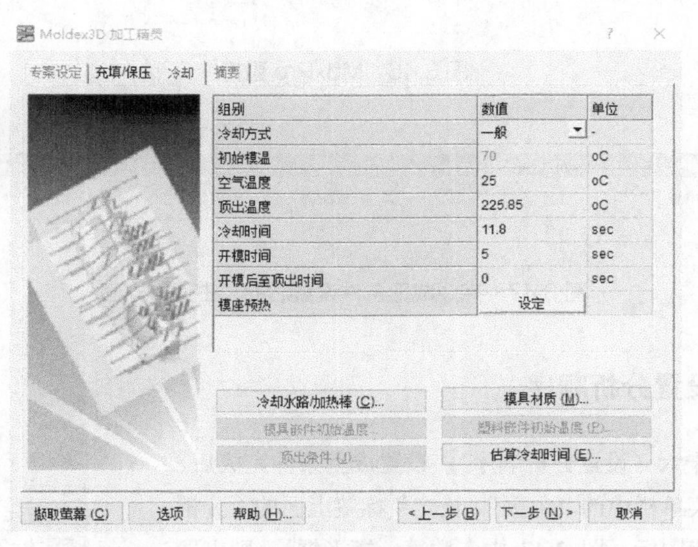

图 3.44　Moldex3D 加工精灵的“冷却”设定页面

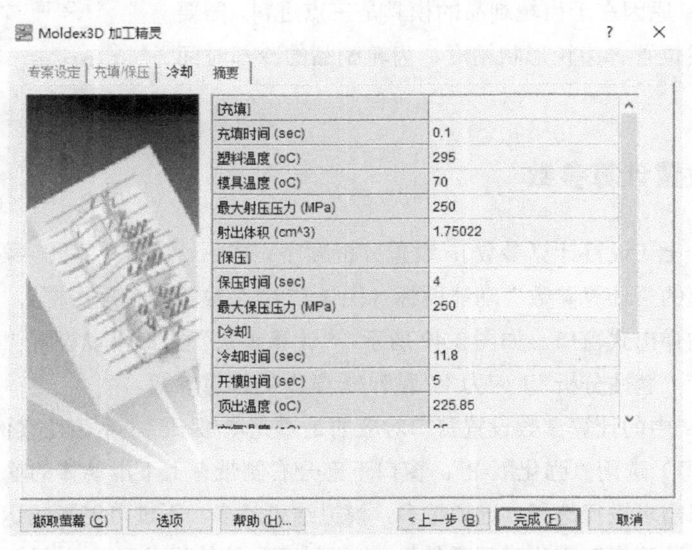

图 3.45　Moldex3D 加工精灵的“摘要”设定页面

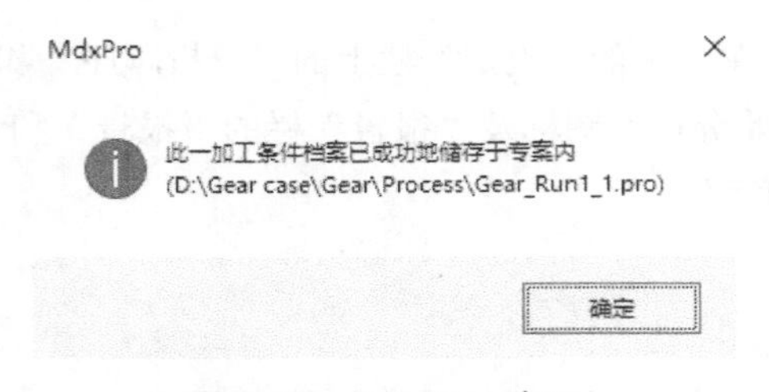

图 3.46　MdxPro 窗口

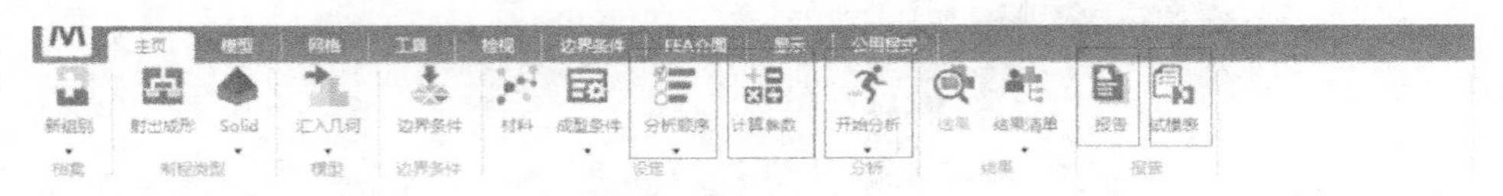

图 3.47　完成成形条件设置后的“主页”界面

3.3.3　设置分析顺序

步骤十六（设置分析顺序）：设置成型条件完成后，依次点击菜单栏中的“主页”“设定”标签上面的“分析顺序”功能图标（图 3.47 中左数第一矩形框），则出现图 3.48 所示的下拉菜单。本案例选择“制程模拟-F/P/Ct/W”。原因在于齿轮制品的模具是三点进料，需要考虑熔接线位置、齿轮形状精度、齿轮制品的冷却时间和效率。

充填分析 -F
保压分析 -P
冷却分析 -C
翘曲变形 -W
应力 -S
充填分析 & 保压分析 -F P
制程模拟 -F/P/Ct/W
模座预热 -Cph
瞬时分析 1 -Ct
瞬时分析 3 -Ct F P Ct W
光学性质 -O
使用者自选

图 3.48　分析顺序选择

3.3.4　设置计算参数

步骤十七（设置计算参数）：设置分析顺序完成后，选择“主页”菜单栏中“设定”标签上的“计算参数”功能图标（图 3.47 中左数第二个矩形框），则出现“计算参数”的弹出式窗口，如图 3.49 所示。“计算参数”窗口可以设置“充填/保压”“冷却分析”“翘曲分析”“应力”“黏弹/光学”的计算参数。

图 3.49 中的计算参数设置窗口对应的是“充填/保压”。本齿轮案例中，“解算器”（求解器）选用“强化版-P”。窗口下部分右侧带有上下滑动棒的输出选项可根据产品模拟需求进行选择。选项越多，模拟结果越多，不过可能影响运算速度。本例选择了“预测浇口固化时间条件”。由于材料是纯的尼龙（PA）料，无纤维增强

和添加，因此纤维相关的选项是不可用的灰色（浅色），“粒子追踪”本案例不选。然后，“冷却分析”用缺省选项；后面的“翘曲分析”标签页如图 3.50 所示，本齿轮案例，勾选了“计算不包含流道”“计算不包含溢流区”“考虑温度差异效应与区域收缩差异分析”选项，表明为了计算效率，在模拟分析时忽略了流道变形对齿轮制品变形的影响，忽略了冷料井对制品变形的影响，同时考虑了温差和制品尺寸（区域）对收缩不均匀、制品变形的影响（分析翘曲变形的主要影响因素）。“温度差异效应”与“区域收缩差异”为塑件翘曲变形的重要因素，当需要进行翘曲原因分析时，必须勾选此项，否则没有模拟数据结果。最后，点击“确认”完成设置。

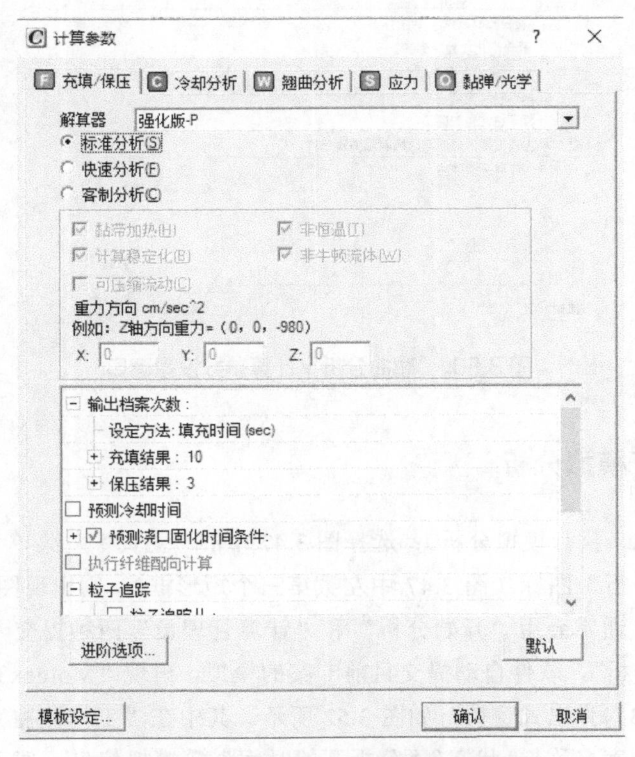

图 3.49　“充填/保压”计算参数设置窗口

至此，CAD 模型已经完成了进行模流分析的准备。需要说明的是，计算参数的设置选项，要多看软件的用户手册或使用说明等相关资料。对于新手，建议不要过多改变参数值，多学习套用类似制品的模拟参数。

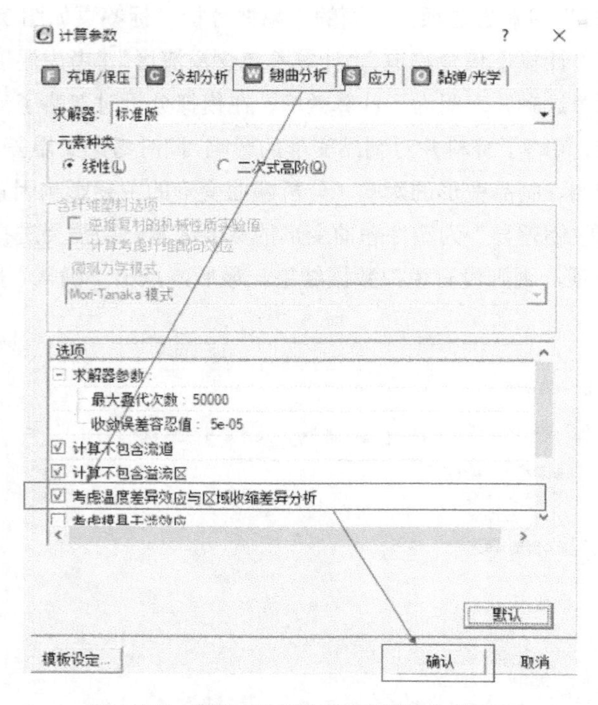

图 3.50 “翘曲分析”计算参数设置窗口

3.3.5 执行模拟分析

步骤十八（执行模拟分析）：选择图 3.47 中的“主页”主菜单“分析”标签上的“开始分析”图标（图 3.47 中左数第三个矩形框），则出现图 3.51 所示的下拉式菜单。通常会用“开始分析”和“计算管理员”两种提交专案的方法。点击“开始分析”，软件自动提交目前专案的模拟，出现“Moldex3D Computing Manager 2023”弹出式窗口，如图 3.52 所示。其中在“工作监控”标签界面，可以查看“专案名称”“状态”“分析开始时间”等模拟信息，便于日后的档案管理和云数据应用。

如果点击图 3.51 下拉菜单中的“计算管理员”，则发生如图 3.53 所示的变化，在白底的（浅色）菜单栏出现“提交批次执行”图标（图 3.53 中菜单栏矩形框），以及出现“提交批次执行”弹出式窗口。进入“提交批次执行”窗口界面，“提交到计算管理员”栏目选择“立即”。然后，在“工作清单”栏中选择要运行的分析项目，可以多选。本例中勾选“Run4”后点击其下方的“新增→”按钮；接着，在“要提交的工作”栏中出现分析序号“Run1”，此处可以更改组别分析顺序或移除组别。检查选中所有待分析的“组别”，若没有错误，则点击右下角的“确定”按钮，进入“Moldex3D Computing Manager 2023 窗口”，操作与图 3.52 类似。

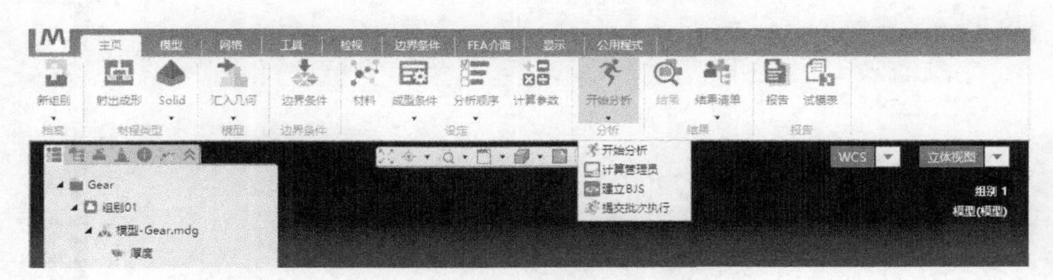

图 3.51　“开始分析”下拉式菜单

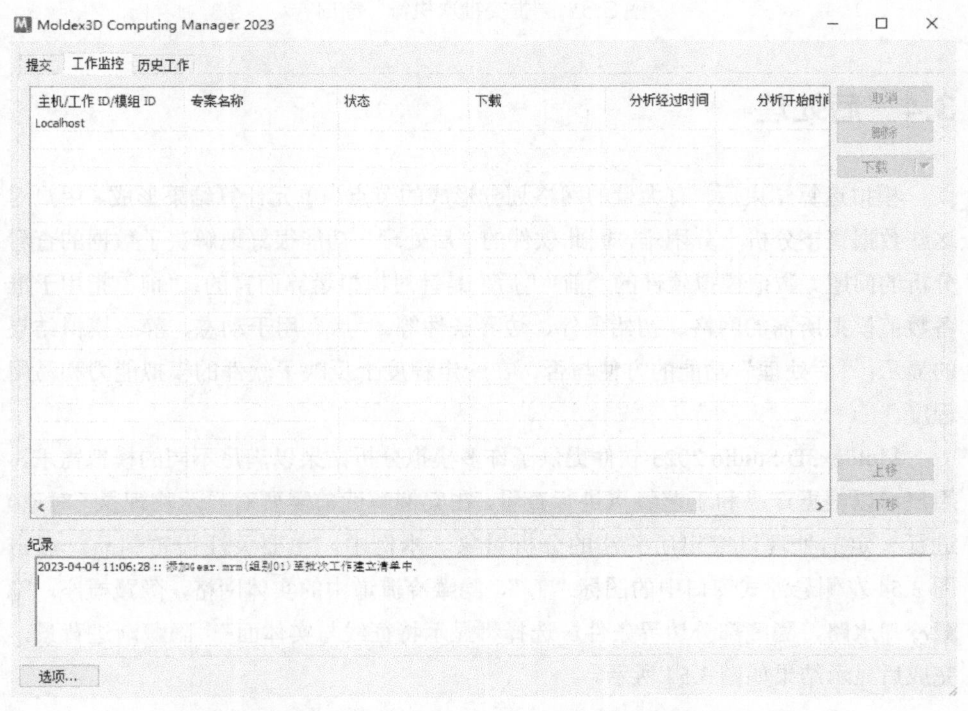

图 3.52　Moldex 3D Computing Manager 2023 窗口

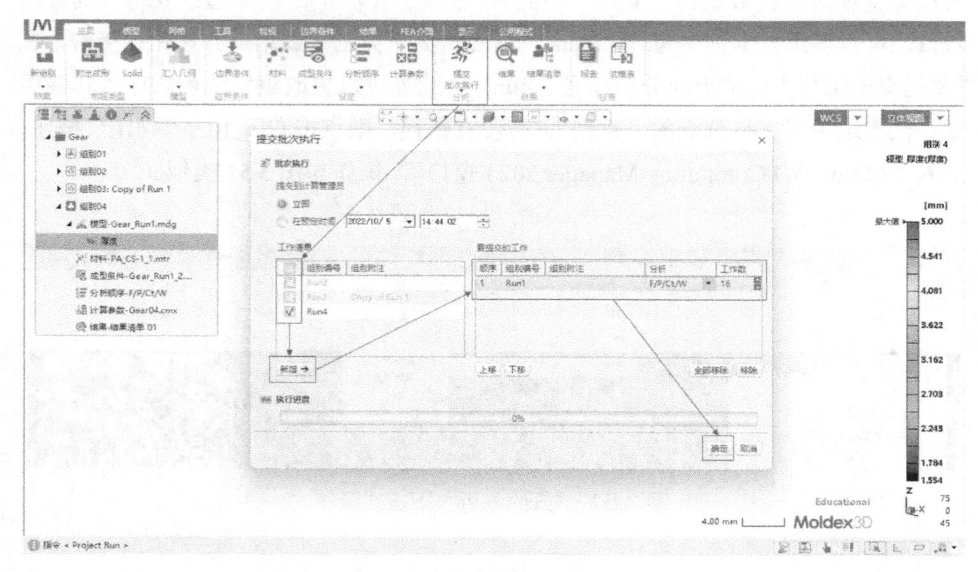

图 3.53 “提交批次执行”窗口

3.4 后处理

模拟运算结束后，有大量的网格划分形成的节点、单元计算结果形成，用户对这些数据直接分析十分困难，因此软件的“后处理”功能很好地解决了数据的查看分析的问题。数值模拟软件的“前”“后”是针对模拟运算而言的：“前”指用于准备数值模拟所需的网格、初始条件、边界条件等；“后”用于动态、静态模拟结果的显示；“后处理”功能的方便与否，在一定程度上反映了软件的模拟能力和易用程度。

Moldex3D Studio 2023 软件提供了许多模拟分析结果以满足不同的模拟需求，用户可以根据产品和工艺特点进行查看。在案例解读前需要对显示物理量（对象）进行一定的处理以突出所关注的分析对象。本例中，主要关注齿轮制品。点击图 3.54 左侧悬浮式窗口中的图标“”，隐藏冷流道中的实体网格，隐藏模座，隐藏冷却水路，隐藏部分边界条件，选择“显示特征线与实体面”，隐藏渐进背景，完成后显示结果如图 3.54 所示。

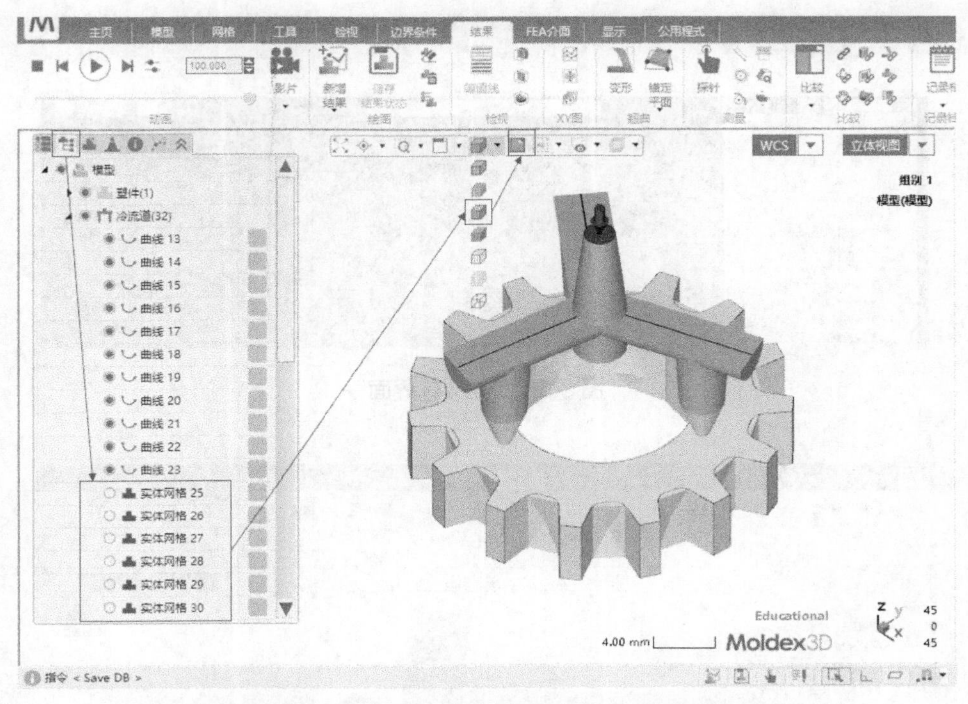

图 3.54　隐藏"模座""冷却水路"，仅显示齿轮制品的结果

3.4.1　查看、解读模拟结果

模拟分析完成后，点击图 3.55 主菜单栏中的"结果"，进入"结果"界面。左侧悬浮式窗口中的"结果 FPCtW"包含"充填""保压""冷却""翘曲"四部分的结果（左侧窗口的矩形区）。"结果"菜单的功能图标显示了常用模拟结果查看工具（图 3.55 中的白底功能区）。接下来，依次查看"充填""保压""冷却""翘曲"的模拟结果。

（1）充填模拟结果

点击菜单栏中的"结果"，点击" "，点击悬浮式窗口的"结果 FPCtW"，点击"充填"，进入充填分析结果，如图 3.56 所示。图 3.56 左侧的悬浮窗口菜单包括"流动波前时间""包封""缝合线""缝合线会合（汇合）角""缝合线温度""锁模力中心""浇口贡献度""压力""温度""塑料流动波前温度"等内容。下面展示模拟的结果。

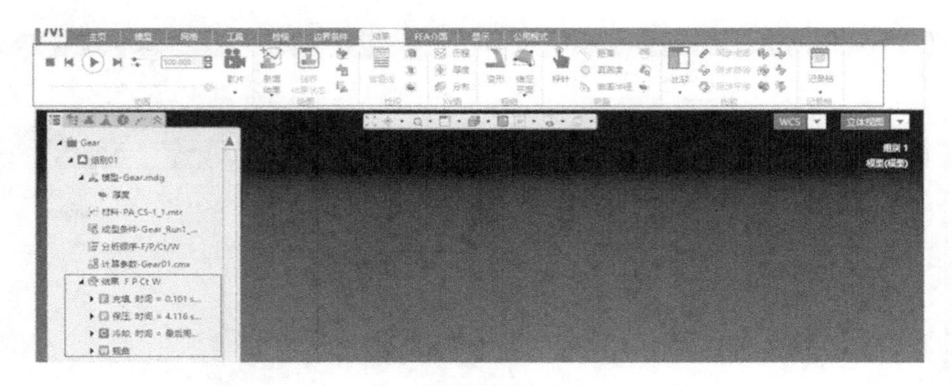

图 3.55 “结果”界面

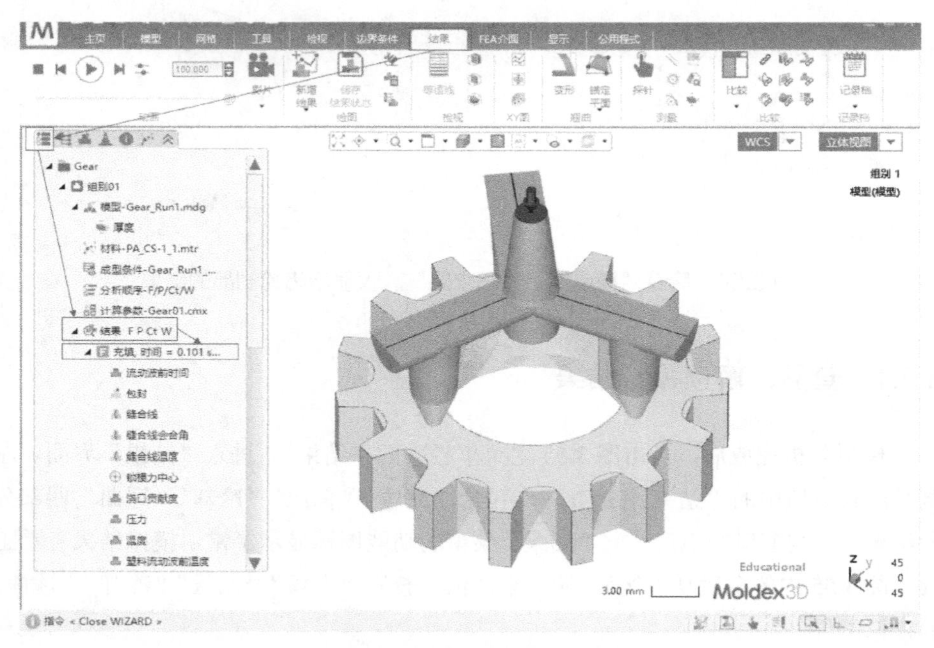

图 3.56 “充填”结果悬浮式窗口

流动波前时间（图 3.57），可以动态/静态直观查看型腔内熔体的流动过程，预判型腔充填过程中可能产生的工艺缺陷。选择“充填”结果中的“流动波前时间”，再点击菜单栏中的“▶”图标，可以查看流动波前动态充填过程。图 3.57 展示了不同时刻模具内熔体充填的位置（动画截图）。流动波前时间 1%时，熔体进入主流道；流动波前时间 6%时，熔体进入分流道；流动波前时间 31%时，熔体进入模具型腔；流动波前时间 85%时，熔体料流汇合；流动波前时间 100%时，充填结束。当流动波前时间 100%时，隐藏流道模型，可以发现熔体充满型腔，无短射发生（图 3.58），且从云图结果知道型腔内熔体流动的时长为 0.031～0.101s。

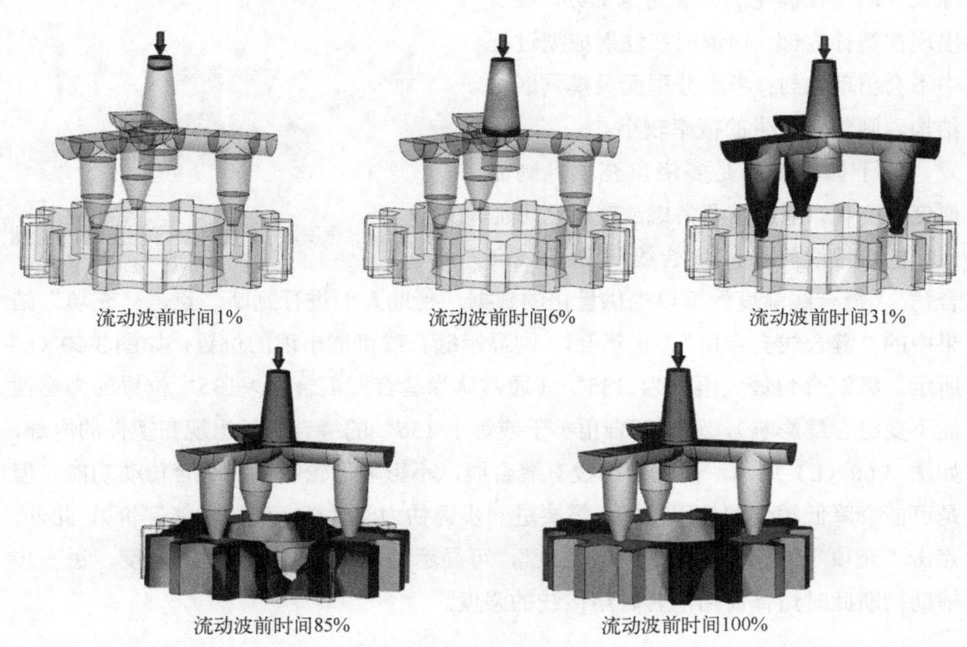

图 3.57　型腔充填过程熔体流动波示意（动画请参考电子版）

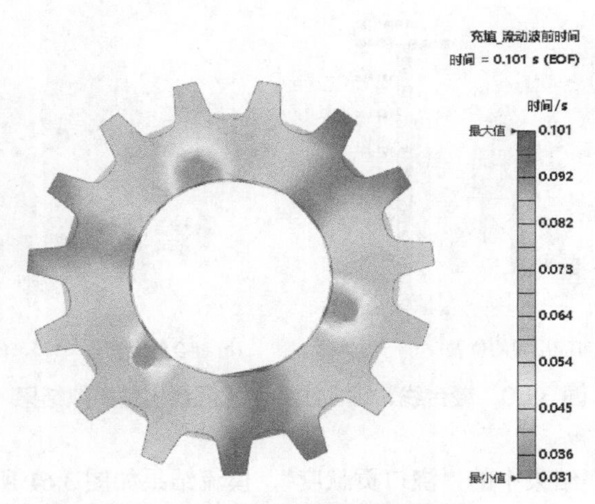

图 3.58　流动波前时间 100%

点击“充填”结果中的“包封”，则显示气孔（气穴）或包封可能出现的位置（图 3.59 中的圆球）。从模拟结果发现：圆球大多出现在齿轮的外廓边缘部分，很少出现在塑件内部，这说明在注射成型过程中不会出现包封；考虑分型面及模具嵌块结构，则气穴产生的概率较小。

图 3.59　气孔（或包封）可能出现的位置

由于齿轮制品是多浇口充填且制品厚度有变化，因此需要考虑注塑工艺可能带来的熔接线问题。“缝合线”“缝合线会合角”“缝合线温度”可以提供量化的数据，帮助人们进行判断。点击“充填”结果中的“缝合线会合角”（汇合角），则显示缝合线可能出现的位置，如图 3.60（a）所示。将汇合角最大值改为 135°（通常认为缝合线汇合角＞135° 位置的力学性能不受缝合线影响），发现汇合角小于或等于 135° 的缝合线只出现在塑件的内部，如图 3.60（b）所示，齿轮外廓没有缝合线，不影响齿轮制品的啮合传动功能，但是可能会降低塑件的使用性能，需要进一步评估力学性能（使用性能评价）。此外，点击“充填”结果中的“缝合线温度”，可显示缝合线形成时熔体的温度，进一步辅助判断此时熔体前沿汇合时熔接线的强度。

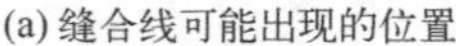

(a) 缝合线可能出现的位置

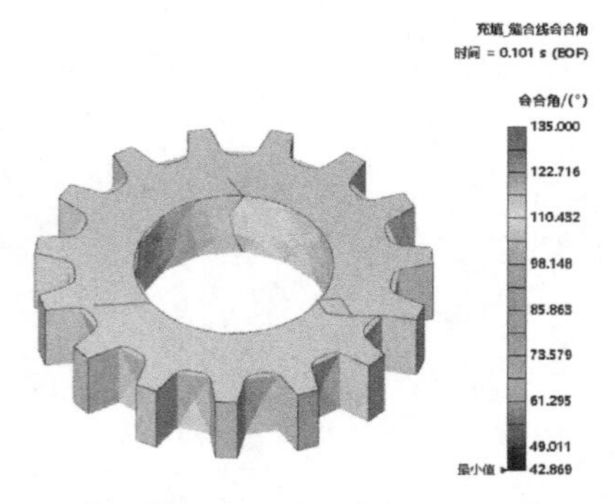

(b) 缝合线会合角≤135° 的缝合线出现的位置

图 3.60　缝合线、缝合线会合（汇合）角模拟结果

选择“充填”结果中的“浇口贡献度”，模流结果如图 3.61 所示。三个浇口的浇口贡献度接近 1∶1∶1，表明熔体充填较均匀，注塑机台的力（力矩）能平衡地

在熔体中传递，使得熔体流动较为平衡。

图 3.61　不同浇口对制品（型腔充填）的贡献度示意

选择“充填”结果中的“压力”，则模拟结果如图 3.62 所示。从中可知：充填阶段压力的最大值为 12.743MPa，远小于最大射压压力 250 MPa，表明注塑机能满足充填需求。充填结束时的压力云纹图给出了制品不同位置熔体压力的变化，可以观察充填压力是否均匀，可在一定程度上反映制品厚度变化对压力的影响。

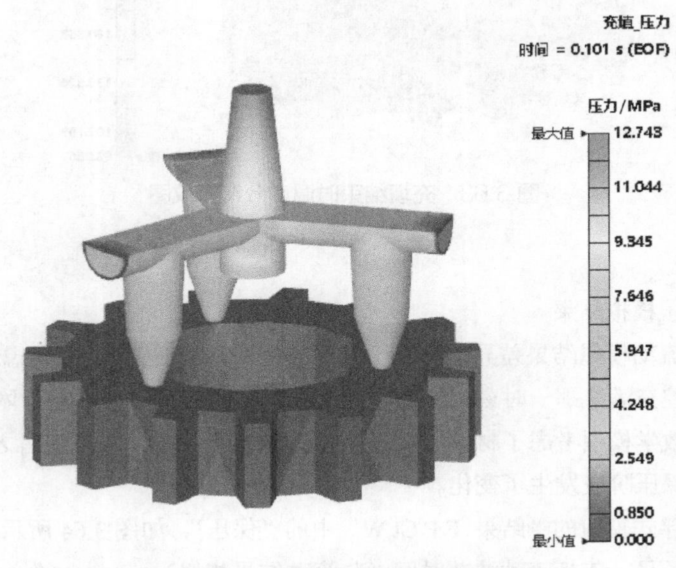

图 3.62　充填结束时压力分布云纹图

选择“充填”结果中的“温度”，则模拟结果如图 3.63 所示。从该图可知温度最大值约为 298.5℃，比设定的塑料温度（295℃）高了 3.5℃。这是因为熔体在流道内受到剪切力的作用，可能会有剪切热生成，但是仍然小于 300℃（PA 的最高加工温度），工艺参数有改进空间。若充填时的最高温度高于最高加工温度，则熔体将会过热分解，甚至烧焦，必须调整工艺参数。充填任意时刻的熔体温度云纹图，可以获得熔体在充填过程中给定时刻下的温度分布情况。图 3.63 中矩形框给出了充填结束时刻选定位置处的温度值和对应的 X、Y、Z 空间坐标，充填结束后分流道的末端（−7.79，−15.55，13.69）处的温度是 92.036℃，浇口附近（3.11，−2.39，5.78）位置处的温度为 298.489℃。

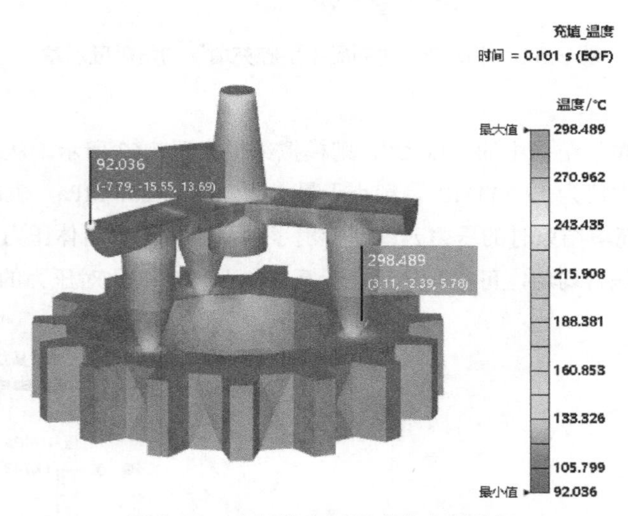

图 3.63　充填结束时温度分布云纹图

（2）保压模拟结果

保压与流动模拟结果差异主要在于时间的不同。保压模拟结果考虑的是型腔充填结束（型腔充满）那一时刻到浇口凝固这一段时间的温度、压力、体积的变化。保压模拟的数学模型考虑了材料的收缩性，即压力、比体积、温度三者之间的关系，熔体状态在保压阶段发生了变化。

选择悬浮式窗口的“结果 F P Ct W”中的“保压”，如图 3.64 所示，出现保压模拟结果的条目，包括流动波前时间（与流动结果相似）、包封、缝合线、锁模力中心、浇口贡献度、压力、温度等（图 3.64 和图 3.65 左侧），与注塑工艺保压阶段相关的模拟结果。需要注意的是，保压模拟结果所对应的时间段是从充填结束的 0.101s 到 4.095s，与流动分析不同。

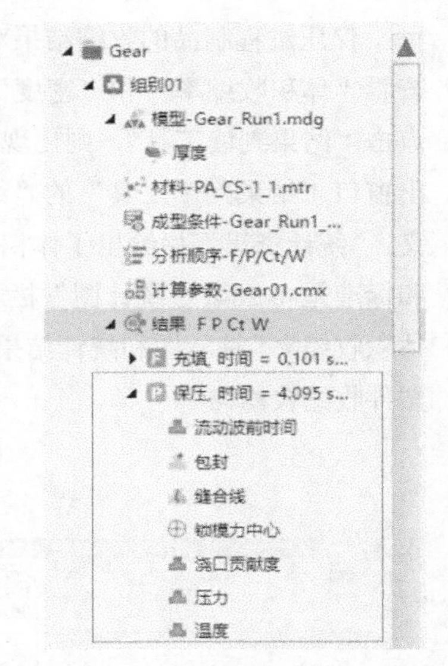

图 3.64 “结果 F P Ct W”中的保压模拟的下拉菜单示意

依次选择图 3.65“结果 F P Ct W”中的“保压”“XY 曲线”，然后点击鼠标右键，选择“进浇口压力”，点击“加到 XY 图”，则如图 3.65 所示，给出了熔体充填保压过程中进浇口压力随着时间的变化曲线；从中可知压力最大值小于 16.0MPa，远小于最大保压压力 250MPa，注塑机能满足保压需求。但充填结束后压力快速降低，可能会有补料、保压不足的问题。

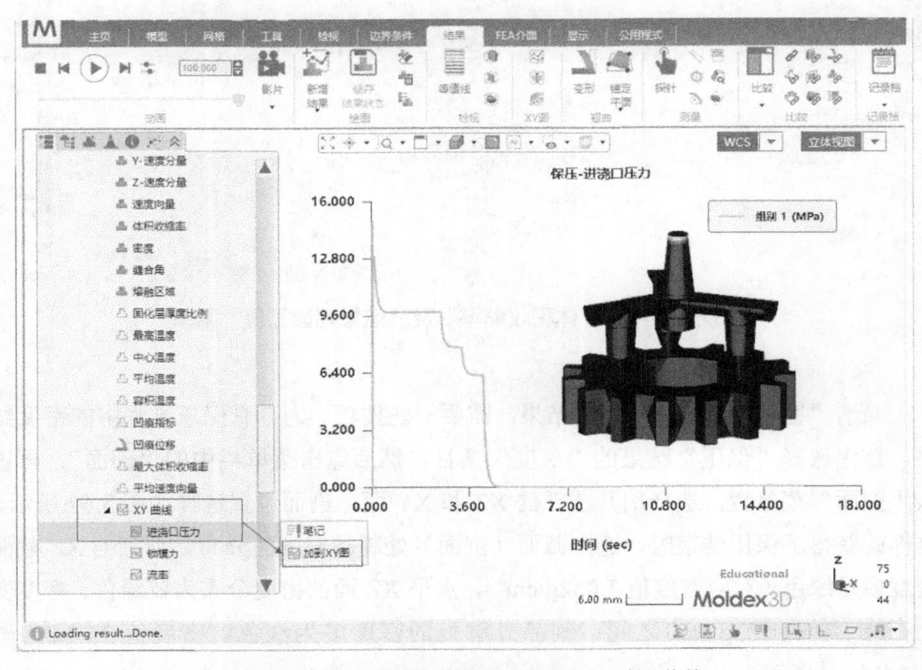

图 3.65　保压结束时进浇口的压力-时间曲线

保压过程制品的收缩结果对制品密度均匀性、赋形有重要影响，下面说明如何查看“体积收缩率”和“密度”模拟结果。点击“保压”结果的“体积收缩率”，点击“结果判读工具”，则出现如图 3.66 所示的“结果判读工具”弹出式窗口。弹出窗口“结果判读工具”的“结果”栏，用文字说明了“保压-体积收缩率”的意义；“统计资讯”栏给出了体积收缩的最小值 3.721、最大值 5.915、平均值 4.806 和标准差 0.284；“统计图”栏，在体积收缩的最大、最小值之间，给出了“保压_体积收缩率”柱状图和统计结果，其中，67.89%的体积收缩率在 4.380～4.818 之间，塑件收缩较均匀。

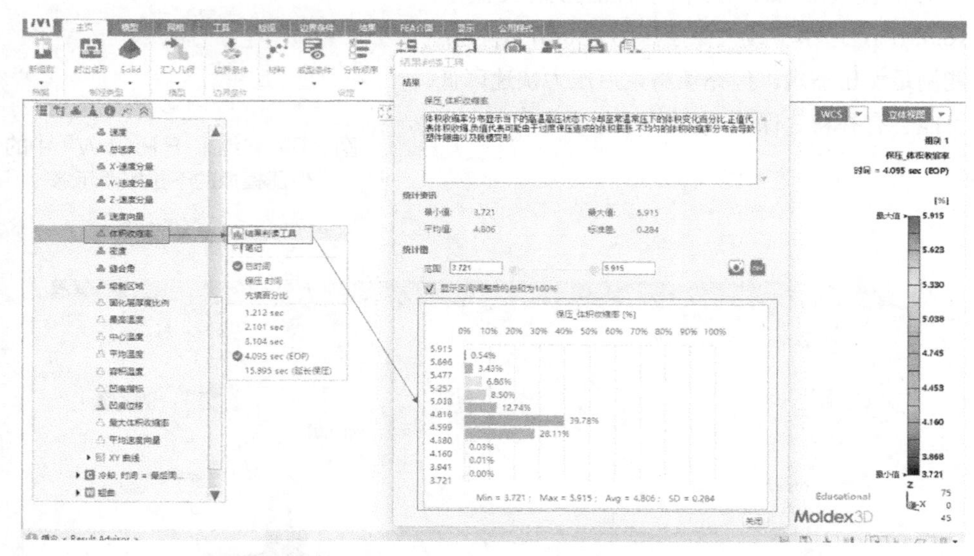

图 3.66 “保压-体积收缩率”及“结果判读工具”菜单

查看“密度”截面（剖面）结果，需要一些技巧。为查看保压过程中的密度结果，首先选择“保压”结果的“密度”条目，然后点击菜单栏中的“剖面”，再进入“剖面”菜单栏，选择剖开塑件的 XZ 和 XY 面，剖面位置选择如图 3.67 所示，这样就获得了保压结束时，选定截面（剖面）处制品密度的分布。垂直的 XZ 截面密度多是绿色（对应密度值 1.052g/cm^3），水平 XZ 面的密度分布为蓝绿色，密度变化在 0.97～1.073g/cm^3 之间；制品外廓处的密度多为红色，密度值在 1.094～1.114g/cm^3 之间。

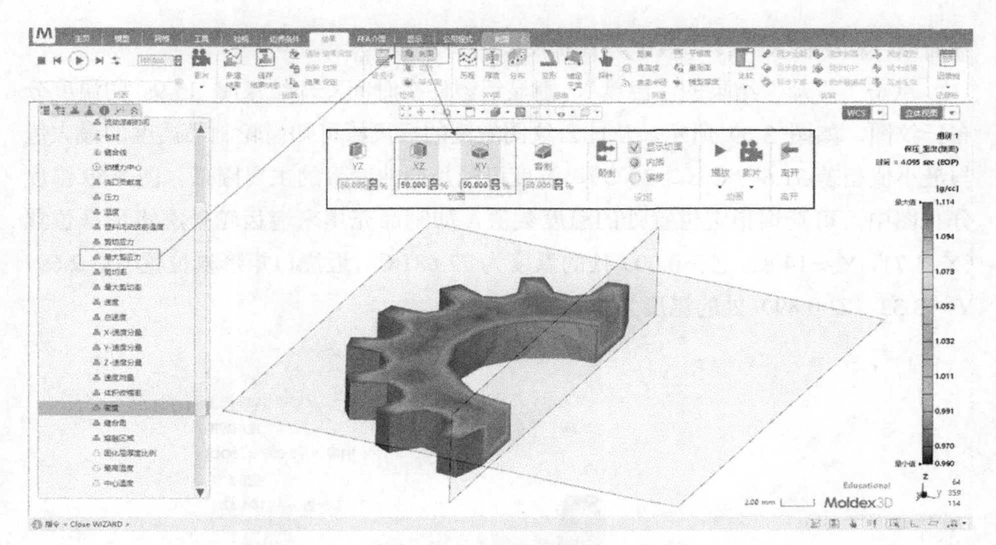

图 3.67　密度（剖面图）

1g/cc=1g/cm^3

塑件的密度与熔体的固化顺序有关，因此还可以继续查看相应截面不同时刻下的温度分布，保压结束时相关截面的收缩率、凝固层厚度、压力分布等结果。塑件密度的不均匀在冷却过程中可能产生内应力导致塑件变形，这种变形被称为“区域差异效应”。

（3）冷却模拟结果

冷却结果可以用于查看冷却回路的效率、制品脱模前一时刻温度分布、模具型腔上下表面的温度差，进而判断脱模时间、脱模温度、冷却回路的合理性。点击悬浮式窗口的“结果 F P Ct W”中的“冷却”，可看到如图 3.68 所示的“冷却”栏目，包括“温度”“冷却至顶出温度所需时间...”“热通量”“总散热量”“冷却效率”“熔融区域”“固化层厚度比例”“最高温度”“中心温度”“平均温度”“模穴表面温度”“模具温度差”“最大冷却时间”“XY 曲线”等栏目。下面介绍一下冷却阶段制品“温度”云纹图、

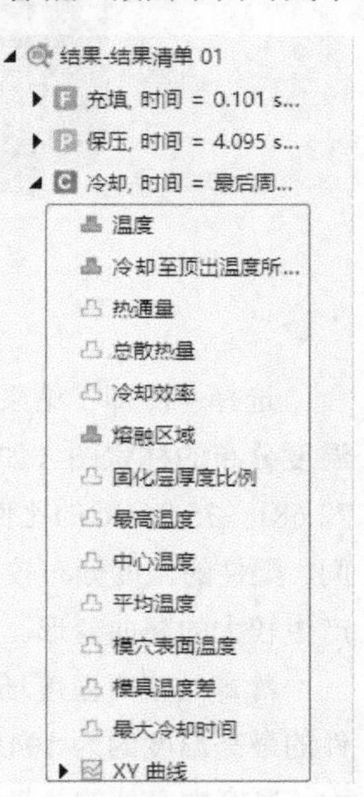

图 3.68　模流分析中“冷却”结果的悬浮窗口

剖面图、柱状图及“冷却效率”柱状图。

点击“冷却”结果的“温度”，则显示塑件在时间冷却结束时 15.9s 的温度分布云纹图，如图 3.69 所示。从此云纹图右侧的标尺棒可知齿轮制品温度的最大值与最小值相差 31.647℃（>20℃），温度可能是翘曲变形的主要因素。图 3.69 温度分布图中，可查询指定位置处的温度数值，如制品充填末端齿轮外廓矩形框位置（X=3.71，Y=−14.82，Z=−0.00）处的温度为 72.681℃，近浇口矩形框位置（X=2.69，Y=−3.33，Z=0.89）处的温度为 104.328℃。

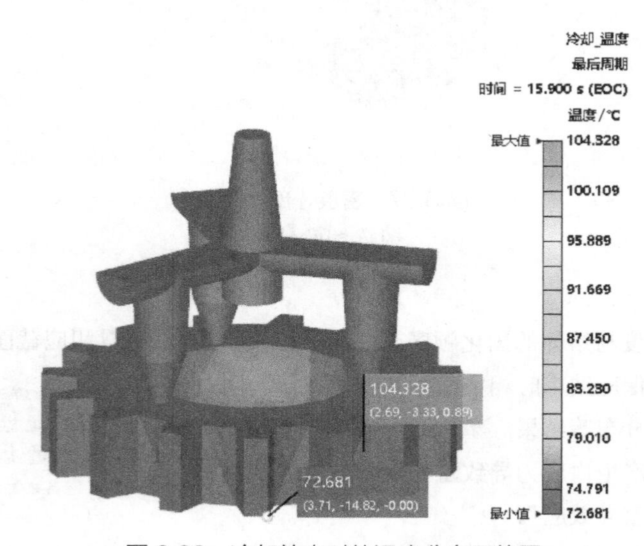

图 3.69　冷却结束时的温度分布云纹图

选择“冷却”结果中的“温度”，点击“结果判读工具”（参考图 3.66），得到温度分布的柱状图（如图 3.70 所示）。从柱状图可知，冷却结束时，制品温度在 72.681～75.846℃的比例达 90.38%，塑件大约 98%的温度都在 72.681～79.010℃之间，塑件的温度分布较为均匀，表明塑件冷却时收缩相近，齿轮塑件不会因为收缩产生较大的翘曲变形。

冷却结束时温度场分布的截面结果如图 3.71 所示。从齿轮的纵切面可知，塑件的最高温度约为 104.3℃且在 Z 方向的厚度中心（Z=0.0）。这是因为塑件厚度较大，厚度中心处的热量不易及时传出，积热较为严重。厚度中心处冷却后，由于与制品其他部分的收缩产生差异（或引起应力），可能导致塑件发生较大的变形，这种变形被称为“区域收缩差异效应”。本案例中，塑件厚度较大，制品中心处凝固时外边已有足够厚的凝固层来抵御变形，因此引起变形的主要原因是温度不均匀还是区域收缩不均匀有待商榷，需要根据翘曲结果进一步分析确认。

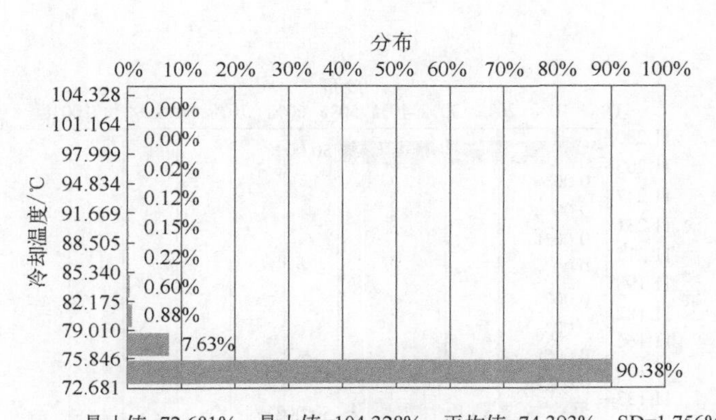

图 3.70　冷却-温度分布柱状图

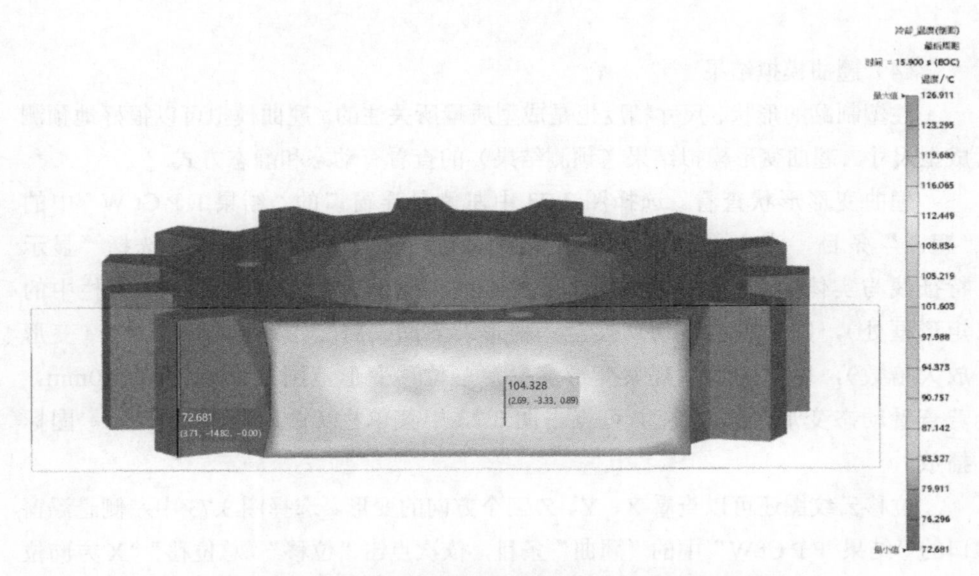

图 3.71　冷却结束时制品内部（剖面）温度分布云纹图

选择“冷却”结果中的“冷却效率”，点击“结果判读工具”（参考图 3.66），则结果如图 3.72 所示。从冷却效率柱状图发现，两个冷却水路的冷却效率接近 1∶1，冷却效率在 11%左右，这意味着仅有 11%的热量通过冷却水路带走，冷却水路的冷却效果有限，成型过程中大部分热量交换是通过塑料、模具各部件间的热传导及空气的热对流实现的。

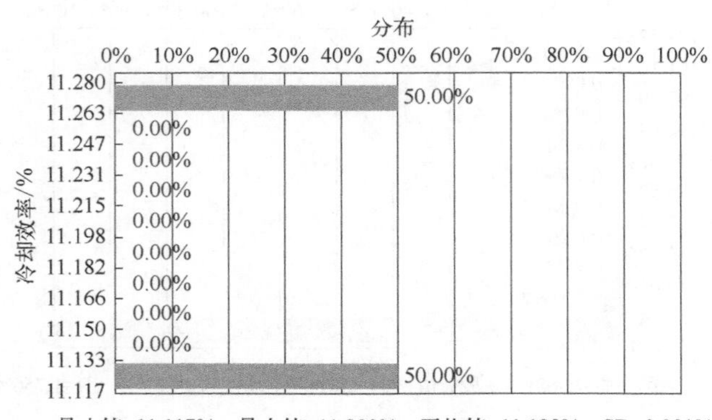

图 3.72　冷却效率柱状图

（4）翘曲模拟结果

注塑制品的形状、尺寸精度也是成型质量所关注的。翘曲模拟可以很好地预测成型尺寸。翘曲变形模拟结果（预测结果）的查看有动态和静态方式。

翘曲变形形状查看。选择图 3.73 中左侧悬浮窗口的“结果 F P Ct W”中的“翘曲”条目，点击“位移”“总位移”；然后在工作区域的条目中选择“显示特征线与实体面”，然后再选择菜单栏中的“变形”图标（图 3.73 菜单栏中的矩形框处），则菜单栏自动切换至“变形”界面。将变形系数设置为 10（变形放大倍数），以便清晰地观察变形情况，总位移变形范围在 0.092～0.210mm。若查看动态变形（总位移），可点击图 3.73 中菜单栏（白底菜单栏）的 ▶ 图标播放。

位移云纹图还可以查看 X、Y、Z 三个方向的变形。选择图 3.73 中左侧悬浮窗口的“结果 F P Ct W”中的“翘曲”条目，依次点击“位移”“总位移”“X 方向位移”“Y 方向位移”“Z 方向位移”，则获得变形云纹图，如图 3.74 所示。若把位移最大值设置为 0.25mm，最小值设置为−0.25mm（正负号代表方向，位移值越接近 0，塑件翘曲越小），则 X 方向位移、Y 方向位移和 Z 方向位移统计结果如表 3.2 所示。

从表 3.2 可以看出齿轮在 X 方向和 Y 方向变形较大。

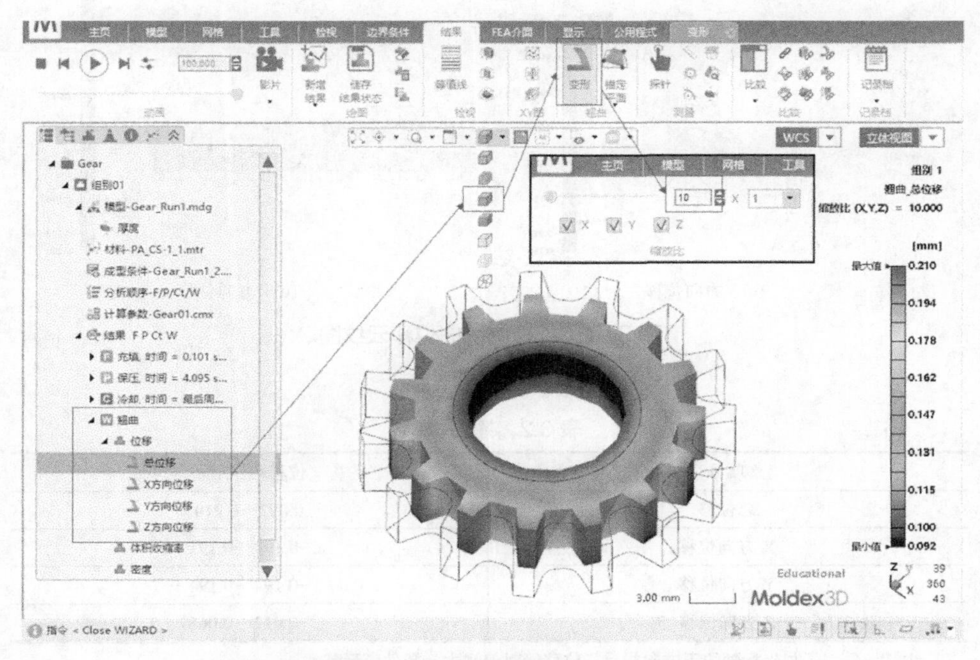

图 3.73　模拟的“翘曲”结果放大 10 倍的云纹图

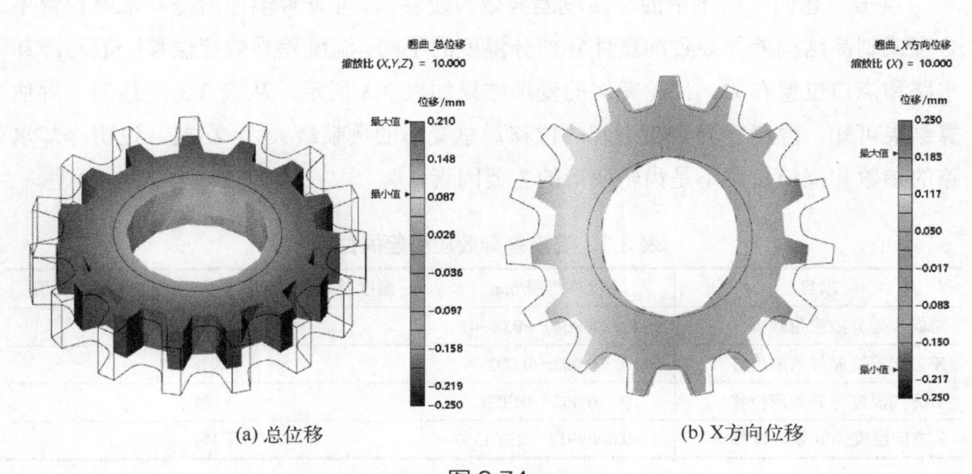

(a) 总位移　　(b) X方向位移

图 3.74

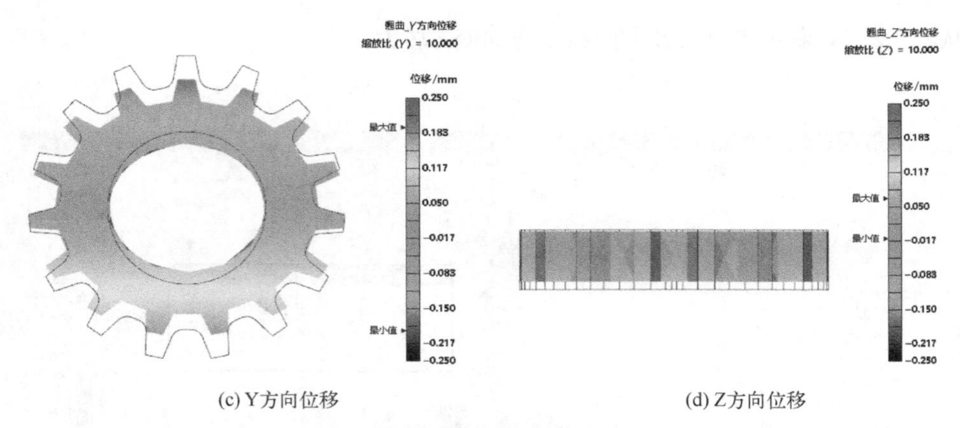

(c) Y方向位移　　　　(d) Z方向位移

图 3.74　模拟的翘曲位移云纹图

表 3.2　翘曲位移

项目	位移范围/mm
总位移	0.092～0.210
X 方向位移	−0.199～0.191
Y 方向位移	−0.194～0.194
Z 方向位移	−0.012～0.066

注："−"表示与坐标轴的正方向相反；位移绝对值越大，塑件变形越大。

点击"翘曲"结果中的"温度差异效应位移"，可查看塑件由冷却水路设置不合理或制品结构差异导致的塑件各部分温度的不同。温度差异效应位移一般与冷却水路和浇口位置有关，齿轮案例的变形结果如表 3.3 所示。从表 3.3 的最后一列估算结果可知，温度差异效应引起的位移对总变形的贡献最大为 2.1%，说明冷却水路的参数和浇口位置不是齿轮变形的主要因素。

表 3.3　温度差异效应引起的位移

项目	位移范围/mm	温度差异效应位移最大值/翘曲位移最大值
总温度差异效应位移	0.00008047～0.00342	1.6%
X 方向温度差异效应位移	−0.002～0.002	1.0%
Y 方向温度差异效应位移	−0.002～0.002	1.0%
Z 方向温度差异效应位移	−0.0009918～0.001397	2.1%

点击"翘曲"结果中的"区域收缩差异效应位移"，可查看塑件因为制品结构差异在保压过程中由于保压压力或保压时间设置不合理产生的变形。浇口没凝

固前，保压压力可在熔体内进行传递，能够弥补熔体冷却收缩所产生的与模具间的空隙；由于保压过程中熔体接触模具型腔的时间和塑件厚度的不同，使得塑件各个部分的补缩熔体不同，可能导致塑件各个部分收缩不均匀产生形变。区域收缩差异效应位移通常与保压压力和保压时间有关。一般来说，延长保压时间或增大保压压力可减少区域收缩差异效应位移，但过高的保压压力会导致过保压或飞边、脱模困难。本例的具体数值如表 3.4 所示，从表 3.4 最后一列的结果可以看出，本例中区域收缩差异效应是翘曲变形的主要因素。因此本例中工艺和制品结构都有改进空间。

表 3.4　区域收缩差异效应位移

项目	位移范围/mm	区域收缩差异效应最大值/翘曲位移最大值
总区域收缩差异效应位移	0.091～0.208	99%
X 方向区域收缩差异效应位移	−0.197～0.189	99%
Y 方向区域收缩差异效应位移	−0.192～0.192	99%
Z 方向区域收缩差异效应位移	−0.012～0.066	100%

对于齿轮来说，需要根据精度和装配要求等来检验产品尺寸和形状是否合格，本章节侧重模流分析过程和模拟结果的查看方法，因此不予赘述产品的精度要求，有兴趣的读者可以自行查阅相关书籍和塑料齿轮标准。

3.4.2　完成分析、给出建议

模拟结果查看完成后，需要根据制品的要求和模拟结果研判给定工艺参数、模具结构（制品结构、浇道、水路、模座等）的合理性。判定依据需要一些注塑工艺和模具结构的专业知识，会在后面章节给予介绍。这里根据第 1 章中的图 1.7～图 1.9，简单介绍如下。

（1）充填/保压结果分析

参考第 1 章图 1.7 所示流程图，可以发现：熔体可以顺利充填型腔；流动基本平衡，基本无迟滞或竞流效应；熔接线出现的位置相对合理（图 3.60），没有出现在齿轮廓形处；包封出现概率较小；流动的成型应力大小合理；锁模力满足设备功率；过保压不明显；但存在黏滞升温现象。

（2）冷却结果分析

参考第 1 章图 1.8 所示流程图，可以发现：本案例冷却时间合理；制品温度分布较为均匀（图 3.70），产品表面温度均匀；没有冷却不良引起的局部热点；但冷却水路效率偏低，仅 11%左右，冷却水路布置不合理，有改进空间，建议改用 U 形回路（图 3.24 中的第一行第三种冷却水路）；或者去掉冷却水路降低模具加工成本。另外，结合翘曲变形结果的“温度差异效应位移”不是制品变形的主要因素，因此温控系统也可维持现状（不是合理方案但可行）。

（3）翘曲结果分析

参考第 1 章图 1.9 所示流程图，可以发现：本案例翘曲变形的主要原因在于制品厚度变化，“区域收缩差异效应”引起的变形是主要原因（表 3.2～表 3.4）；由于没有给出制品的精度、性能要求参数，暂时无法判定翘曲变形是否超过设计值、应力数据是否合理。

综上模拟结果分析，有如下建议：

① 进一步与制品需求方沟通，明确齿轮制品的需求参数，以便建立判据准则。

② 保压工艺参数调整优化。由于区域收缩差异效应与保压阶段的参数设置密切相关，因此可延长保压时间、提高保压压力以改善制品的翘曲变形。

③ 评估浇口数目可否从 3 变为 2，以进一步减少熔接线。

④ 冷却效率改善。要么去掉冷却水路，要么采用新类型的冷却水路。

⑤ 与需求方进一步沟通齿轮的应用环境，评估变更制品结构尺寸的可能性。

3.4.3 生成模流分析报告

模流分析的最后一步是生成模流分析报告。模流分析报告是为了记录、说明模流分析过程中的参数设置、模拟结果、方案评估等信息，明确表达现有方案的可行性与合理性，以便模流工程师、产品设计人员、生产工艺师、模具工程师、管理人员等协同工作或存档参考。Moldex3D 2023 提供了模流分析报告的模板，包括 PPT、网页发布模式。模流分析报告可插入模拟的动画结果、图片和文本，也可添加自己的见解与注释。一份好的模流分析报告，需要模流分析师以良好的专业知识和表达能力完成。下面从软件应用的角度说明模流分析报告的生成过程。

点击图 3.75 主菜单栏中的“主页”及下面的“报告”图标，则出现图 3.75 中的“报告”悬浮式（弹出）窗口。查看并保证齿轮制品在虚线框内显示，然后点击“报告”悬浮式窗口下端的“开始”按钮，生成模流分析报告。当图 3.76 中“报告”悬浮式窗口底部的“执行进度”为 100%时，报告生成完毕。

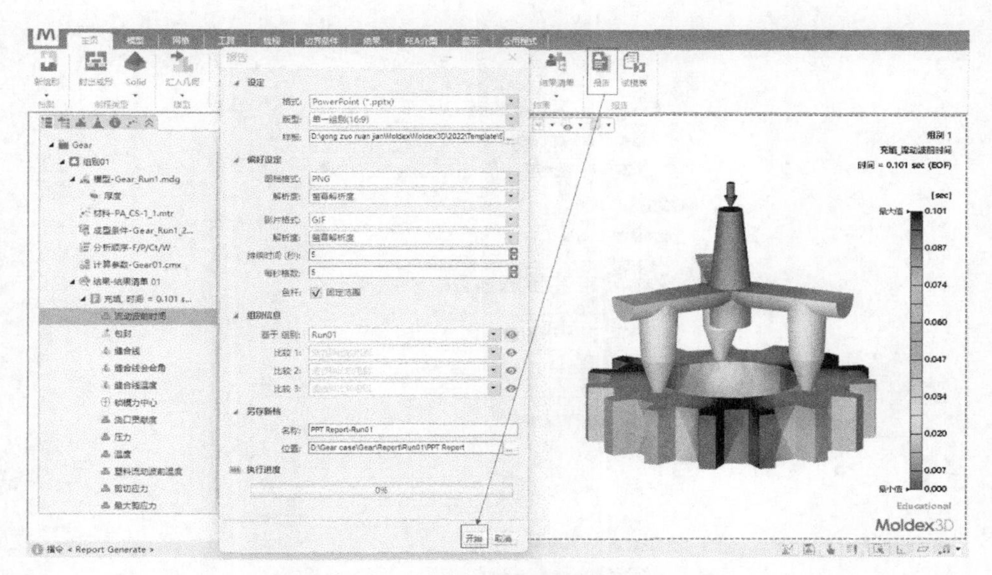

图 3.75　生成模流分析报告

图 3.76“报告”窗口的“设定”栏，包括“格式:”“版型:”“样板:”三项，“格式”是指报告的文档形式，PPT 还是网页版；“版型”是针对本例选的 PPT 而言，PPT 版面的长宽比是 16∶9，还是 5∶4（与文档办公软件 WPS、Office 的 PPT 类似）；“样板”可理解为“模板”，可以使用模流软件默认路径下的定制格式，也可以自己建立模板。“偏好设定”包括“图档格式:”及其“解析度:”（分辨率）、“影片格式:”及其“解析度:”、“持续时间（秒):”、“每秒格数”和“色杆”选项，用于对报告文档中图片、动画的格式设置，可以根据完成报告的用途、字节要求和表达需求，自行设置。图片格式通常有 PNG、JPEG、BMP 格式，解析度与图片（动画）字节、清晰度相关，默认为 1920×1020（16∶9）或 HD 1080P（高清）；影片（动画）格式默认为 GIF（字节较少），也可选 mp4、wav 等格式。“持续时间”指动画最长时间，默认为 5 秒；每秒帧数可以反映动画中动作的流畅与连续性，默认为 5 帧。“色杆”勾选固定值后，则各图片或动画中的模拟结果的比例尺是一样的，如图 3.74（b）、（c）、（d）中的色棒（色杆），便于用户对模拟结果进行比较。“组别信息”栏，软件系统会自动导入最新完成的组别，也可添加需要关注或对比用的多个组别（参考图 3.53），本例中仅选用 Run01。“另存新档”栏，用户可以自己命名、更改模流报告的名字，指定模流报告文档存贮的路径，本例中选用默认名称“PPT Report-Run01”和路径“D:\Gear case\Gear\Report\Run01\PPT Report”。“执行进度”则显示处理进度。

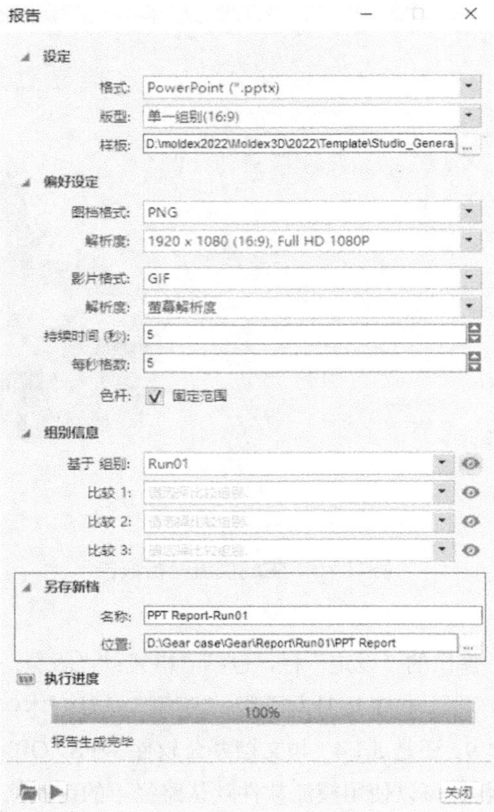

报告
设定
格式: PowerPoint (*.pptx)
版型: 单一组别(16:9)
样板: D:\moldex2022\Moldex3D\2022\Template\Studio_Genera
偏好设定
图档格式: PNG
解析度: 1920 x 1080 (16:9), Full HD 1080P
影片格式: GIF
解析度: 萤幕解析度
持续时间 (秒): 5
每秒格数: 5
色杆: 固定范围
组别信息
基于 组别: Run01
比较 1:
比较 2:
比较 3:
另存新档
名称: PPT Report-Run01
位置: D:\Gear case\Gear\Report\Run01\PPT Report
执行进度
100%
报告生成完毕
关闭

图 3.76 “报告”悬浮式窗口

用户选定（如 3.4.1 节中的图片文字）或软件系统默认（缺省）的流动、保压、冷却、翘曲模拟的各种结果（包括动画、XY 曲线、云纹图、等值线、柱状图等）都能在报告中呈现；不同的工程案例也可通过报告生成进行比较。“PPT Report”或网页版的模流分析报告可以进行编辑修订，用户可根据需要增加或删除内容。最终的报告提交给主管或指定人员后，案例的模流分析结束。需要说明的是，模流分析报告不需要有模流分析软件平台，只需要能处理 PPT 文档或网页的办公软件、浏览器即可（手机、电脑标配）；但 3.4.1 节中的图形、动画展示，需要模流分析软件。也就是说，Report 的文档可以在没有 Moldex3D 软件的手机或电脑上查看，但后处理结果只能在 Moldex3D 软件下查看。Report 文档是模流后处理结果筛选后的部分定制内容。

第4章 注射成型模流分析应用基础

了解熟悉 Moldex3D 软件的内容及其软件的初步应用后，下面开始介绍注射成型工艺和模具特点，便于进行模流分析时合理选择“主页”主菜单中“制程类型”中的工艺类型。若初学者掌握本书内容后，期望精进专业水平，可通过本套书进阶的精进篇图书学习材料模型（精进篇第 1 章）、注射成型基本的模拟理论与方法（精进篇第 2 章）、基于注塑成型革新的气辅/水辅助注塑成型（精进篇第 3 章）、多组分注射成型（精进篇第 4 章）和微发泡成型（精进篇第 5 章）的模流分析。了解这些工艺特点后，合理设置或选择模流分析的各种参数，合理运用模流分析软件；而且能正确理解模流分析的各种数值结果，减少误判，提升运用模流分析解决问题的能力。

4.1 塑料及注射成型发展简史

1862 年 Alexander Paks 推出了塑料梳子、伞柄和其他制品，代替天然石蜡、树脂、虫胶为原材料的制品。1868 年英国 John Wesley Hyatt 制成了醋酸纤维素塑料（赛璐珞），并于 1872 年发明了热塑性塑料注塑机；1878 年 Hyatt 把醋酸纤维素塑料注入一模六腔有主流道、分流道和浇口的模具中；但醋酸纤维素塑料可燃性强，不宜注塑。随后，塑料原料的发展带动了塑料加工技术的进步。1903 年，德国化学家 Arthur Eichengrün 与 Theodore Becker 发明了第一个可溶形态的醋酸纤维素（CA）。1906 年 Leo Baekeland 研发的苯酚热固性树脂快速普及后，注塑才有进一步的发展。但直至 20 世纪 50 年代后期往复活塞式注塑机研制后，注塑才有更广泛的应用。20 世纪 50 年代后期到 60 年代初，柱塞式注塑机一直被大量使用，但它很不适于热敏性聚合物和非均聚物原料的加工。1932 年德国 Hans Gastrovl 发明了内装分流梭的料筒，增大了塑料加热面积，克服塑料导热性差、受热不均等缺点。但分流梭（鱼雷头）占用了料筒内的部分容积，增加了阻力，使得熔体注入模具型腔困难加大。1940 年德国 BASF 公司发明了螺杆直射注塑机，但受到塑料品种的限制没有大的发展。第二次世界大战以后，工程塑料品种增加，工业化进程加快，注塑得以迅速发展。螺杆塑化机被用于制备均匀的混合物，为柱塞式注塑提供原料。1952 年美国的 W. H. Willert 发明了“往复螺杆注塑机”，奠定了现代注塑机的基础，极大地改善了注射成型的应用范围和成型质量。20 世纪 70 年代以后民用塑料转向工程塑料，原因在于世界能源危机和金属价格上涨，工程塑料可“以塑代钢”“以塑代木”；而且对已有工程塑料进行共混改性后得到的许多新型高分子材料，对注塑也提出更高的要求。目前世界工程塑料正以年增长率 10%以上的速度增长，工程塑料约 80%用于注塑，注塑产品占塑料制品总量的 30%以上，产值约 40%。大部分用于注塑的塑料原料，如抗冲击聚苯乙烯（PS）、聚碳酸酯（PC）、聚砜（PSU）、聚酯等经过共混改性后，可成型各种制品，在汽车、机械、航空航天、建筑等行业中广泛地应用。热塑性弹性体（TPE）中加入不同的增塑剂和阻燃剂，可注射成型用于电子工业的零件。由玻璃纤维增强的聚对苯二甲酸乙二醇酯（PETP）、聚对苯二甲酸丁二醇酯（PBTP）、热塑性聚酯注射成型的轴套、齿轮、滚轮等机械零件，热变形温度达 224℃，弯曲强度达 176.5MPa。缩醛塑料是由聚甲醛衍生出来的甲醛环状三聚物，加上 25%玻璃纤维增强填料，可注塑尺寸精度达 0.1%的齿轮、杠杆、弹簧、轴承和滚筒等精密零件。聚苯硫醚（PPS）可注塑发动机叶轮，在 200℃高温条件下持续工作。用 TPE 改性尼龙 66 的注塑制品，机械强度可提高两倍，在−20℃低温下有抗冲击能力。聚碳酸酯共混料，在−50℃下耐冲击，广泛用于汽车制造业。聚苯醚（PPO）共混料注塑制品可在 150℃高温下持续工作。

随着高分子材料的迅速发展以及注塑复合制品（如导电制品，以树脂为基料，添加炭黑、金属氧化物、金属薄片、导电有机化合物、导电无机化合物，并具备防静电、消静电和电磁波屏蔽等性能）的产生，生产具有不同力学、物理、耐磨、耐腐蚀等性能的结构零件（按用途可分七类，见表 4.1）是传统的注射成型难以胜任的，因此一些新的注射成型方法应运而生。

表 4.1　注塑结构件分类、要求和所用材料

分类	要求	材料
一般结构零件	强度和耐热性无特殊要求，一般用来取代其他材料成型批量大、生产率高、成本低的结构件	HDPE、聚氯乙烯（PVC）、改性聚苯乙烯（203A, 204）、ABS、PP 等。这些材料只承受较低的载荷，可在 60～80℃范围内使用
增强结构件	要求有结构强度	POM、PA1010 等
透明结构零件	具有良好透明度的结构件	改性 PMMA（372）、改性 PS（204）、PC
耐磨受力传动件	要求较高强度、刚性、韧性、耐磨性、耐疲劳性，高的热变形温度和尺寸稳定性的结构件	改性尼龙、POM、PC、氯化聚醚、线形聚酯等；这类塑料的拉伸强度大于 58.8MPa，使用温度区间可达 80～120℃
减磨自润滑件	运动速度高、摩擦系数低、耐磨性和自润滑性好的结构件	聚四氟乙烯（PTFE）、填充 PTFE、填充 POM、聚全氟乙丙烯（FEP）等；在小载荷、低速时可采用高密度聚乙烯（HDPE）
耐高温结构件	具有高的热变形温度及高温抗蠕变性的结构件	PSU、PPO、氟塑料（PTFE、FEP）、聚酰亚胺（PI）、PPS 以及各种玻纤增强塑料等；可在 150℃使用
耐磨蚀设备与零件	抗酸碱等耐腐蚀的结构件	TPFE、聚三氟氯乙烯（PCTFE）、PVC、HDPE、PP 等

相比于传统的注射成型，注塑革新工艺在某些方面具有显著的优势，如热固性塑料注塑与热塑性塑料注塑（传统的注射成型）相比，成型设备与工艺具有较大差异，解决了热固性材料难于注射的特点，将酚醛等热固性塑料的应用范围扩大。多组分注塑可以分步或同时注射不同颜色或不同种类的材料，得到具有多层结构、壳芯结构、颜色不同或透明度不同的制品。微发泡注射成型工艺，可显著减轻制件的重量、缩短成型周期，并极大地改善了制件的翘曲变形和尺寸稳定性。

气辅注塑即气体辅助注射成型，是自往复式螺杆注射机问世以来，注射成型领域最重要的进展之一。气辅注塑是注射成型的延伸，也可理解为注射成型与中空成型的某种复合，从这个意义上也可称为“中空注射成型”。水辅注塑是将人们熟知的气体辅助注射成型中的介质（惰性气体）改变为水的注射成型工艺；相比于气辅注塑，水辅注塑使得塑件拥有更加光滑的表面。

4.2　塑料成型方法概述

塑料材料相较于金属，有加工容易、生产效率高、能源用量少、绝缘性能好、质量轻（铝质量的一半，钢铁质量的四分之一）等优点；且塑料制品种类繁多，应用领域广泛，产业关联度大，涉及家用电器、仪器仪表、建筑器材、汽车工业、日用五金、通信器材及医疗器械等；加上塑料制品结构复杂、精度高，可以整合多个

零件，减少装配工序，因此各个领域塑料制品的使用比例正在迅猛增加。通常塑料制品的生产组成如图 4.1 所示，从中可知成型方法的多样性。由于成型与材料、使用性能、设备是相匹配的（或者说需要一体考虑的），因此成型加工分类的标准不唯一（也难统一），如“层压材料的成型”和“泡沫塑料的成型”是通过原料（制品）特点分类；而“挤出模塑”“注射模塑”“压缩模塑”等根据工艺或设备（模具）区分，这样使得成型加工的分类也具有多样性。图 4.2 展示了另外一种成型加工方法的分类，类似地，分类标准也具有多样性，如“新型成型加工方法”可以理解为按照时间或成型加工历史分类；“塑料成型方法”和“复合材料成型方法”按照原料类型分，但两种分类的加工工艺有重合的，如“压制成型”，即图 4.1 中的“压缩模塑”。另外纤维增强塑料（玻璃纤维、碳纤维）也可以注射、挤出成型。当然，还有根据成型对象和模具分为一次成型、二次成型；根据注塑机的熔体射出次数，可分为一次注射、二次注射成型等。故而塑料成型加工方法的分类、内涵标准是不断变化的。通常成型加工方法的种类多是根据工程实践和地域习惯有不同的名称，但有些内涵一样，如铸塑（成型）和浇铸模塑、涂层和涂覆成型等。

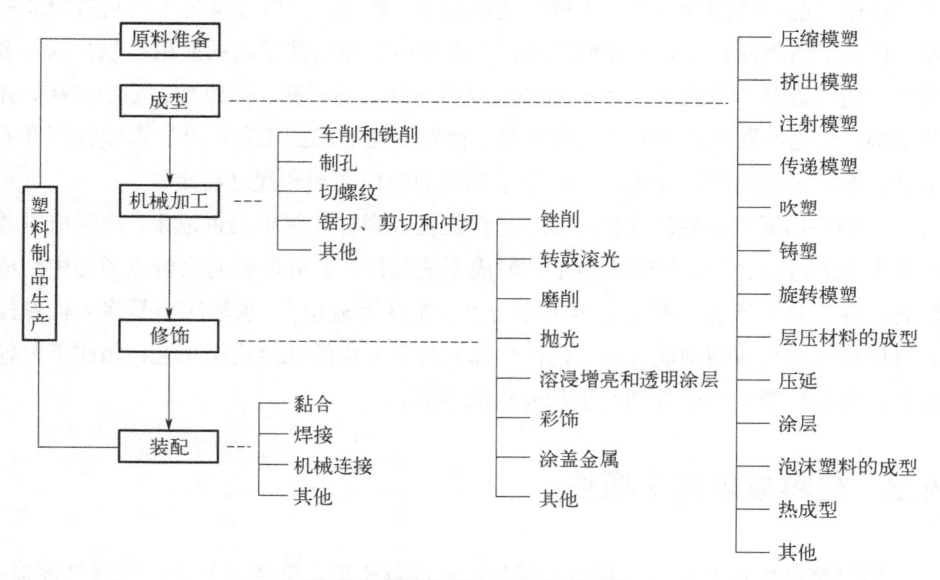

图 4.1　塑料制品生产组成示意

随着高分子科学研究的深入以及人们对聚合物材料基本行为认识的提高，塑料成型方法根据聚合物材料的特点进行了革新和改造，以满足现代塑料成型加工的需要。热塑性塑料和热固性塑料的许多成型加工技术在基本原理和方法上都是一致的，但在设备结构和工艺控制上有所不同。复合材料成型加工技术涉及两种或两种以上材料的复合，其成型加工方法与单一原料有差异。生物应用塑料、生物可降解塑料、功能聚合物材料由于各自特点和要求不同，成型加工方法可能在名称和原理上与热塑性塑料相似，但是具体的设备和工艺可能不一样。微尺度、微纳加工方法和仿生加工方法是最新发展起来的成型加工方法，已经成为研究的热点。塑料成型加工的趋势是复合化，包括塑料及其复合材料、多工艺多工序组合的成型工艺及其相应的设备，相应的成型加工原理（数值模拟方法和技术）也不断发展进步。

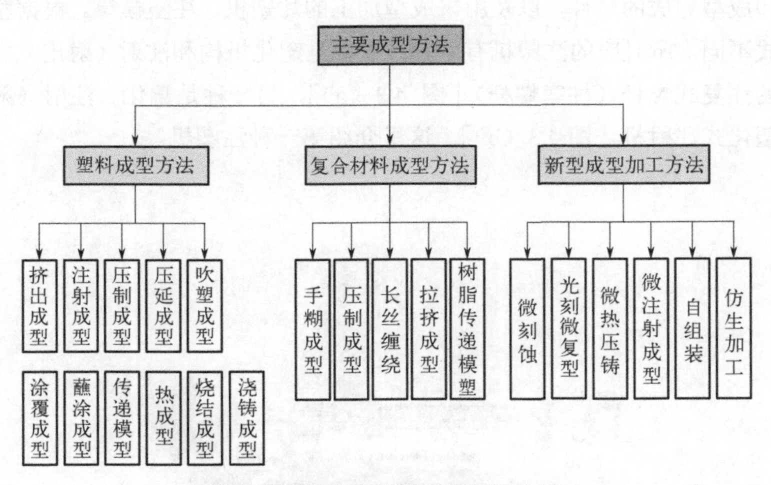

图 4.2　聚合物材料常用加工方法

注射成型是热塑性塑料加工成型的主要方法，并且逐渐用于加工热固性塑料、纤维增强复合塑料和弹性体。注塑机和注塑制品随处可见，对于一些人来讲，二者几乎成了塑料的代名词。注塑可成型各种各样的制品，重量从 0.1kg 到 200kg。据统计，25%热塑性塑料制品是用注塑工艺加工完成的；如果考虑注塑革新工艺，如气体/水辅助注射成型、多材料多色注射成型、反压注射成型、快速变模温技术注射成型、微小注射成型、反应注射成型等，注塑产品在全球工业体系中的比重仍在持续增长。注射成型特别值得加强研究，因为其涉及面很广，包括模具设计、流变学、复杂液压系统、电子控制、机器人辅助系统、复杂制品设计，当然还有材料科学与加工工程的结合。注塑研究的目的很明确：在循环时间和废品率最小（最低）

的前提下，保证制品有预定的性能。本章从工程角度说明注射成型加工系统，包括：注射成型原理、主要的注射成型工艺参数，以及注塑制品质量与成型的关系，并列举了几种常见塑料、常见制品（箱体、管件阀门等）的注射成型加工条件和要求。

4.3 注塑系统及注塑原理

4.3.1 常规注射成型加工系统

常规注射成型加工系统是指热塑性材料通用的注射成型系统，包括被加工的塑料原料和成型完成的塑件，以及用来成型加工的注塑机、注塑模等。根据塑化和射出的方式不同，所对应的注塑机有两种：一种是塑化机构和注射（射出）机构在一个装置的往复式螺杆（柱塞螺杆）[图 4.3（a)]，另一种是塑化、注射（射出）分开的预塑化式注射机 [图 4.3（b)]。这里介绍第一种注塑机。

(a) 塑化与射出装置一体

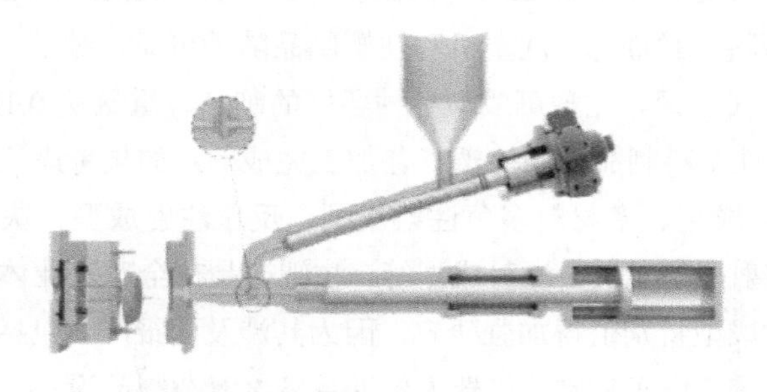

(b) 塑化与射出装置分离

图 4.3　塑化、射出装置不同的注塑机示意

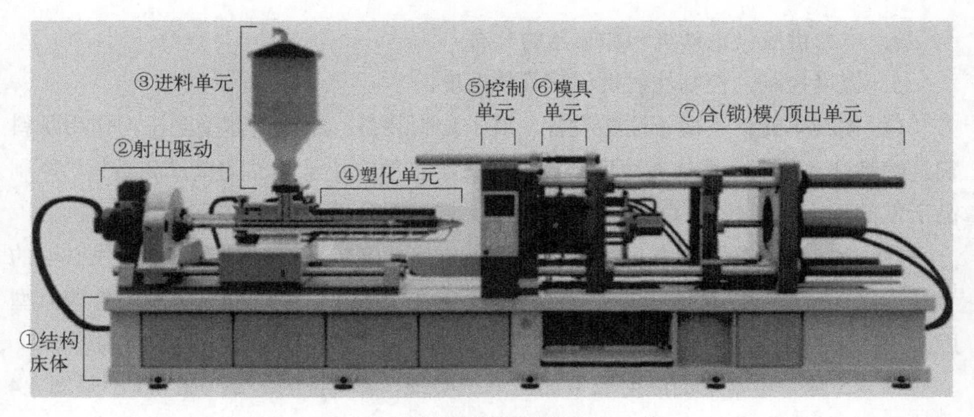

图 4.4　注塑机组成示意

图 4.4 是注塑机的组成示意图。注射成型所用的注射机由 7 个不同功能的基本单元组成，按照序号说明如下。

① 结构床体：美观、收纳，可按人体工学调整高度，操作方便，安全。

② 射出驱动：决定注射压力、注射速度等工艺参数。

③ 进料单元：原料从料斗（干燥、除湿、计量）进入螺杆。

④ 塑化单元：包括料筒加热系统、塑化螺杆、驱动螺杆的电机、螺杆往返运动油压缸（伺服电机）等。油压马达带动螺杆旋转，螺杆开始工作。绝大多数塑化单元是螺杆挤出式的塑化装置，该装置将塑料原料加热到注塑所要求的熔融状态。加热所需的热量由电加热线圈和螺杆在料筒中做旋转运动的机械能转化而成（由螺杆电机提供）。料筒电加热的热量，占塑料熔融所需热量的 30%；而塑料粒熔融 70% 的热量，来自料粒的推送、压缩及其螺杆运动产生的挤压摩擦。螺杆旋转运动同时还将塑料原料推向螺杆顶端。塑化螺杆功能包括物料输送、熔融、计量三部分。以 ABS 为例，背压设为 0.5～1MPa，送料段长度是料筒总长的一半，料温 40℃；压缩段长度约为料筒总长的四分之一，温度 160～215℃；计量段长度约为料筒总长的四分之一，熔融态温度 220℃。

⑤ 控制单元：现阶段多是电脑控制。控制系统掌握着注塑机的操作过程，包括：

a．控制组件：安装在合模安全门附近，用于观察模具的状况；

b．逻辑控制：掌握着机器的状态，处理来自位置传感器和时间继电器等的信号，使注射机按要求运行；

c．电力供应：电动机和加热器的分布；

d．温度控制：控制注射机和模具的温度。

⑥ 模具单元：不属于注塑设备，属于定制装备。塑料熔体受到压力作用从料筒经喷嘴注入模具。熔体充填所需压力的大小主要取决于制品的壁厚和结构。厚制品所需的压力相对较低（49.0～98.0MPa），薄制品所需的压力较高。

⑦ 合（锁）模/顶出单元：在注塑周期中完成开模和合模动作，并提供必要的合模力以保持塑料注塑时模具的闭合状态，或注塑完成后进行顶出将制品与模具型腔分离。详细的内容可以参考《塑料成型机械》《注塑模具设计》等教材内容。

图 4.5 是一种常用的注射成型加工系统明细。需要说明的是，图 4.5 不是图 4.4 所示注塑机的结构细节，但二者有对应关系。图 4.5 中的“机身 1”与图 4.4 中的“①结构床体”对应；图 4.5 中的“电动机及液压泵 2”“注射液压缸 3”、“齿轮箱 4”“齿轮传动电机 5”对应于图 4.4 中的“②射出驱动”；图 4.5 中的“料斗 6”与图 4.4 中的“③进料单元”相对应；图 4.5 中的“螺杆 7”“加热器 8”“料筒 9”“喷嘴 10”与图 4.4 中的“④塑化单元”相对应；图 4.5 中的“固定模板 11”“模具 12”“拉杆 13”“动模固定板 14（安装板）”与图 4.4 中的“⑥模具单元”相对应；图 4.5 中的“合模机构 15”“合模液压缸 16”“螺杆传动齿轮 17”“螺杆花键 18”“油箱 19”与图 4.4 中的“⑦合（锁）模/顶出单元”相对应。

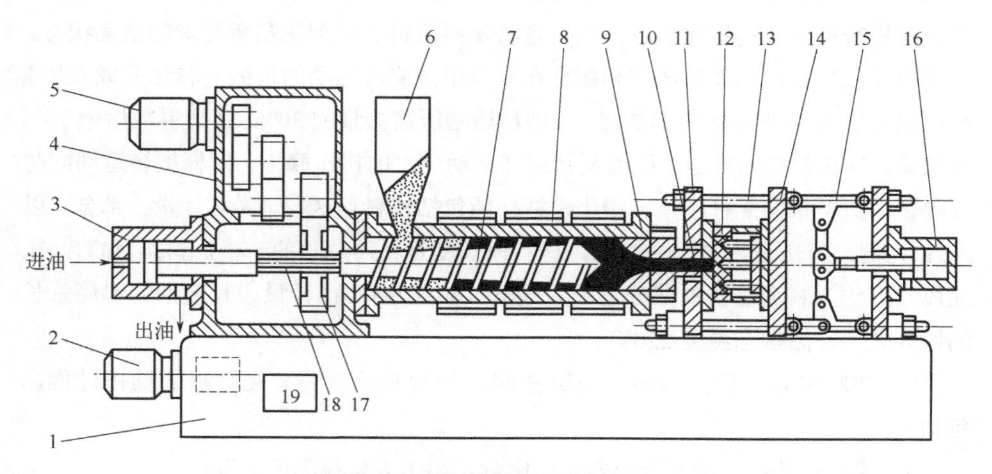

图 4.5　注射成型系统明细图

1—机身；2—电动机及液压泵；3—注射液压缸；4—齿轮箱；5—齿轮传动电机；6—料斗；7—螺杆；8—加热器；9—料筒；10—喷嘴；11—固定模板；12—模具；13—拉杆；14—动模固定板（安装板）；15—合模机构；16—合模液压缸；17—螺杆传动齿轮；18—螺杆花键；19—油箱

4.3.2　注射成型的特点

注塑是将粉状或颗粒状固体塑料转变为黏性流体或熔体，熔体在压力作用下，通过喷嘴进入模具流道、浇口和型腔，经过冷却定型后形成塑料制品。这里再次从工程的角度说明注射成型的优缺点。

（1）优点

① 生产效率高。如成型大屏幕电视机外壳仅需一分钟，若小型制品则一次可成型百余个制品。

② 所需的劳动力相对较低。一个操作工常常可以看管两台或更多台机器，特别是当成型制品可以自动卸到输送带时更甚。

③ 制品无需修整或仅需少量修整。如成型带螺纹制品、自动切除浇注系统等。

④ 能成型形状复杂的制品。模具结构、加工模具的刀具起着决定的作用。

⑤ 设计灵活（光洁度、颜色、嵌件、材料）。通过多色多料成型多于一种以上材料的制品，如共注塑可成型表皮硬而心部发泡的材料，成型热固性塑料和纤维增强塑料。

⑥ 废料损耗最小。对于热塑性塑料，浇注系统可以再利用；次品也可粉碎后再用。

⑦ 可以得到小的公差。现代微机控制系统，加上精密的模具和精密的液压系统，可使体积公差达到 1μm（但如果没有高水平的操作人员则不行）。

⑧ 可以充分利用聚合物独特的属性。如流动性、质轻、透明、耐腐蚀等，从每天使用的塑料制品数量和种类可以得到证明。

（2）缺点

① 高的设备和工具投入，要求高产出。一台 181t 锁模力/397g 注射量的全自动注塑机的价格近百万，加上一些配件（如选用螺杆和模具），一套中等规格的注塑生产装置的价格远超过百万。因此，若塑料制品的总产量过小（低），则产品成本较大。

② 缺乏专门的技术和良好的保养，可能会造成高的启动费和运行费。

③ 产品质量有时难以即刻确定。如成型后的翘曲变形可能会导致制品因尺寸变化而无法使用，这种尺寸变化有时在成型后几周或几个月后才能稳定。

④ 涉及的技术和交叉学科的知识较多，难以掌握。

⑤ 制品的结构有时不适宜高效成型。

⑥ 模具设计、制造和试模的时间有时很长，即便相关的 CAD/CAM 技术已使生产周期逐渐变短。

⑦ 由于涉及的因素很多，有时难以准确估算一次成型加工的费用，容易造成经济损失。

尽管有上述的问题，但相较压缩成型或挤吹成型，注射成型有高的生产效率和精度，属于劳动、技术密集型行业，目前约 1/3 的塑料制品由注射成型制备，注塑仍是塑料原料最主要的成型加工技术。

4.3.3 注射成型基本过程

完整的注射成型工艺过程包括：成型物料准备（预处理）、注塑机（模具）上成型和成型所得制品的热处理和调湿处理等（后处理）三个大的阶段。多数情况下，注塑机上的成型是决定制品质量的关键，所以这里重点论述，其余两个阶段可参考“塑料成型工艺”方面的文献。为了强化材料、工艺、设备、性能一体的理念，下面从注塑成型单周期循环内的工艺过程开始，介绍针对加工原料特性，通过注塑机提供的压力、温度实现原料相态变化与赋型（形）的过程。

先从模具的开合（闭）角度看成型过程。注塑模具是通过装配形成的空腔（一个或多个）来成型所需的制品形状，即生产塑料零件和产品的一种装置。模具的型腔是由称为型腔的阴模（凹模）和称为模芯（型芯）的阳模（凸模）组成。模具安装在注塑机上（图 4.5 中的 12），并按如下时间顺序充填型腔：①合模→②塑化后熔体经喷嘴进入模具浇注系统，并从浇口开始注入型腔（图 4.6 中的 2）→③注射（热的、近乎流动的）塑料熔体进入型腔，直至完全充满（图 4.6 中的 4）→④保持合模状态，熔体被压实赋形（图 4.6 中的 5）→⑤保持合模状态，直到塑料冷却至能被顶出为止（图 4.6 中的 6）→⑥开模（图 4.6 中的 7）→⑦顶出塑料制品（如果需要，注塑机可以延长开模时间）→⑧做好下一个循环周期的准备工作（图 4.6 中的 8 或 1）。就型腔内的塑料熔体来说，就是充填、后充填、开模状态三个阶段。

注塑机上成型制品是一周期过程，每成型一个制品，注塑机注射装置和锁模装置的各运动部件均按预定的顺序依次做动作一次。因此，注射成型过程中各成型阶段的时间顺序、合模力、注射压力和物料所经受的温度与压力变化均具有循环重复的周期性特点。通常将注塑机完成一个制品所需的全部时间称为总周期时间（或简称为周期时间），一个注射成型周期内，锁模装置、螺杆和注射座的动作时间与各部分操作时间如图 4.7 所示。

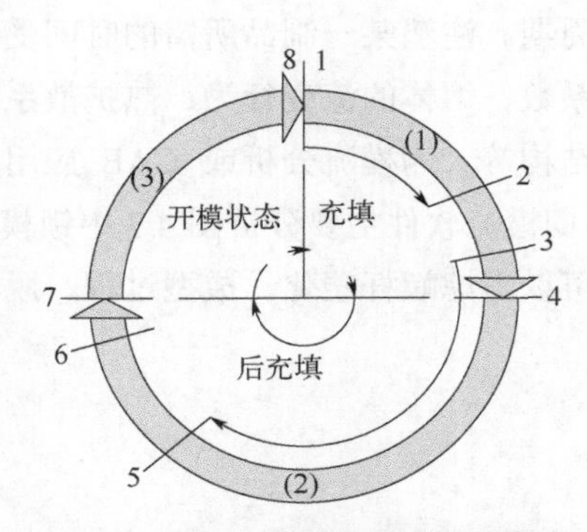

图 4.6　注射成型的控制循环周期

（1）充填阶段；（2）后充填阶段；（3）开模状态

1—循环开始；2—浇口开始注射的时刻；3—充填/保压的控制开关；4—型腔完全充满；5—保压压力释放；6—脱模控制开关；7—模具打开；8—模具关闭，开始下一循环

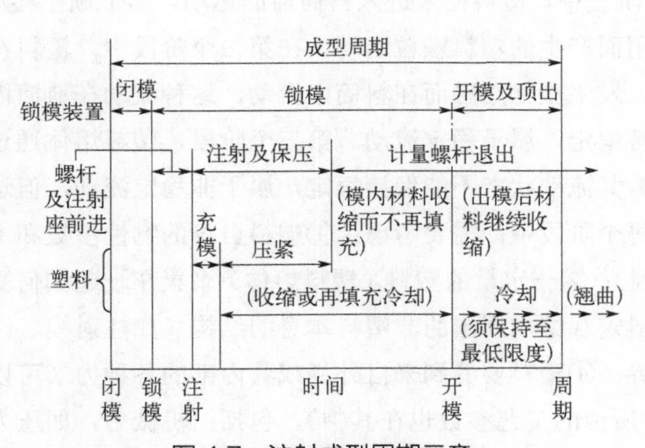

图 4.7　注射成型周期示意

为便于对注射成型过程进行分析，可将组成成型周期的各部分时间按其在成型过程中的作用划分为成型时间和辅助操作时间两大部分。前者是指熔体进入模具、充满型腔和在型腔内冷却定型所需的全部时间；后者是指在总周期时间内除成型时

间外的其余时间，通常包括注塑机有关运动部件为启、闭模和顶出制品的动作时间，以及安放嵌件、涂脱模剂和取出制品等辅助操作时间。由于充填和定型都是在闭合的型腔内进行，因此成型时间应包括在模具锁紧的时间内，而运动部件的动作时间和辅助操作时间则应包括在模具开启的时间内。

成型周期是与效率相联系的。一般需要考虑制品的几何形状和加工条件等因素，以确定最短的成型周期。注塑某一制品所需的时间受很多因素影响，主要因素包括：材料的热膨胀系数、熔体的流变行为、热扩散系数、热力学性能、制品结构、成型条件、模具结构等。为模流分析或 CAE 应用及理解方便，多采用图 4.7 的注射成型周期。早期模流软件主要分析图 4.7 中锁模阶段熔体的状态。随着时代的进步，模流分析可以考虑螺杆塑化、成型过程、脱模后制品性能预测等全周期的情形。

4.3.4 注塑原理

注射成型时，塑料原料要经过三个阶段的转换：一是塑料未进入料筒前的颗粒状态（固态原料）；二是塑料经料筒中的塑化运动而达到的熔融状态（原料相态变化）；三是塑料熔体通过注射模浇注系统的充模流动及冷却定型（原料相态变化）。在第一个阶段中，塑料在未进入料筒前的运动，属于颗粒料流，主要是受到机械力等的作用而产生的塑料颗粒运动。在第二个阶段中，塑料在料筒热和剪切共同的作用下，发生塑化熔融而在料筒中流动，这种流动在料筒内每一部位的流动状态基本保持恒定，属于稳定流动。第三个阶段，塑料熔体通过注射模浇注系统的充模流动，其流动状态不能保持恒定，属于非稳定流动，但这是塑料最终成型的关键。在每个阶段中，需要考虑：①塑料自身的物性参数和本构关系（塑料固有特性、内因）；②一定量的塑料（塑料熔体）聚集在一起如何受控形成一个宏观结构；③塑料宏观结构周围的非塑料本身的结构（如注射模、注射机等）构成塑料的几何边界；④塑料要受到来自外界或其内部的各种力（可以理解为“广义作用力”，平常所说的工艺参数也在其中），包括：机械力，如压力、剪切力、摩擦力等；物理力，如热、结晶、相变等物理变化力；化学力，如热分解等化学变化力。

从材料变化角度出发的注塑过程如图 4.8 所示。从图中可知：塑料原料将发生种种变化。首先塑料原料在料筒中被加热和压缩，然后在脱去夹带空气的同时熔融；熔融后的塑料熔体经计量并用高压射入模具中。注射时熔体将急剧地从压缩状态变为膨胀状态并高速地向模具中流动，在流动中塑料熔体的大分子将随流动方向取向。熔体进入模具经冷却固化后，将伴随着相变或结晶化过程而产生收缩，而且制品在成形过程中因经历了较大的注射压力和急速的冷却过程，所以多数的情况下注塑制品内部将有残余应力的产生。下面将从“软化熔融”“流动”“赋形固化”部分给予说明。

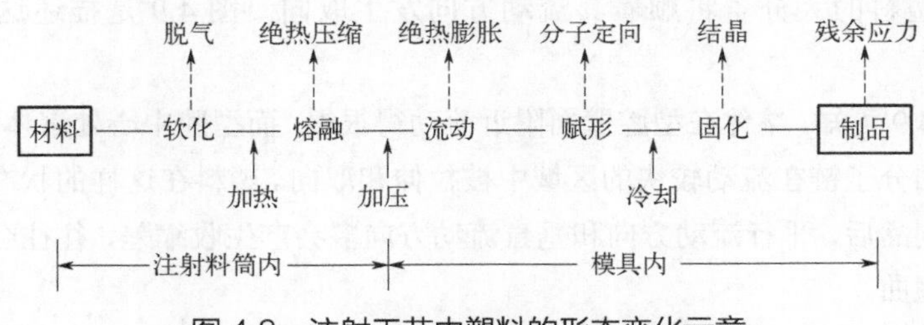

图 4.8　注射工艺中塑料的形态变化示意

（1）软化和熔融

工程实践用的注塑机料筒外部常设有圆环形加热器，在螺杆的推动下，塑料一边前进一边熔融，最后经喷嘴被射入模具型腔中。

塑料原料从送料段（L_1）进入压缩段（L_2）时，因螺杆槽体积的变小而被压缩并发生脱气，在进入计量段（L_3）前，塑料温度已达其熔融温度，成为熔融体。为了保证制品的质量，塑料原料应是充分脱气后再熔融。

在计量段（L_3，也称混炼段），由于螺杆槽深 h_2 更小，塑料将在螺杆旋转过程中受到较强的剪切力混炼，因而熔融变得更加完全。与螺杆有关的三个数值：①螺杆的有效长度，（$L_1+L_2+L_3$）/D（螺杆直径）；②螺杆的压缩比，h_1/h_2（最大、最小的螺杆槽深度）；③螺杆压缩部分的相对长度，h_2/（$L_1+L_2+L_3$）。这三个值将完全支配脱气和熔融的程度，值越大，材料的熔融也越完全。例如，难加工的超高分子量聚乙烯也可在有效长度为 25，螺杆的压缩比为 15，相对长度为 60%的条件下进行注塑。

从注塑机角度看，螺杆旋转时熔融的塑料将被输送至螺杆的前端，与此同时塑料熔体产生的反力又将使螺杆后退至某一个位置而完成计量过程；然后螺杆将在机械力的作用下前进，使其前端的塑料熔体射入模具中。在塑料熔体被射入模具前的瞬间内，会受到急剧的压缩（可称为绝热压缩），有时熔体会因此发生结晶（剪切诱导结晶），使喷嘴尺寸变窄（如结晶完全时，熔点上升并产生固化）。

（2）流动

熔体被高速射入模具时，往往会发生两种现象。一是在料筒中处于受压状态的熔融塑料会因突然的减压而膨胀，这种急剧膨胀（绝热膨胀）将引起熔融塑料本身的温度下降（其原理和冷冻机的绝热膨胀相同）。有实例表明，这种情况下聚碳酸酯温度下降可达 50℃，聚甲醛塑料的温度下降可达 30℃。熔融塑料进入模具并接触到模具冷壁面时，也将产生急剧的温度下降。另一种现象是，熔融塑料的大分子将顺着其流动方向发生取向，图 4.9 是描述这种取向的示意图。

从图 4.9 可知，熔体在型腔壁面附近流动得很慢，而型腔中心处熔体流动较快；塑料熔体的分子链在流动较快的区域中被拉伸和取向。塑料在这样的状态下经冷却固化成为制品后，平行流动方向和垂直流动方向多会产生收缩差，往往会造成制品的变形和翘曲。

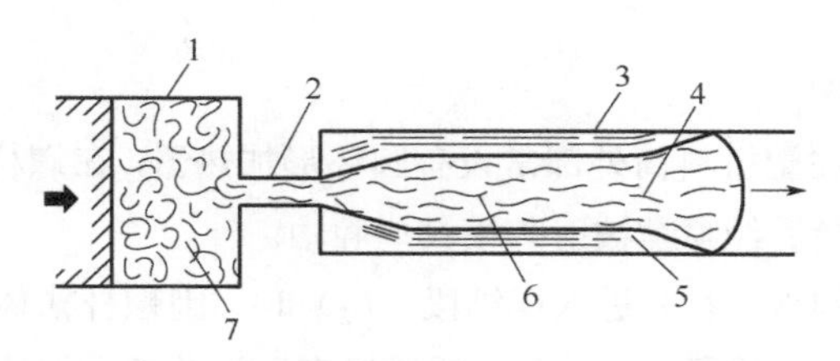

图 4.9　注塑时熔体流动引起的取向

1—注塑机；2—模具的流道、浇口；3—模具型腔壁面；
4—中心处流速较快的部分；5—沿型腔壁面流速极慢的部分；
6—因取向而拉伸的熔体分子链；7—缠绕在一起的塑料熔体分子链

熔体进入型腔后的流动是指熔体从越过浇口开始到整个型腔基本上被熔体充满为止的这一段时间，是成型过程中最重要也是最复杂的时期。其重要性在于制品的形状、尺寸、外观、内应力和聚合物的形态结构等，均在这一不长的时间内基本确定下来。由于热熔体在不同模具结构和型腔内的流动表现出极其复杂的流变行为和热行为，显然用简单的模型来概括如此复杂的过程是不可能的。其过程相应的数学描述，通常是一组方程，在《Mold3D 模流分析实用教程与应用 • 基进篇》介绍，这里仅对熔体在型腔内流动的一般特征和影响流动长度的主要因素进行简要说明。

① 熔体在型腔内的流动方式：充模过程中熔体在型腔内的流动方式，主要与

浇口的位置和型腔的形状及结构有关。图 4.10（a）所示结构：熔体经过与圆板状制品平面相垂直的浇口流入型腔，其流动方式是以浇口为圆心，各半径方向上的熔体均用同样的速度以辐射状向四周扩展。图 4.10（b）所示结构：熔体由制品的侧面进入矩形截面的型腔，熔体充模方式是越过浇口的料流前沿以浇口为圆心，按圆弧状向前扩展，充填一定时间后才可能是按照矩形平面推进。

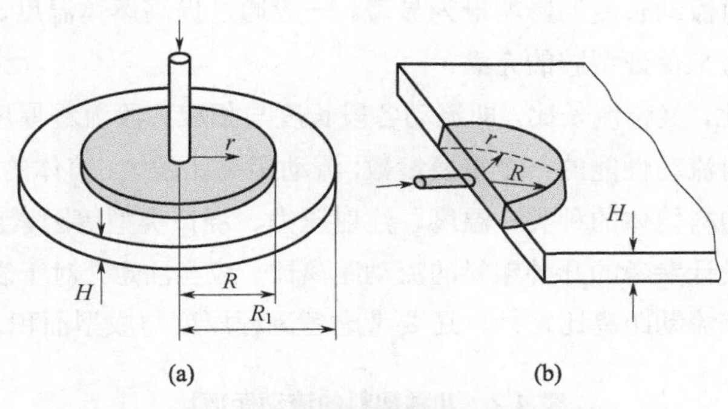

图 4.10　型腔内熔体的充模方式

② 熔体在型腔内的流动类型：熔体通过浇口进入型腔时的流速，与其在型腔内的流动类型有直接关系。从浇口出来的熔体流速很高时，熔体首先射向对面模壁，并以湍流的形式充满型腔；而由浇口出来的熔体流速较低时，以层流方式自浇口向型腔底部逐渐扩展。

湍流流动充模，不仅会将空气带入成型熔体中，而且由于模底先被熔体填满，使型腔内空气难以排出；未排出的空气被热熔体加热和压缩成高温气体后，会引起塑料熔体的局部烧伤和降解，这不仅会降低制品的表观质量，而且还是制品出现微裂纹和存在较大内应力的重要原因。

层流流动充模，可避免湍流流动充模引起的各种缺点，若控制得当，可得到表观和内在质量均比较好的制品。但若流动速度过小将显著延长充模时间；如果由于流动中的明显冷却降温而使熔体黏度大幅度提高，就会引起型腔充填不满、制品出现分层和熔接缝强度偏低等缺陷。

③ 型腔内熔体向前推进的运动机理：熔体以层流方式充模时，在型腔内向前推进的运动机理与其非等温流动特性有关。

热熔体从浇口处向型腔内部推进时，熔体前沿表面由于与冷空气接触而形成高黏度的冷凝层。冷凝层最初的形状大致反映了熔体中各层的流速分布，随着温度的进一步降低，熔体的黏度进一步增大，在表面张力的作用下，冷凝层的前进速度会小于熔体自身的流速，所以冷凝层后面的熔体通常会以更高的速度追上冷凝层。这时可能出现两种情况：一是受到冷凝层的阻止熔体不再前进，转向模壁方向而很快被冻结；二是熔体冲破原有的冷凝层，形成新的冷凝层。

④ 熔体在型腔内的流动长度：充填过程中，熔体在型腔内的流动长度受型腔制品厚度、熔体流变性能、塑料的热物理性能及成型工艺条件等多种因素的影响，其中制品高度对流动长度的影响最为显著。一般通过提高熔体温度、模具温度和型腔入口处的压力来保证型腔的充满。

流动距离比，又称流长比，即流动各段长度与相应各段流程厚度的比值（L/t），是衡量熔融塑料流动性能的一个重要参数。流动距离比越大，熔体的流动性能越好。流动距离比随塑料熔体的种类、温度、注射压力、浇口类型等因素而变化。表 4.2 列出了供模具设计参考的几种塑料的流动距离比。应当注意，对于表面积特别大的塑件，除了考虑流动距离比之外，还要考虑各流程厚度与成型面积之比不能过小。

表 4.2 几种塑料的流动距离比

塑料名称	注射压力/MPa	流动距离比	塑料名称	注射压力/MPa	流动距离比
聚乙烯	150	280～250	硬聚氯乙烯	130	170～130
	60	140～100		90	140～100
聚丙烯	120	280		70	110～70
	70	240～200	软聚氯乙烯	90	280～200
聚苯乙烯	90	300～280		70	240～160
聚酰胺	90	360～200	聚碳酸酯	130	180～120
聚甲醛	100	210～110		90	130～90

（3）赋形和固化

塑料熔体在注射时，经喷嘴进入模具中被赋予形状，并经冷却和固化而成为制品。

① 型腔内熔体的压实与增密（赋形）：压实、增密阶段又称保压阶段。充填过程结束后，熔体进入型腔的快速流动虽已停止，但这时型腔内的压力并不高，不能平衡浇道内的压力，因而浇道内的熔体以缓慢的速度继续流入型腔，使其中的压力升高，直至浇口两侧的压力平衡为止。压实时间虽然很短，但可使熔体紧密贴合型腔壁，精确取得型腔的形状，并使不同时间、不同流向的熔体相互熔合。压实过程迅速增压的另一效果是使成型物料的密度增加。

压实期内，型腔内压力达到的最大值常使模具出现变形，特别是在型腔的中心部分，压力最高，变形量也最大。模具出现变形的结果，一是使平板制品的厚度大于型腔厚度（设计厚度），二是增大了厚度的不均匀性。为此，当锁模力一定时，工艺上可采取在充模后期适当降低注射压力的方法，使压实期型腔内可能达到的最高压力值减小。

当成型壁很薄或浇口很小的制品时，充模结束后螺杆或柱塞可立即退回，不需要经历保压阶段，可以直接开始无外压作用的冷却定型过程。当成型厚壁且浇口大的制品时，压实结束后螺杆不能立即退回，而必须在最大前进位置上再停留一段时间，以使成型树脂在外压作用下进行冷却。成型树脂在外压作用下冷却一段时间的目的是继续向型腔内注入一些熔体（又称补料、补缩），以补偿成型的塑料熔体因冷却而引起的体积收缩，并避免熔体过早地与模壁脱离。

② 冷却固化阶段：一般指浇口凝固时刻到制品从型腔内顶出为止。熔体进入型腔后虽已开始了冷却降温过程，但由于充模阶段和压实阶段的时间很短，因而在压实结束后除紧靠模壁的熔体表层已冷却凝固外，型腔内部的熔体仍是黏流态或高弹态。要使成型树脂在脱模后可靠地保持已获得的形状，并在脱模之前有足够高的刚性，还需要在型腔内继续冷却一段时间，使熔体全部冷凝或具有足够厚度的凝固层。

冷却时间，常在成型周期中占有很大比例，减少这一段时间，对缩短成型周期、提高注射成型的生产效率具有重要意义。用降低模具温度以加速传导散热，是缩短冷却时间的一个有效途径，但也不能使模具型腔表面与熔体二者之间的温差过大，否则就会因降温速率差别过大产生较大的内应力。

型腔内塑料熔体的冷却过程，是其内部的热（高温）熔体先将其热量传导给外面的凝固层，凝固层再将热量传给模具型腔壁，最后由模具向外散发。由于塑料的热传导率远小于模具所用的金属材料，成型树脂的冷凝层就是冷却过程中的制约因素所在，因此成型树脂的冷却时间主要由模具、制品的热物理性能和制品的壁厚决定。

塑料在固化过程中发生的主要现象是收缩。对于结晶型热塑性塑料，固化时因热变化引起的收缩和因结晶或相变引起的收缩同时进行。塑料熔体在固化过程中如果冷却不均匀，制品会因收缩的差异造成残余应力，特别是对于收缩率较大的结晶型聚合物，要特别注意。因为在脱模时，如果制品对型腔壁尚有较大的残余压力，就需用较大的顶出力克服制品与型腔壁的摩擦力才能将制品从型腔中脱出（取出）。残余压力过大，所需要的顶出力也很大，顶出时容易引起制品表面划伤，严重时会出现顶出制件破裂。若残余压力在脱模时下降到零或接近于零就是较好的脱模条件。

4.4 注射成型工艺条件

优质高产注塑制品的生产涉及很多因素。一般情况下，当提出生产一类注射产品时，在经济合理和技术可行的原则下，首先选择合适的原材料，确定生产设备和模具结构。在这些条件确定之后，工艺条件的选择、确定就成为主要考虑的因素。所谓成型工艺条件，具体说就是与温度、压力及时间相关的各参数，下面分别介绍。

4.4.1 温度

注射成型需要控制的温度有料筒温度、喷嘴温度、模具温度、油温等，前两项主要影响塑料的塑化与流动，而模具温度对塑料的流动与冷却定型起决定性的作用。另外注射机的油温控制是工艺参数实现的重要条件。

（1）料筒温度

料筒温度的选择与塑料的特性有关。每种塑料原料都有自己的流动温度 T_f 和熔点 T_m。对无定形塑料来说，料筒末端温度应高于流动温度 T_f，而结晶型塑料的应高于熔点 T_m，但都必须低于原料的分解温度 T_d；因此料筒最合适的温度范围应在 T_f 或 T_m～T_d 之间。对于 T_f～T_d 范围较窄的塑料，料筒温度应偏低，可比 T_f 稍高一些；而对 T_f～T_d 范围较宽的塑料，料筒温度可适当提高。如聚氯乙烯受热易分解，料筒温度应尽可能低一些；而聚苯乙烯 T_f～T_d 范围宽，料筒温度可高一些。

塑料在高温下易产生热氧化降解而影响制品的性能，同时给成型加工带来困难。有时虽然料筒温度低于塑料的分解温度，但是在高温条件下，物料在料筒内停留时间过长，同样会发生降解，所以对热敏性材料如聚氯乙烯、聚甲醛、聚三氟氯乙烯等，除应严格控制加热温度外，对加热时间也应有所限制。

同一种塑料由于来源不同、牌号不一样，其流动温度和分解温度也是有差异的。凡是平均分子量较高、分子量分布较窄的塑料，熔体黏度较大，流动性较差，料筒温度应偏高一些，反之则可偏低一些。

添加剂对成型温度也有影响，凡是材料中加入刚性添加剂，如增强剂、填充剂等，由于其软化温度提高，流动性变小，料筒温度应选择高一些；而加入韧性添加剂，如增塑剂、软化剂等，在塑料大分子中起到了润滑作用，这时料筒温度可偏低一些。

注塑机种类不一样，注塑机料筒温度也不相同。柱塞式注塑机，塑料完全靠料筒壁和分流梭传热，传热效率低且不均匀，为了提高材料流动性，料筒温度应较高；螺杆式注射机，塑料在螺槽中经历了复杂的运动，受到较强的剪切作用，剪切摩擦热较大，而且料筒内料层薄，传热较容易，因此料筒温度可偏低些，一般比柱塞式料筒温度低 10～20℃。

薄壁制件、复杂制件、带金属嵌件的制件，由于熔体充模流程长且曲折，充模时间较长，流动阻力大，冷却快，料筒温度应高一些，这样物料流动性较好；简单制件、厚壁制件，料筒温度可适当低一些。

料筒温度的设置（分布）原则，通常从料斗到喷嘴温度由低到高，使塑料逐步加热、熔化。料筒温度的选择对制品性能有直接的影响，如图 4.11 所示。从图中可以看出：料筒温度提高后，制品的表面光洁度、冲击强度、成型时的流动长度增加，而注射压力降、制品收缩率、翘曲度、取向度、内应力减小。因此，料筒温度提高对提高产品质量、产量是有好处的，所以在允许的情况下可适当提高料筒温度。

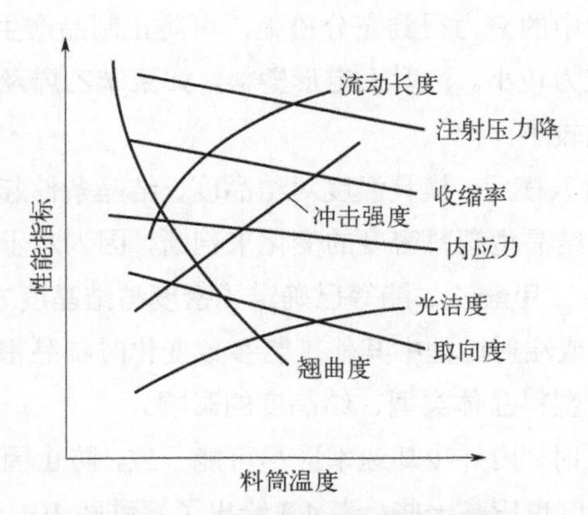

图 4.11　料筒温度与制品性能的关系

（2）喷嘴温度

喷嘴和浇口的作用一样，是为了加速熔体的流速，把势能转变为动能，并有调整熔体温度和均匀化温度的作用。

喷嘴对熔体温度是有影响的。如果注射压力不变，喷嘴长度、喷嘴直径对温度没有明显的影响。喷嘴细孔附近温度升高，则喷嘴温度与塑料熔体平均流速成正比。

实验证明，注射压力对熔体流经喷嘴的温升有很大影响，大于喷嘴尺寸（直径）变化对熔体温度升高的影响。

塑料熔体的注射压力还与熔体温度和通过喷嘴的速率有关。喷嘴直径一定，熔体温度愈高，熔体压力也愈大。一般注射成型前都通过“对空注射法”或“直观分析法”来调整成型工艺条件，确定合适的料筒温度和喷嘴温度。

（3）模具温度

模具温度对制品的外观和内在质量都有很大影响。模具温度的高低取决于塑料的特性，制品的形状、尺寸、性能要求，以及其他工艺条件。

控制模具温度的方法很多，可以采用自然散热、水冷却、冰水冷却及电热丝、电热棒加热等。不管采取什么方法使模具保持恒温，对塑料熔体来说都是温控过程。达到玻璃化转变温度或者工程上常用的热变形温度以下，使塑料冷却定型，同时也利于塑料制品脱模。

无定形塑料熔体注入型腔后，随着模温降低而固化，模具温度主要影响充模速度。对熔体黏度较高的塑料，如聚碳酸酯、聚苯醚、聚砜、氟塑料、聚酰亚胺等，模具温度应高一些；提高模温可以调整制品的冷却速率，若冷却速率低，塑料熔体缓慢冷却，成型过程中的应力得到充分松弛，可防止制品产生凹痕、裂纹等缺陷，且模温提高后取向应力较小。注射无定形塑料，如聚苯乙烯及其共聚物时，模温对制品力学性能影响比较小。

结晶型塑料注射入模后，模具温度对结晶度、结晶条件起着决定性的作用。结晶度的变化，可根据结晶型塑料密度的变化来判断，因为对于许多塑料来说，如聚乙烯、聚酰胺、聚对苯二甲酸乙二酯等已确定了密度与结晶度之间存在着线性关系。于是，根据模具温度或注射过程中其他工艺参数变化时制品密度的变化，就可确定模温对热塑性结晶型塑料晶体类型、结晶度的影响。

当制件厚度偏大时，内外冷却速率应尽可能一致，防止因内外温差造成内应力及其他缺陷；模具温度也应高一些，表 4.3 给出了聚酰胺 1010（PA1010）制件壁厚与模温的关系。

表 4.3　聚酰胺 1010 制件壁厚与模温的关系

壁厚/mm	＜3	3～6	6～9	＞10
模温/℃	20～40	40～60	60～90	100

熔体黏度较低的无定形塑料，成型较容易。为防止脱模变形，提高生产效率，模具一般都选择低模温。一些结晶型塑料，如聚烯烃，玻璃化转变温度较低，为防

止出现后期结晶过程使制品产生后收缩及性能的变化，一般也选择低模温。而一些熔体黏度较高、结晶型的工程塑料，则采用高模温，甚至模具都需要预先加热。部分塑料成型时的模温参考值见表 4.4。

表 4.4 塑料模具温度参考值

塑料名称	模具温度/℃	塑料名称	模具温度/℃
ABS	≤60～70	聚酰胺 6	≤110
聚碳酸酯	≤90～110	聚酰胺 66	≤120
聚甲醛	≤90～120	聚酰胺 1010	≤110
聚　砜	≤130～150	聚对苯二甲酸丁二醇酯	≤70～80
聚苯醚	≤110～130	聚甲基丙烯酸甲酯	≤40～65
聚三氟氯乙烯	≤110～130		

模具温度的选择对制品性能有很大影响。适当提高模具温度可增加流动长度，提高制品光洁度、密度、结晶度，减小内应力和充模压力。但是由于冷却时间延长，生产效率降低，制品的收缩率增大，如图 4.12 所示。

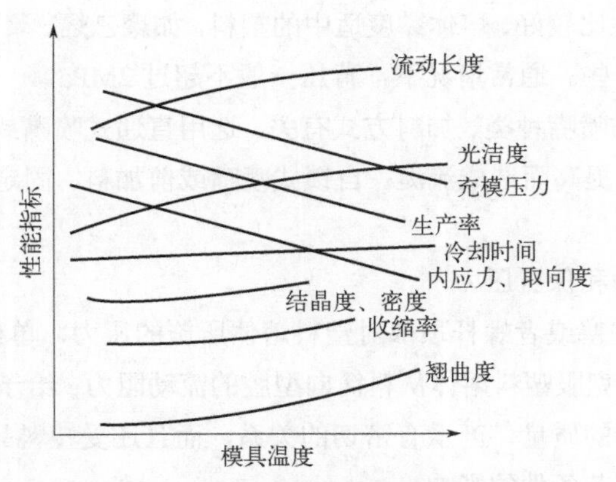

图 4.12 模具温度与制品性能的关系

（4）油温

液压系统的油温，对注塑工艺参数也有重要影响。油温升高黏度变小，增加了油的密封难度，容易漏油，导致液压系统压力和流量的波动，这样注射压力和注射速率会不稳定，影响产品质量。所以，在调整注塑工艺参数时，应注意油温的变化，对油冷却器的冷却水进行调节，油温应控制在 55℃以下。

4.4.2 压力

（1）塑化压力（背压）

螺杆头部熔体在螺杆转动后退时所受到的压力称作塑化压力，亦称背压，其大小可以通过液压系统中的溢流阀来调节。

背压提高，有助于螺槽中物料的密实，排除物料的气体，螺杆退回速度减慢，延长了物料在螺杆中的热历程，塑化质量也得到改善。但过高的背压会使剪切热过高或剪切应力过大，可能使塑料材料发生降解而严重影响制品的质量。因此，背压调整可控制塑化质量，是注射机的重要参数之一。

背压对熔体温度的影响非常明显。注射热敏性材料，如聚氯乙烯、聚甲醛、聚三氟氯乙烯等时，背压提高，熔体温度升高，制品表面质量较好，但有可能引起制品变色、性能变劣，造成降解。注射熔体黏度较高的塑料材料，如聚碳酸酯、聚砜、聚苯醚等时，背压、螺杆转速太高，易引起动力过载。注射熔体黏度特别低的塑料，如聚酰胺等时，背压太高，一方面易流涎，另一方面塑化能力大大下降，所以上述情况背压选择都不宜太高。

一些热稳定性比较好、熔体黏度适中的塑料，如聚乙烯、聚丙烯、聚苯乙烯等，背压可选择稍高一些。通常情况下，背压一般不超过 2MPa。

背压高低还与喷嘴种类、加料方式有关。选用直通式喷嘴或后加料方式，背压应低，防止因背压提高而造成流涎；自锁式喷嘴或前加料、固定加料方式，背压可稍稍提高。

（2）注射压力和保压压力

注射压力是柱塞或者螺杆顶部对塑料熔体所施的压力，单位为 MPa。注射压力的主要作用是：克服塑料熔体从料筒向型腔的流动阻力；给予熔体一定的充模速率。这不仅与制品的质量、产量有密切的关系，而且还受塑料品种、注塑机类型、模具结构及其他工艺条件的影响。

在注射时，注射压力必须克服熔体流经喷嘴、流道、浇口及型腔的压力损失，熔体才能充满型腔。总压力损失包括两部分：一部分是动压损失，另一部分是静压损失。动压损失主要发生在熔体注射流动期间，动压损失与熔体温度及流率成正比，也与各段长度、断面尺寸及材料流变性质有关。各段静压力损失是指注射和保压流动之后的压力损失，它与熔体的温度、型腔温度和喷嘴压力有关。一般情况下，流道截面积大时，动、静压力损失较小。如果各项条件都相同，柱塞式注射压力比螺杆式要大，原因是柱塞式注射机料筒内压力损失大。

注射压力在一定程度上决定充模速率，并影响产品的质量。在充模阶段流动阻力较大，注射压力较低时，塑料熔体呈铺展流动，这时浇口较大，浇口附近型腔温度偏低，流速平稳、缓慢；当注射压力较高而浇口偏小时，熔体为曳状流动，这样易将空气裹入制品中形成气泡、银纹，严重时会灼伤制品。

充模阶段注射压力大小与制品性能关系如图 4.13 所示。充模阶段适当提高注射压力，可改善熔体流动性，增加流动长度，提高充模速度，制品熔接线强度增加，密度增加，收缩率下降，但是制品易单向取向，内应力增加，因此当注射压力较高时，制品应当进行成型后的热处理。

在实际生产中，当制件流动长度不够时，应提高注射压力或者提高料筒温度予以调整。但是厚壁制件和平直浇口，注射速率可低一些。不同塑料品种，注射压力对制件流动长度的影响是不相同的，凡对剪切速率更敏感的塑料，流动长度对注射压力更敏感（图 4.14）。

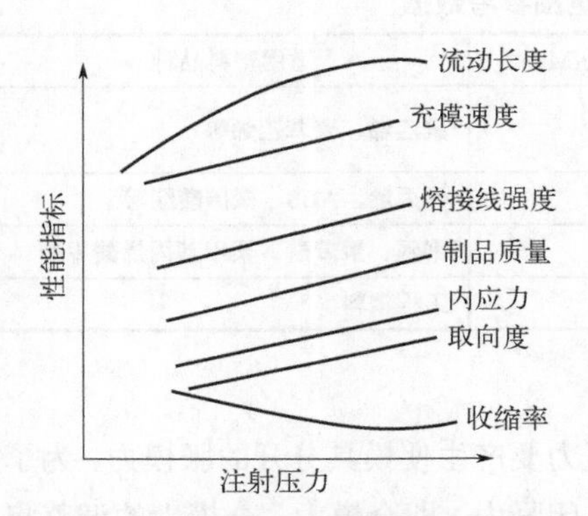

图 4.13　注射压力与制品性能的关系

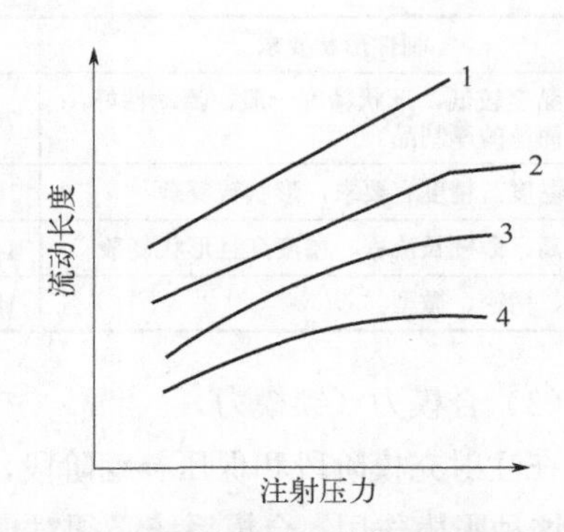

图 4.14　不同塑料流动长度与注射压力的关系

1—高密度聚乙烯；2—抗冲击聚苯乙烯；
3—聚苯乙烯；4—定向聚合物聚苯乙烯

保压压力是在型腔充满后对模内熔料压实、补缩。若保压压力较高，则制品的收缩率减小，制品表面光洁、密度增加，熔接线强度提高，制品尺寸稳定；缺点是脱模时残余压力较大、成型周期延长。

以聚苯乙烯为例，保压压力、熔体温度与制品比体积的关系，如图 4.15 所示。从图 4.15 中可以看出：保压压力愈高，熔体温度愈低，制品的比体积愈小，密度愈大。

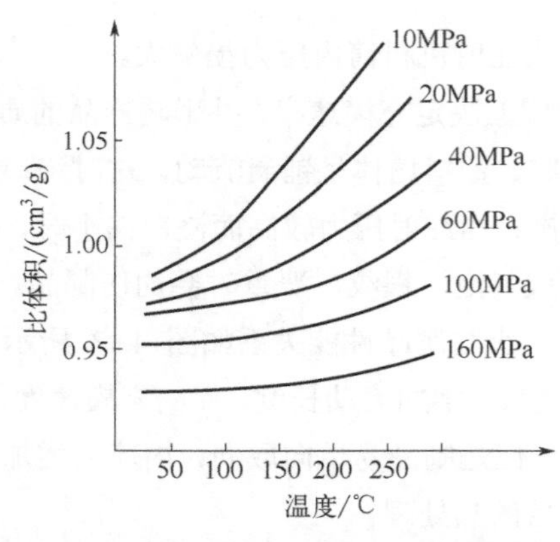

图 4.15 聚苯乙烯比体积、温度、保压压力的关系

塑料品种不同、制件形状不一样，注射压力的选择也不相同，一般情况下，注射压力选择范围如表 4.5 所示。

表 4.5 注射压力选择范围参考数据

制件形状要求	注射压力/MPa	适用塑料品种
熔体黏度较低，形状精度一般，流动性好，形状简单的厚制品	70～100	聚乙烯、聚苯乙烯等
中等黏度，精度有要求，形状较复杂	100～140	聚丙烯、ABS、聚碳酸酯等
黏度高、薄壁长流程、精度高且形状复杂	140～180	聚砜、聚苯醚、聚甲基丙烯酸甲酯
优质、精密、微型	180～250	工程塑料

（3）合模力（锁模力）

在注射充模阶段和保压补缩阶段，型腔压力要产生使模具分开的胀模力。为了克服这种胀模作用，合模系统必须对模具施以闭紧力，即合模力。合模力的调整将直接影响制品的表面质量和尺寸精度：合模力不足会导致模具开缝，发生溢料；合模力太大会使模具变形，制品不合要求，能量消耗也高。

注塑时所需要的合模力简称工艺合模力，它必须小于注射机额定合模力（锁模力），一般为额定合模力的 80%～90%，以保证合模的可靠。工艺合模力可根据型腔压力和制品投影面积确定。

工艺合模力与型腔平均压力有关，而型腔压力可根据注射制品来选择。例如：容易成型、壁厚均匀的日用品型腔压力为 25MPa；一般民用产品为 30MPa；工业制品为 35MPa；精度高、形状较复杂的工业制品为 40MPa；而型腔流动距离比小于 50 的为 20～30MPa，大于 50 的为 35～40MPa 较适宜。

（4）顶出力

注塑制品从模具上脱落时，需要一定的外力来克服制品和模具的附着力。因此制品的顶出力、顶出速度和顶出行程要根据制品的结构、形状与尺寸，以及制品材料的性质及工艺条件来调整。顶出力太小制品无法脱下；顶出力太大、顶出速度太快会使制品产生翘曲变形，甚至断裂破坏。顶出力的计算与材料的弹性模量、泊松比、热膨胀系数、模具温度、模具与制品分型的接触面积、塑料材料与钢的摩擦系数、阳模芯上制品周长、制品厚度等有关。

4.4.3　成型周期（时间、速度）

完成一次注射模塑过程所需要的时间称作成型周期。成型周期直接影响劳动生产率和设备利用率。因此，在保证生产质量的前提下，应尽量缩短成型周期时间。

注射时间中的充模时间短，注射速率高，这时熔料密度较高、温差较小，熔料压力传递性好，多型腔制品的尺寸误差小，但是制品容易产生飞边、毛刺、银纹、气泡。通常情况下，充模时间为 3～5s。对熔体黏度高、玻璃化转变温度高、冷却速度快的大型、薄壁、精密制件，以及加工温度范围窄、玻璃纤维增强、低发泡的制品应采用快速注射，注射速度常用值为 15～20cm/s，其他情况采用 8～12cm/s。

保压时间在整个注射时间内占的比例较大，一般为 20～120s，特别厚的制品可高达 3～5min。在浇口处熔料冻结之前，保压时间的多少，对制品尺寸的准确性有影响。以聚苯乙烯为例，保压时间与制品尺寸的关系见表 4.6。

表 4.6　聚苯乙烯制品保压时间与制品尺寸的关系

性能指标	1	2	3	4	5
保压时间/s	5	7	9	13	17
制品质量/g	142	144	146	150	153
制品宽度/mm	72.9	73	73.1	73.2	73.7
收缩料/%	0.88	0.64	0.56	0.40	0.20
凝固压力/MPa	7.03	11.2	21.1	34.2	63.5
残余压力为零的时间/s	9	11	15	28	开模时残余压力为 14MPa
制品质量情况	表面有较大缩孔	缩孔变小	外观质量好	外观质量好	脱模困难

保压时间与料温、模温、主流道及浇口尺寸也有密切关系，如果工艺条件是正常的，浇注系统设计合理，通常以制品收缩率波动范围最小时为保压时间最佳值。

保压时间短，制品密度小，尺寸偏小，易出现缩孔；保压时间长，制品内应力大，强度低，脱模困难。在表 4.6 中，保压时间为 17s 时，浇口凝固压力高，模内残余应力过大，以致不能开模，这时开模力大大增加，两者关系见下表。

表 4.7　模内残余应力-开模力关系

模内残余压力/MPa	10	14	21
开模力/kN	9	25	54

冷却时间主要取决于制品的厚度、塑料的热性能、结晶性质及模温。冷却时间的终点应以保证制品脱模时不变形为原则。通常情况下冷却时间为 30～120s。—般来说材料玻璃化转变温度高、结晶型塑料的冷却时间较短。冷却时间太长不仅会降低生产率，而且对复杂制件造成脱模困难，强行脱模会产生脱模应力，严重时损坏制品。

在保证产品质量的前提下，应寻求最短的冷却时间。在整个循环周期中，温度条件影响十分显著，如图 4.16 所示。a、b 线表示相同模温和脱模温度条件下，熔体温度高的周期长；在相同脱模温度条件下，模具温度低的周期短（c 线）。

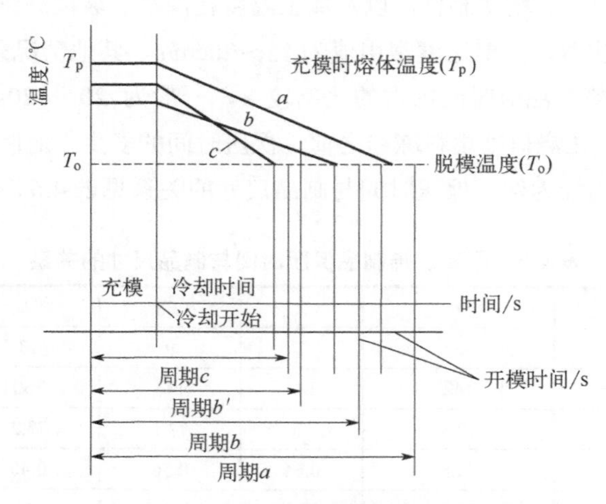

图 4.16　温度对成型周期影响的示意

4.4.4　*PVT* 曲线图的应用

对于给定的塑料原料，用 *PVT*（压力、体积、温度）曲线评估成型过程或设计工艺条件是最简单和实用的方法，下面给予介绍。

一般情况下，注射成型有如图 4.17 所示的成型窗口。温度的边界是引起低温短射和高温原料降解的量值；压力的边界是引起低压过度收缩或质量过轻，高压产生飞边的量值。保压压力的上下限和注射机的最大注射能力有关。通常情况下，获得可行加工窗口是比较困难的，需要根据经验和数值模拟结果确定。

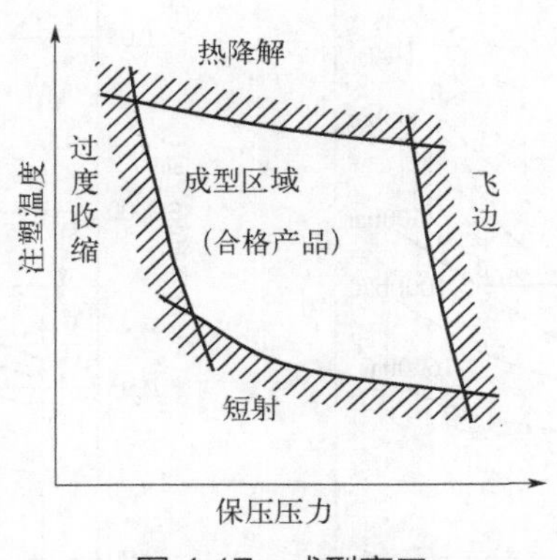

图 4.17　成型窗口

不过，应用 *PVT* 图和塑料制品的平均温度和型腔压力的历程变化，可以对整个注塑过程的成型质量和产品收缩量值进行估算。图 4.18 给出了一个具体应用。

为了理解成型工艺，需要把 *PVT* 图中温度、压力和注射成型的时间点联系起来。图 4.18 揭示了四个过程：

① 0～1 的等温注射过程，以及等温升压过程 1～2，压力从 1bar（$1bar=10^5Pa$）升至保压压力 600bar；

② 在保压压力值固定的情况下（600bar），2～3 为等压冷却过程；

③ 浇口凝固后，出现一个等比容冷却过程 3～4，同时压力由 600bar 降至约大气压的 1bar；

④ 接着是等压冷却到室温的过程 4～5。

从 *PVT* 图上（图 4.18）点 4 和点 5 的 *Y* 轴差值，就是本次注射成型中可能产生的体积变化。由此可知，制品的总体积收缩量受熔体温度和保压压力这两个重要工艺参数的影响。同一种原料不同的加工工艺过程，在 *PVT* 图上反映出不同的加工线路或特征点，如图 4.19 所示。图 4.19 中 a 的成型条件和图 4.18 相同，b 的保压压力是 1000bar，比 a 高，即 b 对应的 2、3、4 过程，不同于成型条件 a。注塑成型后，工艺 b 的总体积变化 ΔV_b 远远小于工艺 a 的 ΔV_a。通过对比发现：提高保压压力可减少制品的收缩量。当然成型窗口内有多种可行的成型工艺方案，但要根据成型产品的特点和要求进行合理选择。

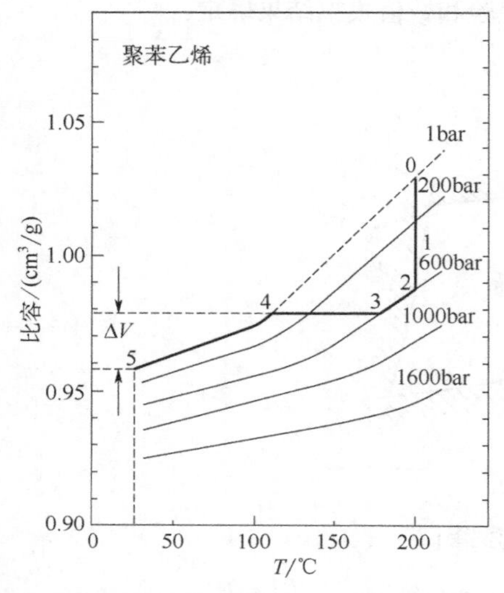

图 4.18　注射成型周期和 *PVT* 图的对应关系

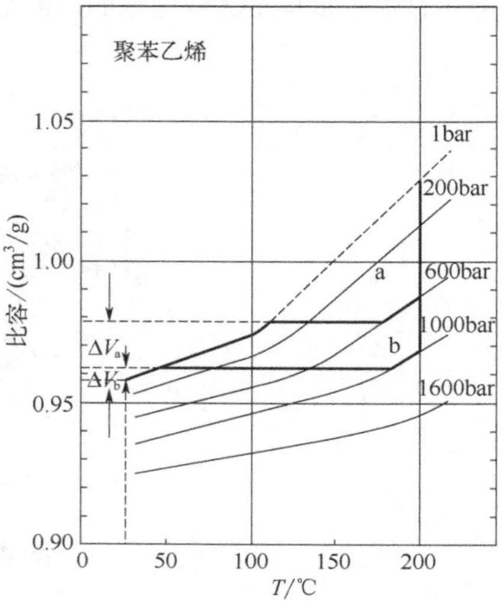

图 4.19　两个注塑周期在 *PVT* 图上的表征

4.4.5　注塑工艺对制品性能的影响

塑料制品的表面质量、力学性能、光学性能和尺寸稳定性，对成型工艺参数有依赖性，尤其是成型加工中带来的材料结构、性能等内在品质的不均匀性。下面通过给出一些研究成果，说明工艺参数对外观品质、尺寸精度和取向的影响。

（1）快速变模温技术对制品外观的影响

注射过程中，让熔体高温充填低温冷却的模具温度控制系统是近来研究的热点，常用的方法有：感应加热、电热棒加热、模温机冰水冷却等技术。图 4.20～图 4.24 是台湾中原大学陈夏宗教授团队的一些成果案例。应用感应加热，使得模温在短期内（1～4s）升温到 210℃，减少纤维增强塑料的表面浮纤，改善制品的表面品质（图 4.20）；或减少微孔注塑制品表面的涡旋、流痕缺陷（图 4.21）；以及减少或消除（指肉眼不可见）熔接线（痕）（图 4.22，图 4.23）以改善表面质量，进而提高熔接线附近区域的力学性能。

(a) 模温 120℃　　(b)模温 210℃

图 4.20　快速模温技术改善制品表面的浮纤

(a) 无 IH

(b) 有 IH

图 4.21　感应加热快速模温（IH）技术减少表面质量缺陷（流痕）

（2）成型工艺对制品性能的影响

以聚碳酸酯（PC）透明注塑制品为研究对象［图 4.24（a)］，考察七个工艺参数对制品性能（残余应力和光学性能）的影响。成型工艺参数（表 4.8）包括熔体温度、模具温度、注射压力、注射时间、保压时间、保压压力以及冷却时间等。光弹试验测量残余应力的分布和条纹数，透光率和雾度表征透明产品的光学性能。通过测量 PC 平板不同成型条件下，指定位置的残余应力、透光率和雾度，研究工艺参数对制品性能的影响，以及光学性能和残余应力的关系。

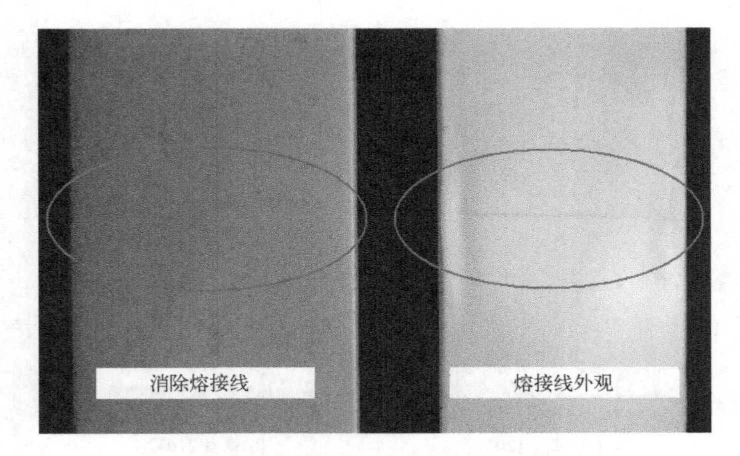

图 4.22　高模温减少/消除板状制品的熔接线

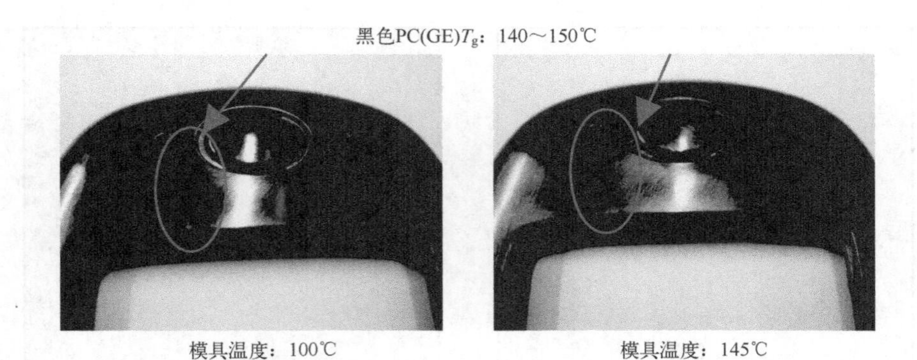

图 4.23　感应加热快速高模温技术消除手机外壳熔接线

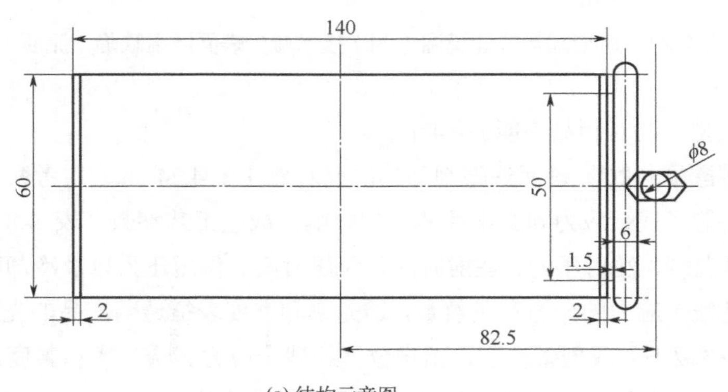

(a) 结构示意图

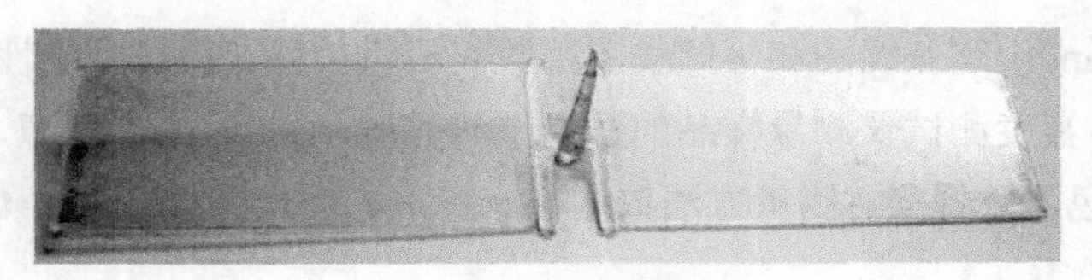

(b) 样品

图 4.24　厚度为 2mm 的平板试样（单位：mm）

表 4.8　厚度为 2mm 的 PC 平板的成型参数

产品标签	模具温度/℃	熔体温度/℃	注射压力/MPa	注射时间/s	保压压力/MPa	保压时间/s	冷却时间/s
MT1	60	270	95	4	70	4	20
MT2	70	270	95	4	70	4	20
MT3	80	270	95	4	70	4	20
MET2	70	270	95	4	70	4	20
MET1	70	290	95	4	70	4	20
MET3	70	320	95	4	70	4	20
IP1	60	270	90	3	50	3	20
IP2	60	270	95	3	50	3	20
IP3	60	270	105	3	50	3	20
IT1	60	270	105	3	50	3	20
IT2	60	270	105	4	50	3	20
IT3	60	270	105	5	50	3	20
PP1	60	270	105	5	50	3	20
PP2	60	270	105	5	70	3	20
PP3	60	270	105	5	90	3	20
PT1	60	270	95	4	70	3	20
PT2	60	270	95	4	70	4	20
PT3	60	270	95	4	70	5	20
CT1	70	270	95	4	70	4	10
CT2	70	270	95	4	70	4	20
CT3	70	270	95	4	70	4	30

光弹试验采用 PJ20 型偏光弹性仪，光弹系统示意图详见光弹测试相关的文献资料，这里引用的是笔者已毕业研究生徐文利同学的实验结果。系统光源为钠光源

（波长为 589.3nm），等差线图和等倾线图用数码相机拍摄获得。光学性能试验采用 WGT-S 透光率/雾度测试仪测量样品的透光率和雾度，光源为 C 光源，由 DC12V 50W 卤钨灯和色温片提供。测量方法依据国家标准 GB/T 2410—2008《透明塑料透光率和雾度试验方法》。

① 残余应力试验

光弹试验可获得如图 4.25 所示的试验结果。对不同的试样进行测试，可以获得不同工艺参数条件下的条纹数目（表 4.9）。从表 4.9 可知，注射时间、保压压力、保压时间三个工艺参数对所研究的 PC 平板制品残余应力没有影响，而熔体温度、冷却时间、模具温度、注射压力对残余应力的影响依次变弱。

通过对制品残余应力试验研究，发现：a. 对于同一种工艺条件，残余应力在浇口附近的应力数值大于流动末端；b. 对于不同工艺参数条件，对残余应力的影响程度从大到小的工艺参数依次为熔体温度、冷却时间、模具温度、注射压力。

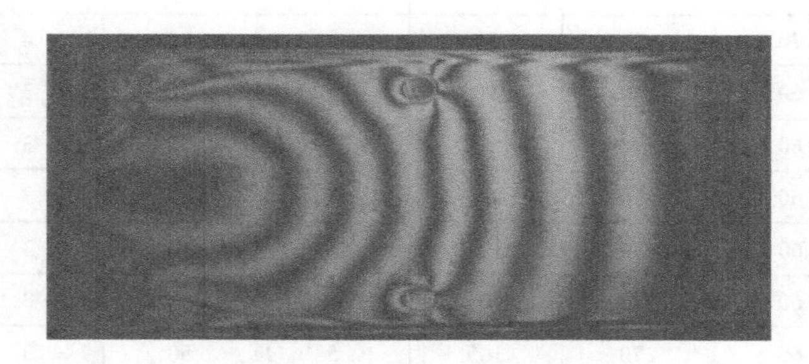

图 4.25　模温 60℃时的光弹试验结果（表 4.8 中的 MT1 试样）

表 4.9　不同工艺条件下的残余应力变化

工艺参数	增大的变化趋势	应力条纹数	对残余应力的影响
模具温度/℃	60，70，80	9，7，5	↓减小趋势
熔体温度/℃	270，290，320	3，6，14	↑增大趋势
注射压力/MPa	90，95，100	5，5，4	↓减小趋势
注射时间/s	3，4，5	5，5，5	—没影响
保压压力/MPa	50，70，90	5，5，5	—没影响
保压时间/s	3，4，5	8，8，8	—没影响
冷却时间/s	10，20，30	6，7，7	↑增大趋势

② 光学性能分析

对表 4.8 中所有成型条件下的产品透光率进行测试，发现不同成型条件下的 PC 平板在不同位置上的透光率变化很小，集中在 79%～85%，大多数样品甚至在 83%～85%。因此推断，透光率受到材料本身性质的决定性作用，成型条件的改变对其影响不大，但对雾度影响显著。这里考察工艺参数变化对光学性能的影响以雾度（*H*）为主要考察指标，其次考虑透光率的影响。

图 4.26～图 4.32 分别是模具温度、熔体温度、注射压力、注射时间、保压压力、保压时间，以及冷却时间变化对雾度的影响。

模具温度从 60℃变化到 70℃时，随着模具温度的升高，浇口附近、中间、充填末端三个位置的雾度基本上呈线性升高趋势，并且彼此间的雾度差值逐渐缩小（图 4.26）。图 4.27 表明，熔体温度从 270℃升高到 290℃，雾度升高，三个位置的雾度值趋于靠近，熔体温度从 290℃继续升高到 320℃的过程中，三个位置的雾度基本维持不变。

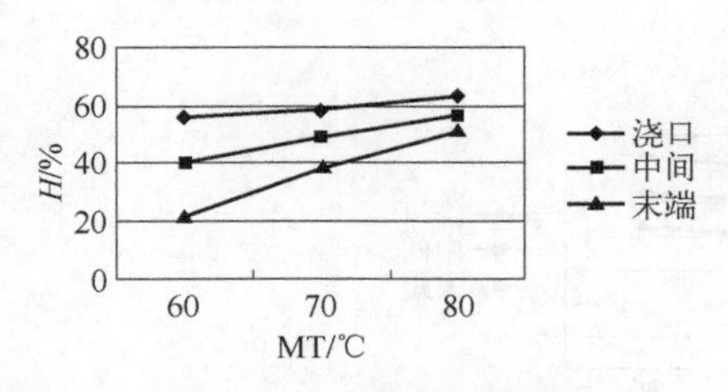

图 4.26　PC 平板雾度与模具温度（MT）的关系

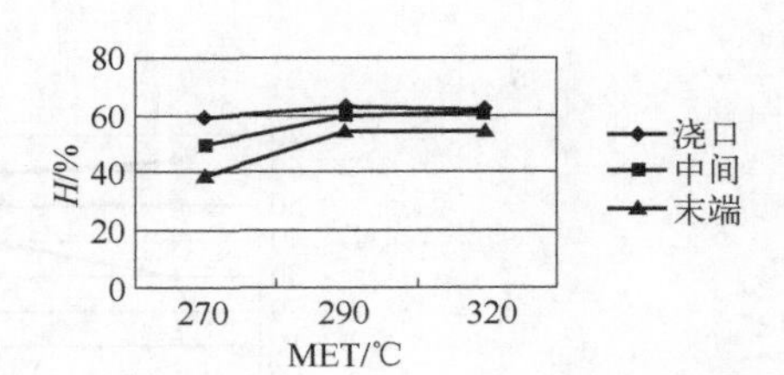

图 4.27　PC 平板雾度与熔体温度（MET）的关系

图 4.28 显示，随注射压力增大，三个位置的雾度都呈现均匀上升的趋势，并且彼此之间的差距缩小。从图 4.29 可以看出，注射时间增长时，三个位置的雾度变化都很小，充填末端的位置显示出先升后降的趋势，其余两个位置雾度呈上升趋势。此外，保压压力的增加对于靠近浇口区域和产品中部位置的雾度基本没有影响，只是当压力增加到 70MPa 时，充填末端的雾度开始上升（图 4.30）。保压时间的延长基本没有引起三个位置雾度的变化（图 4.31）。图 4.32 中，冷却时间延长，充填末端的雾度值变化幅度较大，逐渐上升，其余两个位置变化不大。特别是从冷却 20s 延长到 30s，雾度变化不大，但透光率却下降。

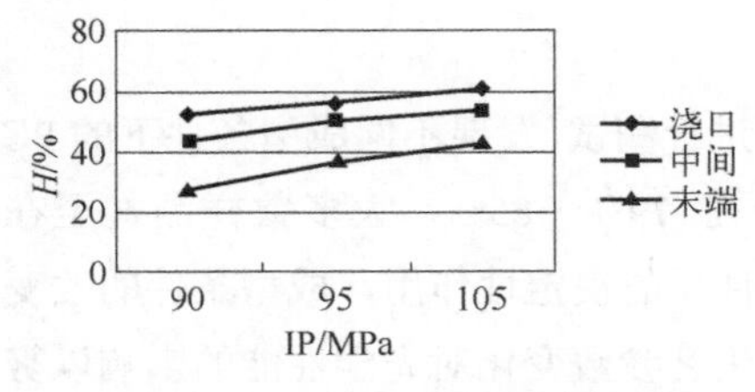

图 4.28　PC 平板雾度与注射压力（IP）的关系

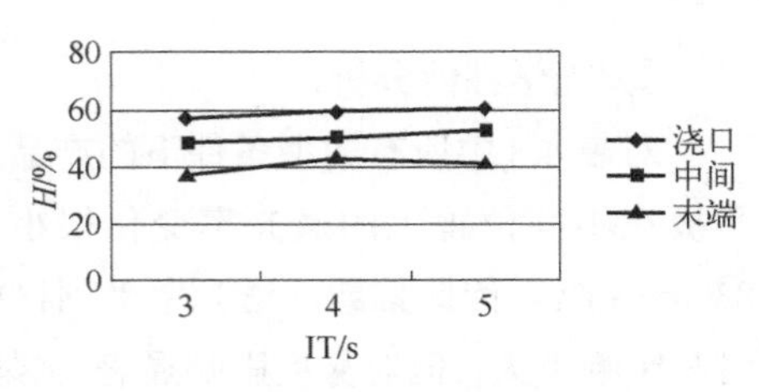

图 4.29　PC 平板雾度与注射时间（IT）的关系

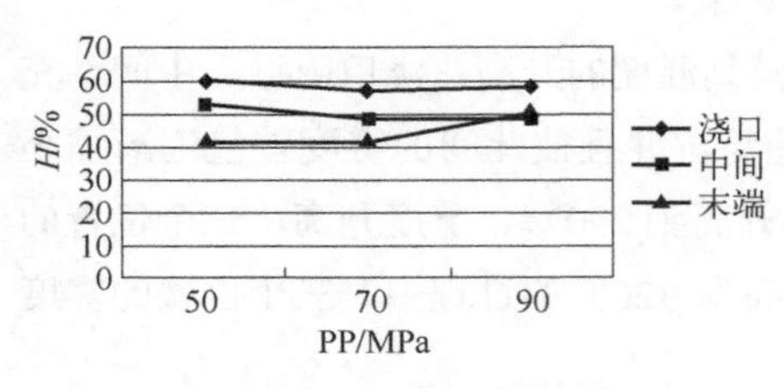

图 4.30　PC 平板雾度与保压压力（PP）的关系

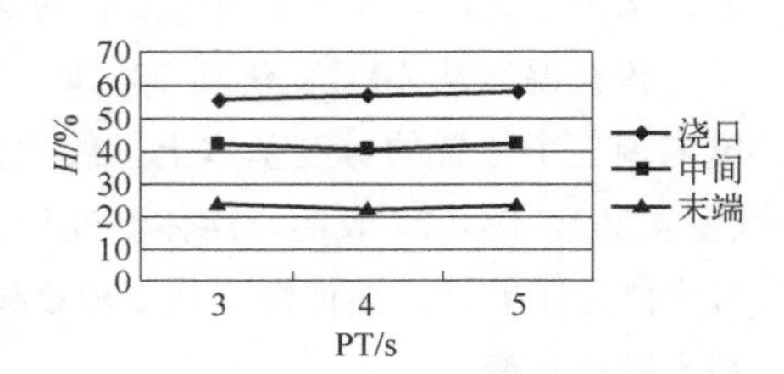

图 4.31　PC 平板雾度与保压时间（PT）的关系

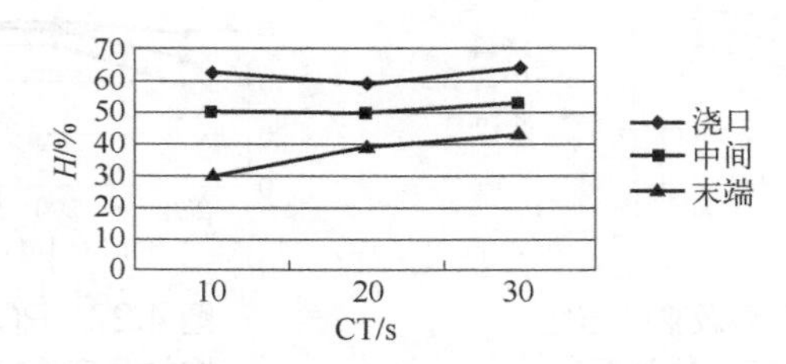

图 4.32　PC 平板雾度与冷却时间（CT）的关系

从实验结果可以看出，模具温度、熔体温度、注射压力、保压压力和冷却时间对产品光学性能有比较明显的影响，注射时间和保压时间影响很小。工艺参数变化造成雾度变化的情况为：模具温度 134%、熔体温度 40%、注射时间 11%、注射压力 57%、保压时间 8%、保压压力 20%、冷却时间 43%。所以，光学性能敏感的工艺参数排序依次为：模具温度、注射压力、冷却时间、熔体温度、保压压力、注射时间、保压时间。综合考虑成型 PC 平板全部的工艺参数，模具温度、熔体温度、注射压力的升高都会导致产品光学性能的下降；保压压力处于合适的大小，光学性能最优；冷却时间也需要选择合适的值，时间太短或太长，都会引起产品光学性能的下降。

此外，制品不同位置光学性能的优劣与残余应力分布有关系，而残余应力与型腔充填过程熔体的流动关系密切（图 4.25）。从图 4.26～图 4.32 可以看出：沿着流动方向光学性能逐渐变优，即远离浇口的位置光学性能变好。这个变化趋势与前面得到的残余应力沿流动方向减小刚好相反，说明残余应力越小，光学性能越好。

综上可知，合理设置成型工艺参数可以提高制品的光学性能；同一制品残余应力的分布与光学性能的关系密切，减少制品的残余应力可以提高制品的光学性能。

4.5　注射成型不良现象及对策

4.5.1　注塑制品的常见缺陷

一般涉及成型质量的要素有：外观、尺寸精确度、功能等方面的内容。热塑性塑料成型品的外观不良和注射工艺条件密切相关，也和制品的用途密切相关。外观要素与制品的实用性有关；制品的尺寸精度是其作为各种零部件使用时的重要的品质要素，而成型制品功能要素包括力学性能、耐热性能、耐化学品性、电气特性、光学性能等。

注射成型出现的问题涉及如下几类：

① 化学变质；

② 物理状态变化；

③ 力学状态变化；

④ 几何结构或尺寸上的变化。

注塑制品常见的缺陷具体有三大类：

① 外观：凹痕、银纹、变色、黑斑、流痕、焦痕、熔接痕、泛白、表面气泡、分层、龟裂、外观浑浊等。

② 工艺问题：充填不足、分型面飞边过大、流道粘模、不正常顶出。

③ 性能问题：变脆、翘曲、应力集中、超重、欠重（密度不均匀）等。

下面给出常见缺陷的解释及说明。

（1）充填不足（短射、欠充填）

充填不足是指型腔充填不满，不能得到设计的制品形状，制品有缩瘪的倾向。原因在于：供料不足；压力不够；加热不当；注射时间不够；熔体的流程过大；型腔充填时，夹入空气，造成反压，在远离浇口的地方形成欠充填；在多模型腔中，各个型腔中的熔体流动不平衡；多浇口充填不平衡。

（2）凹痕（凹坑、缩瘪、缩痕）

表面下凹，边缘平滑，容易出现在远离浇口处，及制品厚壁、肋、凸台、内嵌件处。主要是由于材料的收缩没有补偿，因此收缩性较大的结晶型塑料容易产生凹痕（图 4.33）。

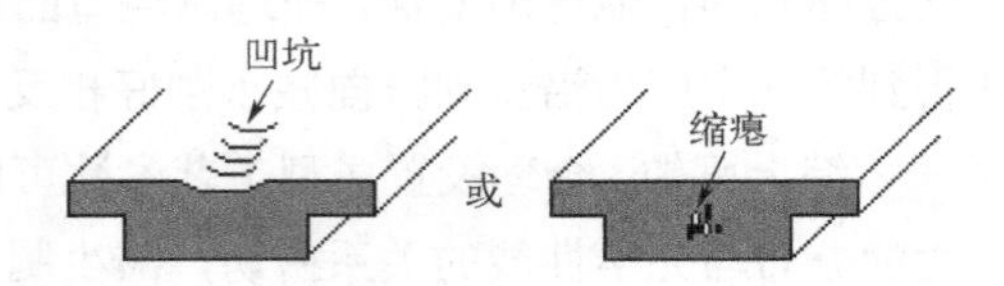

图 4.33　凹痕示意

（3）气穴

型腔中的空气被熔体包围，无法从型腔中排出而形成的。气穴的形成属于成型加工的问题，容易形成焦痕、缩孔、缩坑等制品质量问题（图 4.34）。

（4）银纹

在塑件表面出现的微小的流动花纹。明显的流痕是成型树脂表面沿流动方向出现的银白色的流线现象。出现银纹的原因是原料中有水分或原料的分解（图 4.35）。

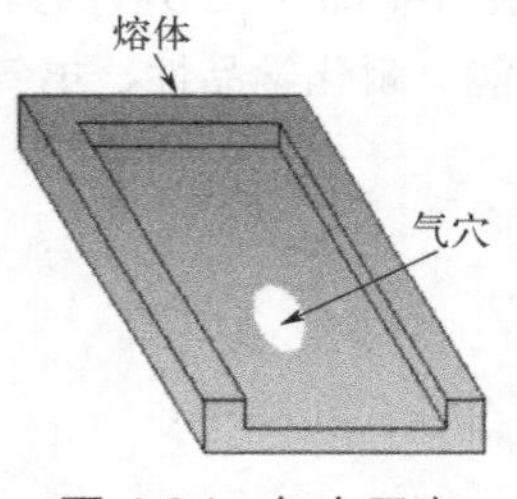

图 4.34　气穴示意

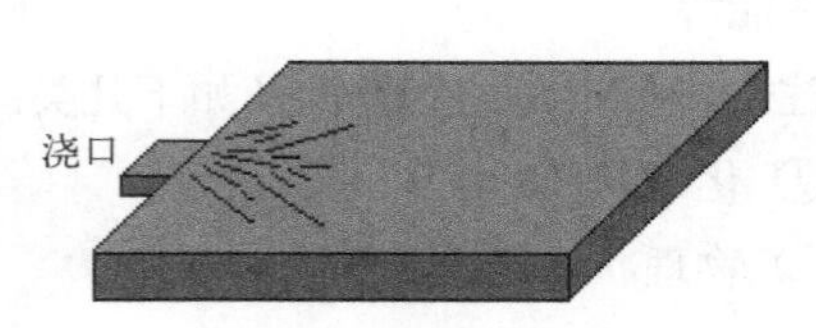

图 4.35　银纹示意

（5）黑斑及黑条纹

属于表面质量问题，在制品表面有黑斑（图 4.36）或黑条纹（图 4.37），为在浇口附近顺着流动方向出现黑色流线的现象。原因在于：塑料的分解、添加剂（助燃剂）的分解、料筒螺杆表面有损伤引起物料的滞留。

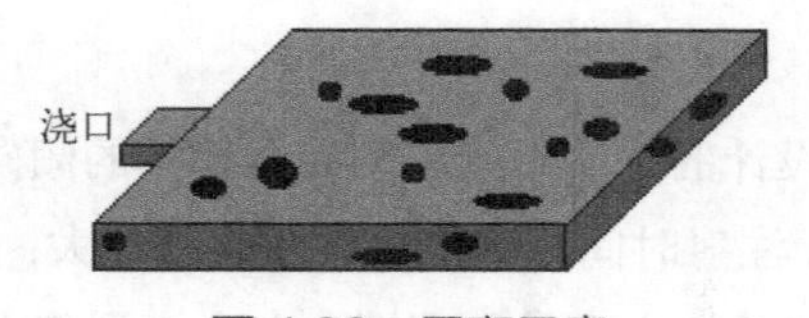

图 4.36　黑斑示意

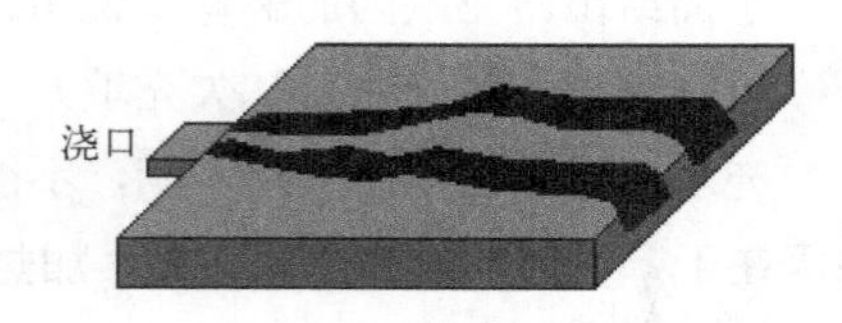

图 4.37　黑条纹示意

（6）焦痕

通常在流程末端产生烧焦的外观，主要是型腔中残留的气体引起的（图 4.38）。

（7）剥离（分层）

制品像云母那样发生层状剥离的现象，有明显分层，属于表面质量问题。不相容的材料混炼在一起时，容易发生剥离现象（图 4.39）。

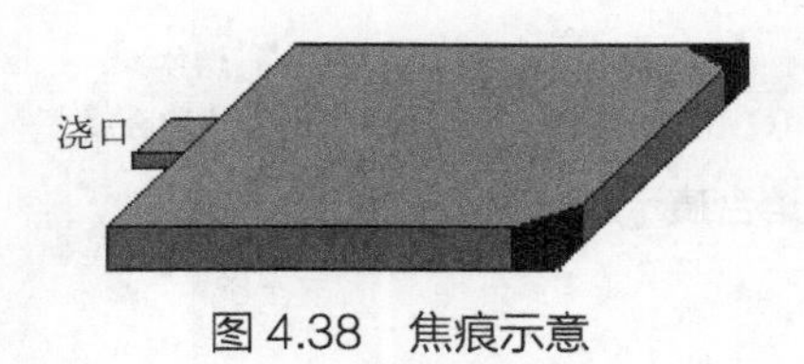

图 4.38　焦痕示意

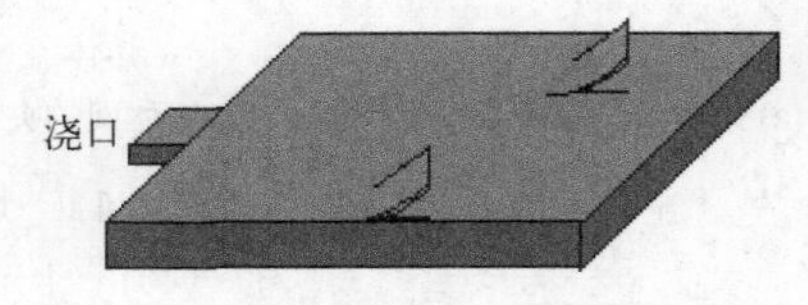

图 4.39　剥离（分层）示意

（8）流痕

在制品表面以浇口为中心出现的不规则流线现象。由注入型腔的熔体与模壁时而接触、时而脱离造成的不均匀冷却所致［图 4.40（a）］；或者是在流动过程中，熔体前沿冷料卷入形成流动波纹而致［图 4.40（b）］。

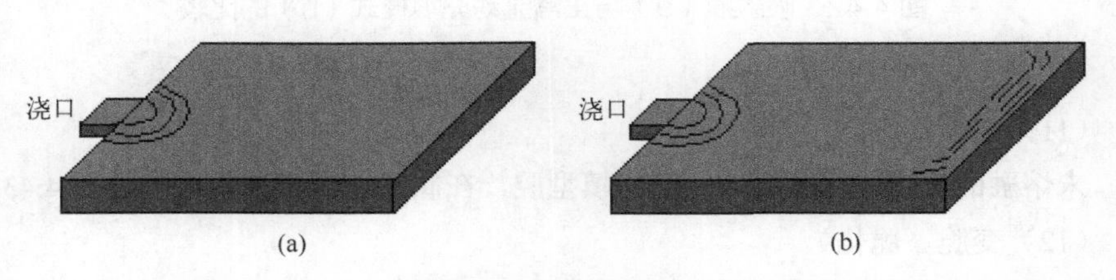

图 4.40　流痕示意

（9）熔接线和熔合痕

指分流熔体汇合处的细纹，它是由两股相向或平行的熔体前沿相遇而形成的，可以根据两股熔体间的角度来区分（图 4.41）。成型制品中由孔洞、嵌件、制品厚度变化引起的滞留和跑道效应都可能形成熔接线和熔合痕。根据工程实践经验，图 4.41（b）的熔接线夹角 θ 若大于 135°，则认为对制品的力学性能影响较少；若 θ 小于 45°，则对力学性能影响较大，需要改善填充方式。

（10）喷射痕（蛇形纹、射流）

在制品的浇口处出现的蚯蚓状的流线（图 4.42），多在模具为侧浇口且射速快时出现。

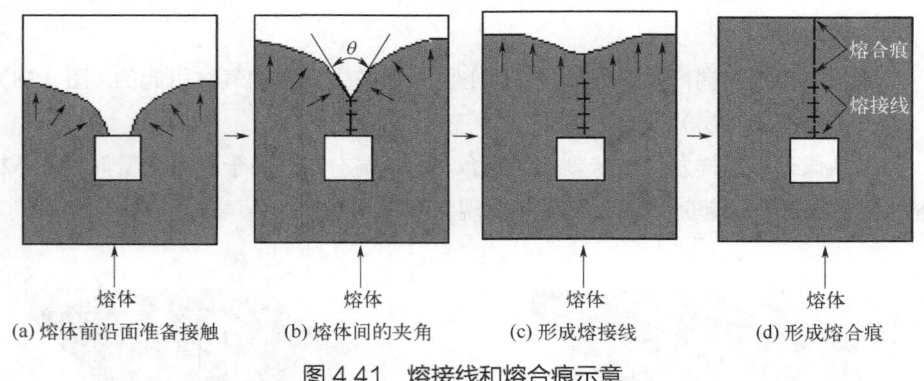

图 4.41　熔接线和熔合痕示意

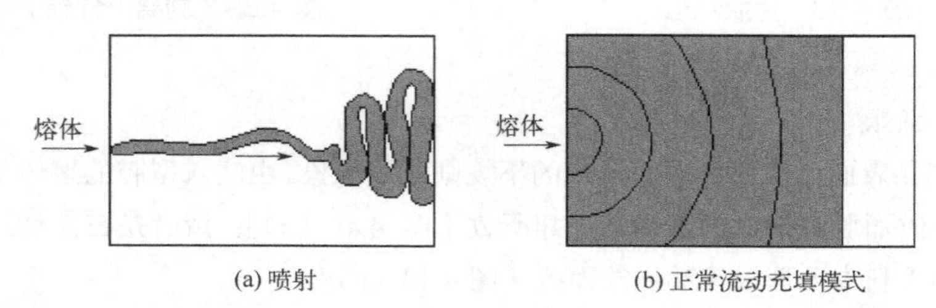

图 4.42　喷射痕（a）与正常流动充填模式（b）的比较

（11）表面气泡

未熔融的材料与流动熔体一起充填型腔，在制品表面形成的缺陷（图 4.43）。

（12）变脆（脆化）

韧性不够或耐冲击性能差（图 4.44），主要原因在于发生水解或热分解，分子量降低（如 PC、聚酯等），以及熔接痕的存在等。

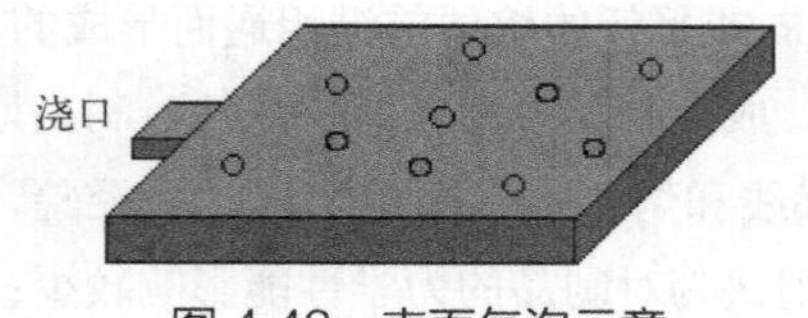

图 4.43　表面气泡示意

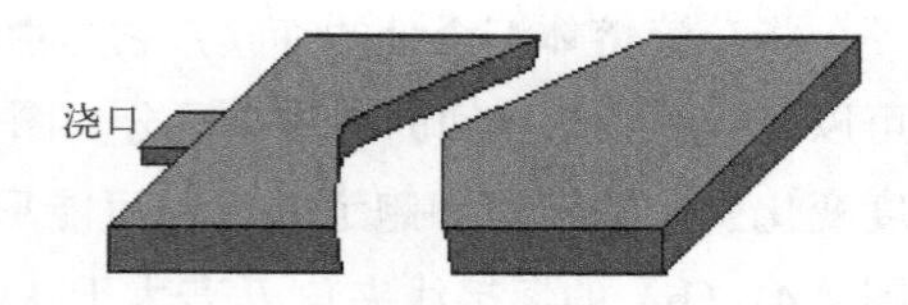

图 4.44　变脆（脆化）示意

（13）尺寸变形及收缩过大

制品尺寸超出公差（图 4.45）。

（14）飞边

模具分型面上出现溢料（图 4.46），可能是由于合模力偏小、合模精度不高、模具变形、熔融料过热等。

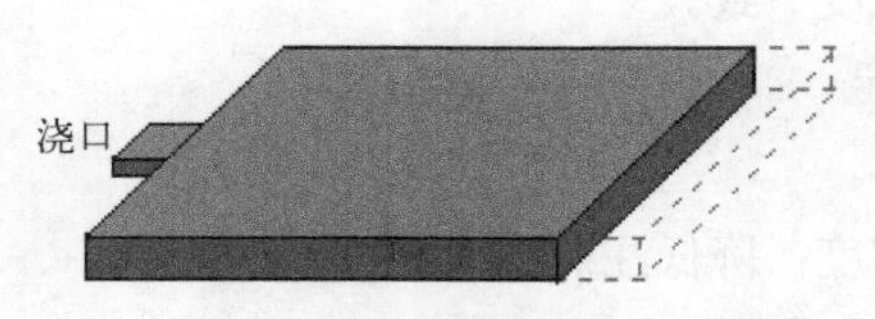

图 4.45 尺寸变形及收缩过大示意

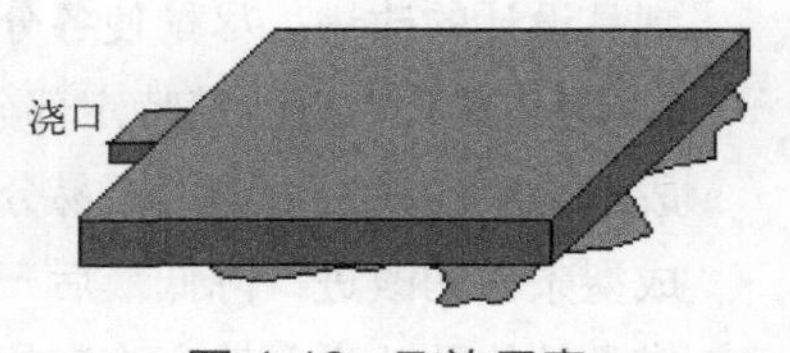

图 4.46 飞边示意

4.5.2 常见缺陷解决方案

有缺陷的制品通常由下面一个或几个原因造成。

① 注塑之前：原材料的处理和贮存；

② 注塑阶段：成型周期内的成型条件；

③ 脱模之后：制品的处理和修饰。

在制品注塑前后出现的问题可能与污染、颜色、静态粉尘收集器等相关；在注塑阶段，操作人员应能形成质量好的熔体，在自测的基础上保证熔体从喷嘴自由流出。每套模具和每种原料都不同，因此无法概括好的熔体如何得到，操作人员的经验和成型技术成为最终的决定因素。

注塑制品的质量出现问题，应从模具设计、制造精度、成型工艺参数（成型条件）、成型材料、成型前后的环境几个方面来考虑。下面给出常见的问题及改进办法，其他更详细的内容请参考 T. A. Osswald、L. S. Turng、P. Gramann 编写的 *Injection Molding Handbook* 或相关网站、期刊、书籍。

（1）注塑制品表面缺陷

① 充填不足

a. 制品整体有塌瘪倾向的充填不足。

成型材料的改进：选用流动性好的材料。

成型条件的改进：提高注射温度、压力、速度；提高保压压力，增长从注射到保压的切换时间；提高模具温度；调整喷嘴逆流阀。

模具结构的改进：改变浇口的位置；浇口变短、加大；流道变短、加宽；加大冷料穴；保证喷嘴和模具口配合完好。

制品设计的改进：调控塑料流动长度与厚度的比值。

b．一模多腔时某些型腔不能充填。

成型条件的改进：降低浇口充满前的注射速度；提高通过浇口后的注射速度。

模具结构的改进：加大充填不足型腔的浇口。

制品设计的改进：尽量使各分流道的长度一致。

c．制品形状完整但某特定部分充填不足。

成型材料的改进：选用不易分解的材料。

成型条件的改进：降低最后一级注射速度；降低注射温度。

模具结构的改进：改变浇口的位置；增加排气槽；在顶杆上开斜口等。

② 制品凹瘪（凹坑、缩瘪、缩痕）

成型材料的改进：选用收缩率小的材料。

成型条件的改进：提高注射压力；增大后期保压压力；降低缩瘪部分对应的注射速度；降低模具温度；降低注射温度。

模具结构的改进：改变浇口位置；浇口变短、加大；流道变短、加宽，减小流动阻力；喷嘴和模具口配合完好。

制品设计的改进：把筋、突出部分变细，并加圆角；减小壁厚；将筋设计成非实心的；把表面设计成花纹以掩饰凹瘪缺陷。

③ 表面无光泽、光泽不均

原因在于：材料的分解；脱模剂过量；模具光洁度差。

成型材料的改进：选用稳定性好的原料。

成型条件的改进：降低注射温度；提高模具温度；减少滞留时间；不用脱模剂。

模具结构的改进：进一步抛光，提升模具表面光洁度。

④ 银纹

成型材料的改进：使原材料干燥更充分；选用热稳定性好的材料。

成型条件的改进：不让料斗内有水分；降低注射温度；减少滞留时间。

⑤黑条纹、焦痕

a．黑条纹有以下改进措施：

成型材料的改进：选用热稳定性好、润滑性好的材料；不用回收料。

成型条件的改进：降低注射温度；减少熔料在注塑机料筒内的滞留时间；改用小容量的注塑机；使注塑机处于良好的状态。

模具结构的改进：浇口加大、改短。

b．焦痕有以下改进措施：

成型材料的改进：选用热稳定性好的材料；不用回收料。

成型条件的改进：降低注射温度；降低注射压力；降低最后一级的注射速度。

模具结构的改进：浇口加大、改短；加排气槽。

⑥ 流痕

成型材料的改进：选用流动性好的材料。

成型条件的改进：提高注射温度；提高模具温度；适当降低流痕部分所对应的注射速度。

模具结构的改进：改变浇口位置；加大冷料穴。

⑦ 熔接痕

成型材料的改进：选用流动性好的材料。

成型条件的改进：提高注射温度；提高熔接痕所对应部分的注射速度；提高模具温度；提高注射压力；停止使用脱模剂。

模具结构的改进：浇口加大、改短；改变浇口位置；加大冷料穴；加设排气槽；在熔接痕前面设置护耳。

⑧ 喷射痕

成型材料的改进：选用流动性好的材料。

成型条件的改进：提高注射温度；提高模具温度；降低注射速度。

模具结构的改进：改变浇口位置；应用护耳式浇口；加大冷料穴；让喷嘴和模具接触完全。

⑨ 制品表面色泽不均

原因在于：着色剂分解或分散不良；料筒中有别的残料；箔片状颜料（如铝箔）的应用是不可避免的。

成型材料的改进：选用不易出现色斑的材料。

成型条件的改进：提高料筒温度；更换清洁料筒；提高模具温度；停止使用脱模剂。

模具结构的改进：改变浇口位置；改变浇口设计。

⑩ 制品有气泡

原因在于：塑料收缩；材料分解剂、抗静电剂等添加剂分解产生的气体。

a．当气泡在制品壁厚部分出现时，应采取的措施如下。

成型材料的改进：选用流动性差的材料。

成型条件的改进：提高注射压力；延长从注射到保压的切换时间；加大保压压

力；提高模具温度。

模具结构的改进：改变浇口的位置；加大主流道、分流道直径；加大浇口；使料筒喷嘴和模具结合良好。

制品设计的改进：尽可能去除制品的厚壁部分。

b. 当整个制品产生细小的气泡时，应采取的措施如下。

成型材料的改进：改用热稳定性好的材料或添加剂；对材料进行充分的干燥。

成型条件的改进：加大螺杆背压；降低注射温度；对料筒下部分进行冷却；缩短原材料在料筒中的滞留时间。

⑪ 白化

白化现象是顶杆痕上出现白浊，常见于 ABS 塑料这类共混物或接枝共聚物改进冲击性的材料中。

成型条件的改进：降低注射压力；降低最后一级的注射速度；降低保压压力；降低顶出速度；延长冷却时间。

模具结构的改进：改进浇口位置；改进浇口设计；加大脱模斜度；除掉模具上有咬边（极易挂件）的地方；增加顶出面积；增加顶杆数目。

制品设计的改进：加大脱模斜度。

（2）成型制品变形及尺寸不良

① 翘曲、弯曲、扭曲

原因在于：收缩率各向异性；制品壁厚或温度引起的收缩差；制品内部残余应力。

成型材料的改进：选用流动性好的材料；选择收缩率各向异性小的材料。

成型条件的改进：提高注射温度；降低注射压力；选用适当的模具温度；延长冷却时间；逐渐降低保压压力；冷却后取出制品采用机械手装置。

模具结构的改进：改变浇口的位置；采用合适的冷却系统；改善模具表面光洁度；改善顶出方式。

制品设计的改进：如增加加强筋等。

② 尺寸稳定性差

原因在于：空气温度变化；模具变形；制品在保存过程中有结晶变化，引起尺寸变化；各生产批量间成型条件变化。

成型材料的改进：选用线膨胀系数小的材料；改用不因吸湿而尺寸变化大的材料；选用流动性差的材料。

成型条件的改进：提高注射压力；提高保压压力；延长冷却时间；提高锁模力；适当调整模具温度；合理设置机械手装置。

模具结构的改进：改进浇口位置；改进浇口设计；加大模具硬度。

制品设计的改进：适当降低制品精度。

③ 制品变形及收缩过大

成型材料的改进：选用分子量大的材料；适当使用改性材料。

成型条件的改进：降低注射温度；增大总周期；降低模具温度；升高注射压力；增加注射量。

模具结构的改进：增大注射孔直径；扩展模具流道；扩大浇口。

制品设计的改进：制品的厚度应合理。

（3）成型制品开裂、分离等

① 制品开裂、表面龟裂

原因在于：模具上有咬边的地方；顶出力不足或不平衡；顶杆数目不够，特别是对有格条的制品，其开裂和顶出有关。

成型材料的改进：改用分子量大的材料；改用强度大的材料；不用或少用回收料。

成型条件的改进：降低注射压力；降低最后一级的注射速度；降低保压压力；降低顶出速度；延长冷却时间。

模具结构的改进：改进浇口设计；改变浇口位置；加大脱模斜度；除掉模具上有咬边（极易挂件）的地方；加大顶出面积；增加顶杆数目。

制品设计的改进：加大脱模斜度。

② 制品分离、分层现象（剥离）

成型材料的改进：不使用不相容的材料。

成型条件的改进：充分置换料筒；提高注射温度；提高模具温度。

③ 脆化

原因在于：干燥不良；物料的性能下降；其他料的污染；模温过低；有熔接痕的存在。

成型材料的改进：选用强度高的原材料；改用分子量大的塑料；对材料进行充分干燥；对尼龙等材料在成型后，适当地吸水。

成型条件的改进：提高注射温度、速度；提高模具温度；减少材料在料筒内的滞留时间；不使用脱模剂。

模具结构的改进：改进浇口位置；改进浇口设计；设计排气槽；在熔接部分设

计护耳。

制品设计的改进：设加强筋。

4.5.3 其他不良现象及解决方案

① 塑化中产生噪声

原因在于：螺杆旋转阻力大，易在压缩段和其前部产生噪声。

成型材料的改进：改用流动性好的材料；改用润滑性好的材料。

成型条件的改进：降低螺杆背压；降低螺杆转速；提高螺杆压缩段的温度。

② 主流道容易残留物料

原因在于：主流道光泽度不高；料筒上的喷嘴和模具配合不良。

成型材料的改进：选用强度高的材料。

成型条件的改进：延长冷却时间；提高模具温度。

模具结构的改进：使主流道前端直径大于料筒喷嘴直径；改进主流道光洁度；调整喷嘴 R 角；在主顶出杆上加 Z 形斜口。

③ 制品和顶杆或滑块粘在一起

原因在于：材料流进顶杆或滑块间隙中固化。

成型材料的改进：选用流动性差的材料。

成型条件的改进：降低注射压力；降低注射速度；降低保压压力。

4.6 注射模简介

塑料注射成型所用的模具，称为注射成型模具，简称为注射模或注塑模。注射模主要用来成型热塑性塑料制品，但近年来也广泛用于热固性塑料制品的成型。注射模的特点是：模具先由注塑机的合模机构紧密闭合，然后由注塑机的注射装置将高温高压的塑料熔体注入型腔，经冷却或固化定型后，开模取出塑件。因此，注射模能一次成型外形复杂、尺寸精确或带有镶嵌件的塑料制品。

4.6.1 注射模分类

按照不同的划分依据，注射模的分类方法很多，通常有以下几类：

① 按塑料材料类别分为热塑性塑料注射模、热固性塑料注射模。

② 按模具型腔数目分为单型腔注射模、多型腔注射模。

③ 按模具安装方式分为移动式注射模、固定式注射模。

④ 按注塑机类型分为卧式注塑机用注射模、立式注塑机用注射模、角式注塑机用注射模。

⑤ 按模具浇注系统分为冷流道模、绝热流道模、热流道模、温流道模。

⑥ 按注射模的结构特征，可分为 8 类，包括：

a. 单分型面注射模（二板式注射模）；

b. 双分型面注射模（三板式注射模）（图 4.47）；

c. 带有活动镶件的注射模；

d. 带有侧向分型抽芯机构的注射模；

e. 自动卸螺纹的注射模；

f. 定模一侧设有脱模机构的注射模；

g. 无流道凝料注射模；

h. 叠式型腔注射模。

各类模具结构的具体形式，可参见模具手册。

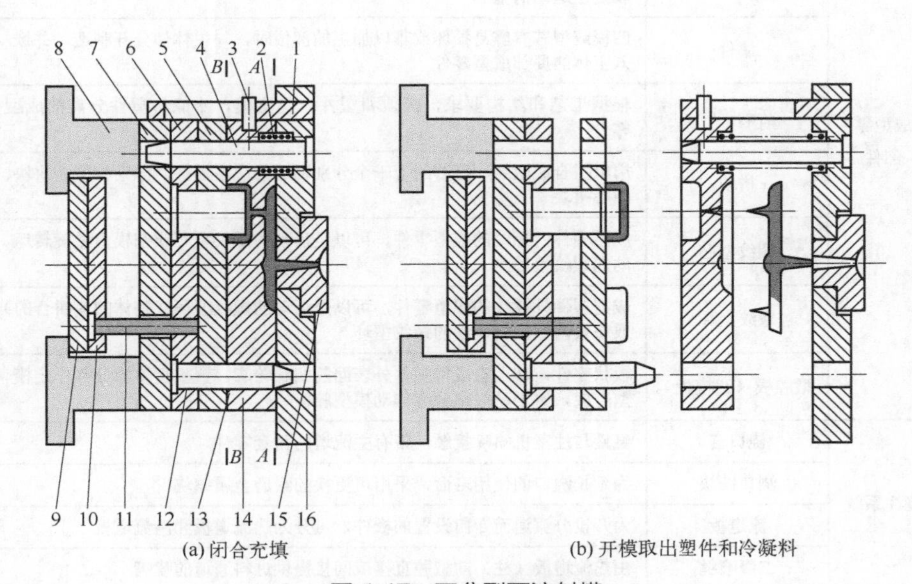

图 4.47　双分型面注射模

1—定距拉板；2—压缩弹簧；3—限位销钉；4—导柱；5—脱模板；6—型芯固定板；7—动模垫板；8—动模座；9—顶出板；10—顶出固定板；11—顶杆；12—导柱；13—型腔板；14—定模板；15—型芯；16—主流道衬套

4.6.2 注射模的典型结构

注射模的结构由注塑机的类型和塑料制品的结构特点所决定，因此，注射模的结构形式多种多样，但每一副模具大体上均由动模和定模两部分组成。动模安装在注塑机的移动工作台面上，定模安装在注塑机的固定工作台上。注射时，动模与定模组合成闭合的型腔和浇注系统。开模时，通常要求塑件留在动模一边，由设置在动模内的脱模机构推出（顶出）塑件。

根据模具中各个部件的不同作用，一副注射模可以分以下 8 个部分，模具中各零部件的作用详见表 4.10。

表 4.10　注射模常用零件的名称及其作用

零件类别	零件名称	作用
成型零部件	型腔	成型塑件外表面的凹状模具部件，有时称为凹模（母模）
	型芯	成型塑件内表面的凸状模具部件，有时称为凸模（公模）
	侧型芯	成型塑件侧孔、侧凹或凸台的零件，可手动或随滑块在模内做抽拔运动和复位运动的型芯
	镶件	凹模或型芯有容易损坏或难以加工的部位时，与主体件分开制造，并嵌入主体的局部成型零件
	活动镶件	根据工艺和结构要求，必须和塑件一起出模，才能与塑件分离的成型零件
	拼块	用以拼合成型腔、型芯的若干个分别制造的成型零件，分别称型腔拼块、型芯拼块
	螺纹型芯	成型塑件内螺纹的成型零件，可以是活动的螺纹型芯或在模内做旋转运动的螺纹型芯
	螺纹型环	成型塑件外螺纹的成型零件，可以是活动的螺纹型环（整体的或拼合的）或在模内做旋转运动的螺纹型环
	型腔板（凹模板）	板状零件，其上有成型塑件外表面的凹状轮廓。置于定模部分称作定模型腔板，置于动模部分称作动模型腔板
浇注系统	浇口套	直接与注塑机喷嘴接触，带有主流道的衬套零件
	浇口镶块	为延长浇口的使用寿命，采用可更换的耐磨金属镶块
	流道板	为开设分流道而专门设置的板件，可分为热流道板和温流道板
	二级喷嘴	由热流道板（柱）向型腔直接或间接提供进料通道的喷嘴
导向部件	导柱	与安装在另一半模具上的导套（或孔）相配合，以保证动模与定模的相对位置，保证模具开合模运动导向精度的圆柱形零件。有带头导柱和带肩导柱两种
	推板导柱	与推板导套（或孔）配合，用于脱模机构运动导向的圆柱形零件

续表

零件类别	零件名称	作用
导向部件	导套	与安装在另一半模具上的导柱配合，以保证动模与定模的相对位置，保证模具开合模运动导向精度的零件。有带头导套和直导套两种
	推板导套	固定于推板上，与推板导柱配合，用于脱模机构运动导向的零件
脱模机构	推杆	直接推出塑件或浇注系统凝料的杆件，有圆柱头推杆、带肩推杆和扁头推杆等。圆柱头推杆可用来推顶推件板，亦称预推杆
	管	直接推出塑件的管状零件
	推件板	直接推出塑件的板状零件
	推件环	局部或整体推出塑件的环状或盘状零件
	推杆固定板	固定推出和复位零件以及推板导套的板状零件
	推板	支承推出和复位零件，直接传递机床推出力的零件
	连接推板	连接推件板与推杆固定板，传递推力的杆件
	拉料杆	设置在主流道的正对面，头部形状特殊，能够拉出主流道凝料的杆件。头部形状有 Z 形、球头形、倒锥形、菌形及圆锥头形等
	推流道板	随着开模运动，推出浇注系统凝料的板件
分型抽芯机构	斜销（斜导柱）	倾斜于分型面装配，随着模具的开闭，使滑块（或凹模拼块）在模内产生往复运动的圆柱形零件
	滑块	带动侧型芯（或凹模拼块）完成抽芯和复位动作的零件
	侧型芯滑块	由整体材料制成的侧型芯活滑块。有时几个滑块构成凹模拼块，需先将其分开后，塑件才能顺利脱模
	滑块导板	与滑块的导滑面配合，起导滑作用的板件
	楔块	带有斜角，用于合模时锁紧滑块的零件
	弯销	随着模具的开闭，使滑块做抽芯和复位运动的矩形或方形截面的弯折零件
	斜滑块	利用斜面与模套的配合而产生滑动，兼有成型、推出和抽芯（分型）作用的凹模拼块
	斜槽导板	具有斜导槽，随着模具的开闭，使滑块随槽做抽芯和复位运动的板状零件
调温系统	冷却水嘴	用于连接橡皮管、向模内通入冷却水的金属条或板
	隔板	为改变冷却水的流向而设置在模具冷却水通道内的金属条或板
	加热板	设置由热水（油）、蒸汽或电热元件等具有加热结构的板件，以确保模温满足塑料成型工艺要求
	隔热板	防止热量传递扩散的板件
支撑固定零件	定模板	定模固定在注塑机的固定工作台面上的板件
	动模板	动模固定在注塑机的移动工作台面上的板件
	型腔固定板	固定型腔（凹模）的板状零件，也可称凹模固定板
	型芯固定板	固定型芯的板状零件
	模套	使镶件或拼块定位并紧固在一起的框形结构零件，或固定型腔或型芯的框形零件

续表

零件类别	零件名称	作用
支撑固定零件	支撑板	防止成型零件（型腔、型芯或镶件）和导向零件轴向位移，并承受成型压力的板件
	垫块	调节模具闭合高度，形成脱模机构所需的推出行程空间的块状零件
	支架	调节模具闭合高度，形成脱模机构所需的推出行程空间，并使动模固定在注塑机上的“L”形块状零件
	支撑柱	为增强动模支撑板的刚度而设置在动模支撑板和动模板之间，起支撑作用的柱状零件
定位或限位零件	定位圈	使模具主流道与注塑机喷嘴对中，决定模具在注塑机上安装位置的圆环形或圆形零件
	锥形定位件	合模时，利用相应配合的锥面，使动、定模精确定位的零件
	复位杆	固定于推杆固定板上，借助模具的闭合动作，使脱模机构复位的杆件
	限位钉	对脱模机构起支撑和调整作用，并防止脱模机构在复位时受异物障碍的零件，或限制滑块抽芯后最终位置的杆件
	定距拉杆	在开模时，限制某一模板仅在限定的距离内做拉开或停止动作的杆件
	定距拉板	在开模时，限制某一模板仅在限定的距离内做拉开或停止动作的板件
	定位销	使两个或几个模板相互位置固定，防止其产生位移的圆柱形杆件

① 成型零部件。赋予成型材料形状和尺寸的零件。通常由型芯、型腔，以及螺纹型芯或型环、镶块等构成。

② 浇注系统。将熔融塑件由注塑机喷嘴引向闭合的型腔。通常由主流道、分流道、浇口和冷料井、排气槽（阀）组成。

③ 导向部件。为了保证动模与定模闭合时能准确对准而设置的导向部件。通常由导柱和导套组成。有的模具还在推板上设置导向部件，保证脱模机构的运动灵活平稳。

④ 脱模机构。实现塑件脱模的装置。脱模机构的结构形式较多，最常用的有推杆、推管和推件板等脱模机构。

⑤ 分型抽芯机构。对于有侧孔或型腔的塑件，在被推出之前，必须先进行侧向抽芯或分开型腔拼块（分型），方能顺利脱模。广义来讲，分型抽芯机构也是实现塑件顺利脱模的装置。

⑥ 调温系统（温控系统）。为了满足注射成型工艺对模具温度的要求，需要由调温系统对模具温度进行调节。

⑦ 排气系统。为了将型腔内的气体顺利排出，防止塑件产生气穴等缺陷，常在模具分型面处开设排气槽；对于小型塑件，因排气量不大，可直接利用分型面排气。许多模具的推杆或型芯与模板的配合间隙均可以起到排气作用，可不必另开设排气槽。

⑧ 其他零部件。如支撑、固定、定位或限位零件等。

4.6.3　设计注射模应考虑的问题

设计注射模时，要考虑以下几方面的问题。

① 分析塑件结构及其技术要求。塑件的结构决定了模具结构的复杂程度，塑件的技术要求（如尺寸精度、表面粗糙度等）决定了模具制造及成型工艺的难易，因此对于不符合塑料注射成型的特殊要求、不合理的结构形状等，均应该提出塑料制品的改进设计方案，否则会增加模具设计与制造及注射成型工艺的难度。这部分内容要与客户充分沟通。

② 了解注塑机的技术规格。注塑机的技术规格制约了模具的尺寸和所能成型塑料制品的范围。

③ 了解塑料的加工性能和工艺性能。主要有以下几点：

a．塑料熔体的流动行为，能达到的最大流动距离比。

b．分析流道和型腔各处的流动阻力，型腔内原有空气的排除（导出）。

c．塑料在模具内可能的结晶、取向及其导致的内应力。

d．塑料的冷却收缩和补偿问题。

e．塑料对模具温度的要求等。

④ 考虑模具的结构与制造。主要解决以下几个问题：

a．正确选择分型面和进料点及型腔的布置。

b．型腔的组成及模具零件的强度、刚度和型腔尺寸精度需严格把控，以保证塑件成型的尺寸精度和质量。

c．采用何种脱模机构和抽芯或分型机构将塑件取出。

d．模具总体结构和零件形状力求简单合理，容易加工制造。

e．合理选择模具材料。

f．模具的热量损耗、冷却水用量以及塑件生产效率等。

4.7　注塑机

注射模是安装在注塑机上使用的成型工艺装备，因此设计注射模具时应该详细了解注塑机的技术规范并进行校核，以便设计出符合要求的模具。

4.7.1 注塑机的技术规范

从模具设计角度考虑，需了解注塑机技术规范的主要内容：最大注射量、最大注射压力、最大锁（合）模力、模具安装尺寸以及开模行程等。

在设计模具时，最好查阅注塑机生产厂家提供的《注塑机使用说明书》上标明的技术规格。因为同一规格的注塑机，生产厂家不同，技术规格略有不同。常用国产注塑机的主要技术规范可参阅相关技术资料。现仅对最大注射量和最大注射压力说明一下，其余技术参数可查阅李秦蕊主编的《塑料模具设计》或机械工业出版社出版的《塑料模具设计手册》等相关书籍。

（1）最大注射量

最大注射量有注射容量、注射重量两种表示法。

① 最大注射容量。注射容量，是指注塑机对空注射时，螺杆一次最大行程所射出的塑料体积，单位为 cm^3。理论注射容量 V_c 计算式为式（4.1）：

$$V_c = \frac{\pi}{4} D_s^2 S \tag{4.1}$$

式中 V_c——理论注射容量，cm^3；

D_s——螺杆直径，cm；

S——螺杆最大注射行程，cm。

在注射过程中，随着温度和压力的变化，塑料的密度也发生变化，加上成型物料的漏损等因素，注塑机的最大注射容量（公称注射容量）计算方法为式（4.2）：

$$V = \alpha V_c = \alpha \frac{\pi}{4} D_s^2 S \tag{4.2}$$

式中 V——注塑机的公称注射容量，cm^3；

α——注射系数。通常在 0.7～0.95 范围内选取。α 包括塑料密度变化和物料漏损等因素。密度变化系数：无定形塑料约 0.93，结晶型塑料约 0.85。其余符号同前。

② 最大注射重量（质量）

注塑机对空注射时，螺杆做一次最大注射行程所能射出的聚苯乙烯塑料的重量，以 g 为单位。由于各种塑料的密度及压缩比不同，在使用其他塑料时，按式（4.3）对最大注射质量进行换算：

$$G_{max} = G \frac{\rho_1}{\rho_2} \times \frac{f_2}{f_1} \tag{4.3}$$

式中　G_{max}——注射某种塑料时的最大注射质量，g；

G——以聚苯乙烯为标准的注塑机的公称注射量，g；

ρ_1——所用塑料在常温下的密度，g/cm³；

ρ_2——聚苯乙烯在常温下的密度，g/cm³，通常为 1.06g/cm³；

f_1——所用塑料的体积压缩比，与塑料的粒度及其规整性有关，由实验测定；

f_2——聚苯乙烯的压缩比，通常可取 2。

我国的 SZ 系列注塑机，用一次注射的理论注射容量和锁模力表征注塑机的生产能力，例如 SZ-160/1000，表示该型号注塑机的理论注射容量约为 160 cm³，合模力为 1000kN。

（2）最大注射压力

注塑机螺杆对塑料施加的压力称为注射压力，用以克服喷嘴、流道和型腔等处的流动阻力。注塑机注射塑料熔体时，油路系统提供最大压力下所获得的注射压力称为最大注射压力。一台注射机的最大注射压力（P_{max}）及最大油路压力（P_{omax}）在技术规格中已经标明。当注塑机油压为 P_o 时，被加工塑料所获得的注射压力可由式（4.4）计算：

$$P = \frac{P_{max} P_o}{P_{o\,max}} \tag{4.4}$$

式中　P——油路系统压力（表压）为 P_o 时获得的注射压力，MPa；

P_{max}——注塑机的最大注射压力，MPa；

P_{omax}——油路系统最大压力，MPa；

P_o——注塑机工作时的油路压力，MPa。

4.7.2　与设备相关的工艺参数的校核

为保证注射成型过程顺利进行，须对以下工艺参数进行校核。

（1）最大注射量的校核

为确保塑件质量，注射模一次成型的塑料重量（塑件和流道冷凝料重量之和）一般应在公称注射量的 35%～75%范围内，最高可达 80%，最低不应小于 10%。综合考虑塑件质量和设备利用能效，选择范围通常在 50%～80%。

（2）注射压力的校核

所选用注塑机的注射压力须大于成型塑件所需的注射压力。成型所需的注射压力与塑料原料种类、塑件形状及尺寸、喷嘴及模具流道的阻力、注射机类型等多因素有关。根据经验，注射成型所需注射压力设置大致如下：

① 塑料熔体流动性好，塑件形状简单，厚壁制品，所需注射压力一般小于 70MPa。

② 塑料熔体黏度较低，塑件形状复杂度一般，精度要求一般，所需注射压力通常选为 70～100MPa。

③ 塑料熔体具有中等黏度（改性 PS、PE 等），塑件形状复杂度一般，有一定的精度要求，所需注射压力选为 100～140MPa。

④ 塑料熔体具有较高黏度（PMMA、PPO、PC、PSF 等），塑件壁薄、尺寸大，或壁厚不均匀，尺寸精度要求严格，所需注射压力在 140～180MPa 范围内。

实际上，热塑性塑料注射成型所需的注射压力，可通过模流分析（理论分析），如 Moldflow 软件、Moldex3D 软件及 Z-MOLD 软件等，确定更为合理、准确的压力参数值。

（3）锁（合）模力校核

高压塑料熔体充满型腔时，会产生让模具沿分型面分开的胀模力，此胀模力的大小等于塑件和流道系统在分型面上的投影面积与型腔内压力的乘积。胀模力必须小于注塑机额定锁模力，如图 4.48 所示，其中型（模）腔压力 P_c 可按式（4.5）粗略计算：

$$P_c = kP \tag{4.5}$$

式中 P_c——型（模）腔压力，MPa；

P——注射压力，MPa；

k——压力损耗系数。随塑料品种、浇注系统结构及尺寸、塑件形状、成型工艺条件以及塑件复杂程度不同而异，通常在 0.25～0.5 范围内选取。

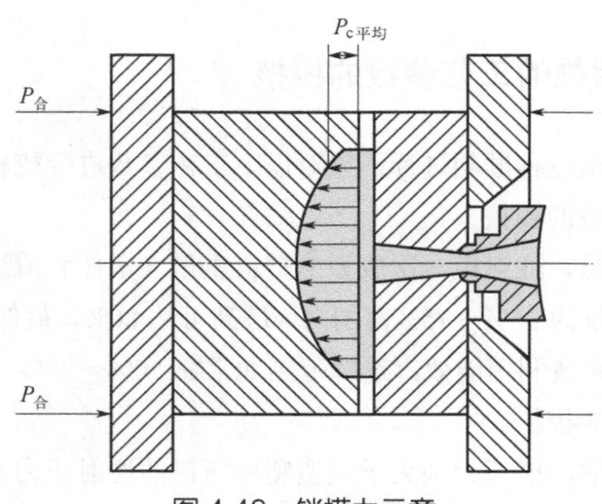

图 4.48 锁模力示意

根据经验，型腔压力 P_c 常取 20～40MPa。此外，通常根据塑料品种及塑件复杂程度，或精度的不同，选用的型腔压力数值可从相关的工程手册中查得。

型腔平均压力 $P_{c平均}$确定后，可以按式（4.6）校核注塑机的额定锁模力：

$$T > k P_{c平均} A \tag{4.6}$$

式中　T——注塑机额定（合）模力，kN；

A——塑件和流道系统在分型面上的总投影面积，mm^2；

k——安全系数，通常取 1.1～1.2。

于是，注塑机的最大成型（投影）面积 $A< T/（kP_{C平均}）$。

4.7.3　注射模安装尺寸的校核

主要的校核项目有：喷嘴尺寸、定位圈尺寸、模具外形尺寸、模具厚度及模具安装尺寸等。

（1）喷嘴尺寸

注射模主流道衬套始端凹坑的球面半径 R_2 应大于注射机喷嘴球头半径 R_1，以便同心和紧密接触，通常取 $R_2=R_1+(0.5～1)$ mm 为宜，否则主流道内凝料无法脱出，如图 4.49 所示。主流道的终端直径 d_2 应大于注塑机喷嘴孔直径 d_1，通常取 $d_2=d_1+$（0.5～1）mm，以利于塑料熔体流动。

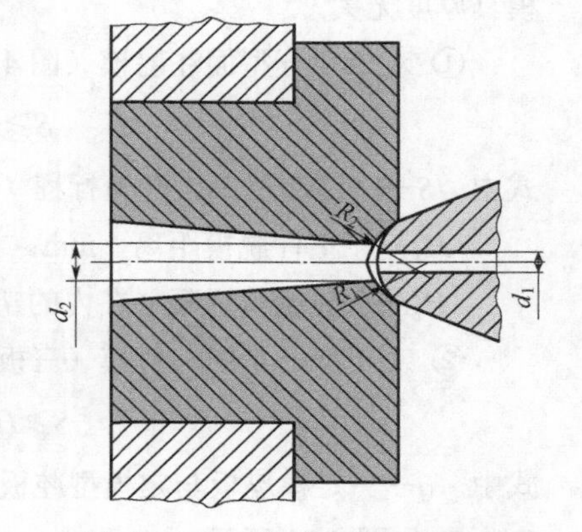

图 4.49　喷嘴尺寸的校验示意

（2）定位圈尺寸

注塑机固定模板台面的中心有一规定尺寸的孔，称之为定位孔。注射模端面凸台径向尺寸须与定位孔成间隙配合，以便于模具安装，并使主流道的中心线与喷嘴的中心线相重合。模具端面凸台高度应小于定位孔深度。

（3）模具外形尺寸

注射模外形尺寸应小于注塑机工作台面的有效尺寸。模具长宽方向的尺寸要与注塑机拉杆间距相适应，模具至少有一个方向的尺寸能穿过拉杆间的空间装在注塑机工作台面上。

（4）模具厚度

模具厚度（闭合高度）必须满足式（4.7）：

$$H_{min} \leqslant H_m \leqslant H_{max} \tag{4.7}$$

式中　H_m——设计的模具厚度，mm；

H_{min}——注塑机允许的最小模具厚度，mm；

H_{max}——注塑机允许的最大模具厚度，mm。

（5）模具安装尺寸

注塑机的动模板、定模板台面上有许多不同间距的螺钉孔或T形槽，用于装固模具。模具安装固定方法有两种：螺钉固定、压板固定。采用螺钉直接固定时（大型注塑模多用此法），模具动、定模板上的螺孔及其间距，必须与注塑机模板台面上对应的螺孔一致；采用压板固定时（中、小模具多用此法），只要在模具的固定板附近有螺孔就行，有较大的灵活性。

4.7.4 开模行程的校核

开模取出塑件所需的开模距离必须小于注塑机的最大开模行程。开模行程的校核有三种情况。

（1）注塑机最大开模行程与模具厚度无关

液压-机械式锁模机构注射机的最大开模行程由曲肘机构的最大行程决定，与模具厚度无关。

① 对于单分型面注射模（图4.50），其开模行程按式（4.8）校核：

$$S \geqslant H_1+H_2+(5\sim10) \tag{4.8}$$

式中　S——注塑机最大开模行程（移动模板台面行程），mm；

H_1——塑件脱模距离，mm；

H_2——包括流道凝料在内的塑件高度，mm。

② 对于双分型面注射模（三板模，图4.51），开模行程按式（4.9）校核：

$$S \geqslant H_1+H_2+a+(5\sim10) \tag{4.9}$$

式中　a——定模座板与定模型腔板分开的距离，mm，应足以取出流道凝料（冷料）。H_1、H_2如图4.51所示。

塑件脱模距离H_1通常等于模具型芯高度，但对于内表面有阶梯状的塑件时，H_1不必等于型芯高度，以能顺利取出塑件为准，如图4.52所示。

（2）注塑机最大开模行程与模具厚度有关

对于全液压式锁模机构的注塑机，最大开模行程受到模具厚度的影响。此时最大开模行程等于注塑机移动、固定模板台面之间的最大距离S_k减去模具厚度H_m。

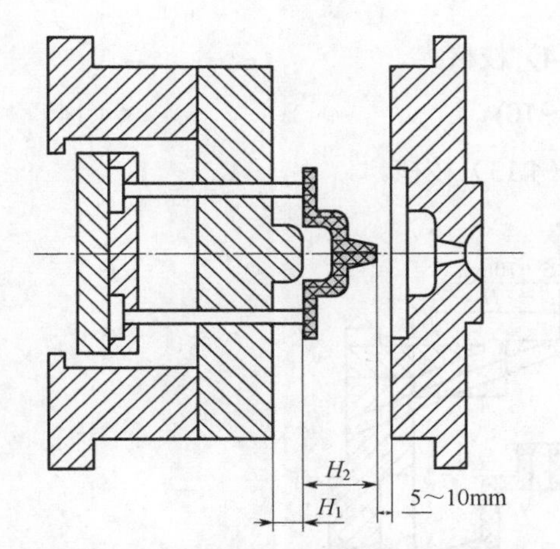

图 4.50　单分型面注射模开模行程校验

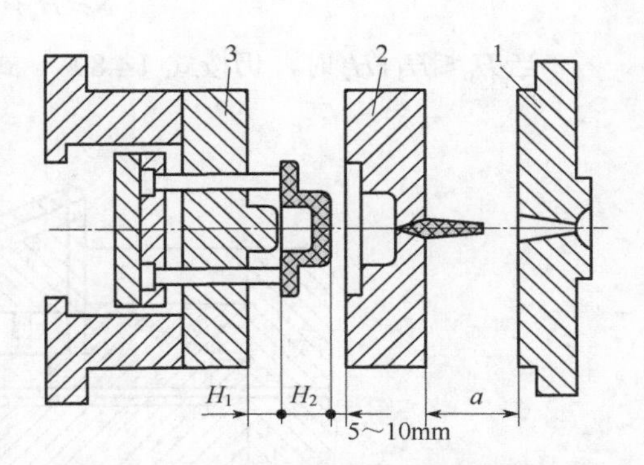

图 4.51　双分型面注射模开模行程校验

1—固定板；2—型腔；3—型芯

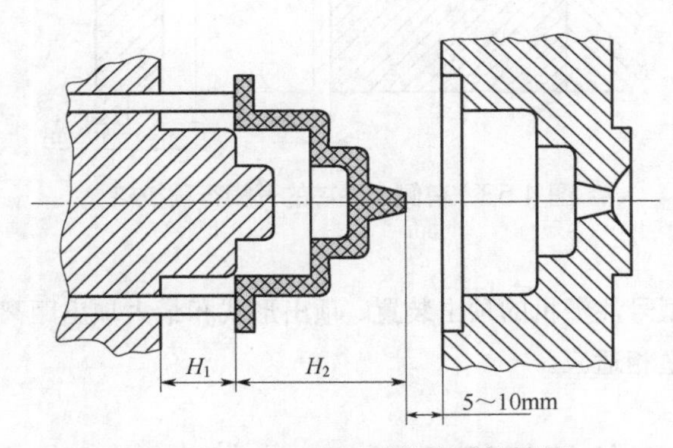

图 4.52　H_1 不等于型芯高度的情况

① 对于单分型面注射模，按式（4.11）校核：

$$S=S_k-H_m \geqslant H_1+H_2+(5\sim10) \tag{4.10}$$

$$S_k \geqslant H_m+H_1+H_2+(5\sim10) \tag{4.11}$$

② 对于双分型面注射模，按式（4.13）校核：

$$S=S_k-H_m \geqslant H_1+H_2+a+(5\sim10) \tag{4.12}$$

$$S_k \geqslant H_m+H_1+H_2+a+(5\sim10) \tag{4.13}$$

（3）有侧向抽芯的开模行程校核

当利用开模行程完成侧向抽芯时，开模行程的校核还应考虑完成抽拔距 L 而所需要的开模行程 H_c，如图 4.53 所示，其校核式如下。

当 $H_c>H_1+H_2$ 时，开模行程应按式（4.14）校核：

$$S \geqslant H_c+(5\sim10) \tag{4.14}$$

当 $H_c \leqslant H_1+H_2$ 时，仍按式（4.8）～式（4.13）校核。

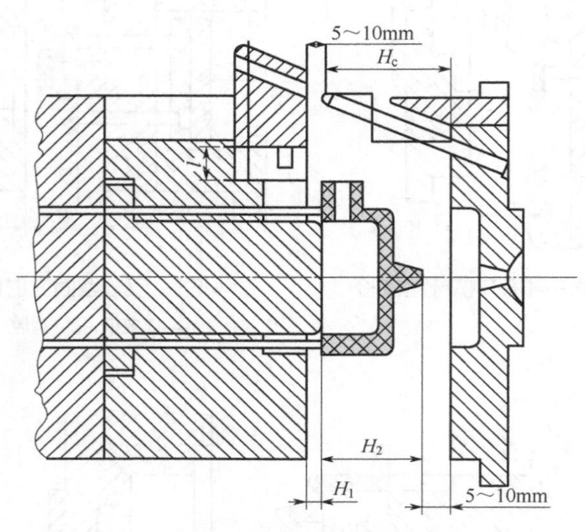

图 4.53　有侧向抽芯的开模行程校核

此外，各种型号注塑机的顶出装置、顶出形式和最大顶出距离等各不相同，设计模具时应该与之相适应。

4.8　注射成型的辅机设备

注塑机和注塑模具是注射成型的主要装备（设备和装置），此外，还有注塑辅助装置（如模温机等）用来辅助更好地完成注塑制品的生产。

注塑机的辅机设备包括：模温机、破碎机（粉碎机）、工业冷水机、干燥机、混色搅拌机、自动上料机（吸料机）、塑机设备配件以及其他注塑机辅助设备（如气体辅助注射成型、水辅助注射成型或增压装置、反压装置等）。当然，随着机械化、自动化生产的发展趋势，机械手臂、工业机器人有时也被包括在注射成型辅助设备中。这里，介绍常规注塑用得较多的模温机、破碎机（粉碎机）、干燥机、自动上料机（吸料机），气体/水辅助注塑装置等在革新工艺中介绍，工业机器人等其他内容可参考相关资料。

4.8.1　模温机

模温机又叫模具温度控制机，最初应用在注塑模具领域进行温度控制，后又拓展到塑料橡胶成型、压铸、橡胶轮胎、辊筒、化工反应釜、黏合、密炼等领域。广义说来，模温机属于温度控制设备，包含升温和降温双向的温度控制。但有时工程用的是单一升温功能的模温机。

模温机一般包括水箱、加热/冷却系统、动力传输系统、液位控制系统以及温度传感器、注入口等器件（图 4.54）。通常情况下，模温机的动力传输系统把流体从装有内置加热器和冷却器的水箱中送到连接的模具内，再让流体介质从模具回到水箱。温度传感器测量流体的温度并把数据传送到控制系统，控制系统通过调节模温机中流体的温度，从而调节模具的温度。如果在生产中，模具的温度超过设定值，模温机的控制器就会打开电磁阀接通进水管，让低温流液介质通过模具冷却水路对模具冷却，直到模具的温度回到设定值。类似地，如果模具温度低于设定值，控制系统就会打开加热器，让高温流体介质进入模具冷却管道，对模具加热直至达到模具的温度设定值。

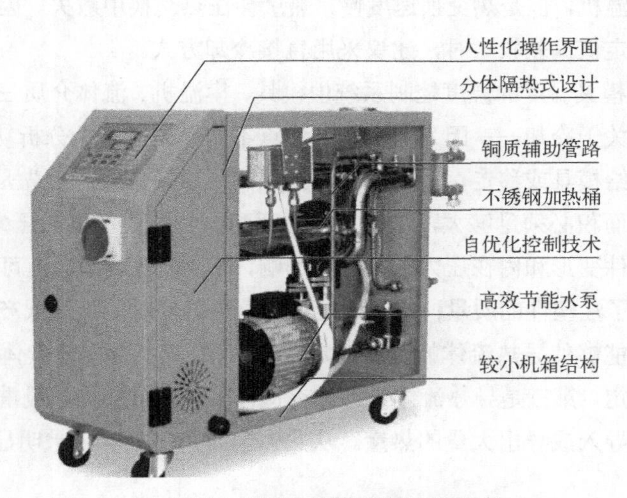

图 4.54　市场上的模温机结构示意

根据流体介质的不同，模温机又分别被称为水温机、油温机。模温机的控温精度目前可以达到±0.1℃。水温机，就是水介质的模温机，又称水循环温度控制机、水加热器、导热水加热器。常压下，水的沸点是 100℃。因此，在不加压的情况下，水温机的控制温度只能小于等于 100℃。而高温水温机在实际应用中，通过加大管路压力，可以将水温机的控制温度提高到 180℃，从而扩大了水温机的应用范围。普通水加热系列功率为 6～30kW，温度在 30～120℃；高温水加热系列功率为 6～120kW，温度在 120～180℃。油温机，就是以油作介质的模温机。油温机内设一个储油箱，工作时导热油由储油箱进入系统，经循环泵打入模具或其他需要控温的设备，导热油从被控温设备出来后，再返回到系统，周而复始。导热油通过加热器升温，当感温探头探测到的媒体温度达到设定值时，加热器停止工作；当温度低于设定值时，加热器开始工作；当温度达到设定值后，又停止工作。如此循环往复。普通油加热系列功率为 6～72kW，温度在 30～200℃；高温油加热系列功率为 18～120kW，温度在 250～350℃。

模温机的冷却方式分为直接冷却和间接冷却。直接冷却方式是冷却回路直接参与到主回路中；间接冷却方式采用冷却回路与主回路分开。运水式模温机通常采用直接冷却方式。而运油式模温机，由于加热过程中，水和油不能掺杂在一起，所以都采用间接冷却方式，其做法通常采用板式交换器进行冷却。高温水式模温机也多采用间接冷却方式。直接冷却只能用于温度较低的场合，但降温速度快。间接冷却适用于高温模温机，但是热交换速度慢，热量会在热交换中散失。因此，当介质的实际温度与设定值偏差较大时，建议采用直接冷却方式。

有效控制模具温度的温度控制系统由模具、模温机、流体介质三部分组成，因此模流分析中关于冷却——因为需求和关注点不同——有多个分析功能模块。为了确保热量能加给模具或移走，系统各部分必须满足以下条件：首先是在模具内部，冷却通道的表面积必须足够大，流道直径要匹配泵的能力（泵的压力）。型腔中的温度分布对零件变形和内在压力有很大的影响，合理设置冷却通道可以降低内在压力，从而提高了注塑件的质量；此外，还可以缩短循环时间，降低产品成本。其次是模温机必须能够使导热流体的温度恒定在 1～3℃的范围内，具体温度根据注塑件质量要求来定。第三是导热流体必须具有良好的热传导能力，最重要的是，它要能在短时间内导入或导出大量的热量。从热力学的角度来看，水明显比油好。

4.8.2 破碎机（粉碎机）

为了充分利用冷料、注塑残次品和废品，降低材料成本，对于生产中不落地、少污染的废料，可将其破碎后，再次使用进行注塑。废料循环次数根据所加工制品性能要求和原料性能确定。而破碎机（粉碎机）就是将大尺寸的固体原料破碎（粉）

碎至要求尺寸的装置。破碎机（粉碎机）由粗碎、细碎、输送等装置组成，以高速撞击的形式达到破碎（粉碎）的目的。破碎（粉碎）过程中施加于固体的外力有剪切、冲击、碾压、研磨四种。剪切主要用在粗碎（破碎）以及粉碎作业，适用于有韧性或者有纤维的物料和大块料的破碎或粉碎作业；冲击主要用在粉碎作业中，适于脆性物料的粉碎；碾压主要用在高细度粉碎（超微粉碎）作业中，适于大多数性质的物料进行超微粉碎作业；研磨主要用于超微粉碎或超大型粉碎设备，适于破碎作业后的进一步粉碎作业。可根据需要选择加工的体积（质量）、频率等进行选择。

4.8.3　干燥机

干燥机是指一种利用热能降低物料水分的机械设备，用于对物体进行干燥操作。干燥机通过加热使物料中的湿分（一般指水分或其他可挥发性液体成分）汽化逸出，以获得规定湿含量的固体物料。干燥的目的是满足物料使用或进一步加工的需要。按操作压力，干燥机分为常压干燥机和真空干燥机两类（减压干燥机也称真空干燥机）。

目前注射成型用的干燥机多和料斗配合（图 4.55、图 4.56），干燥机的选择要根据原料的吸湿性（亲水性）、注塑机的塑化能力、制品的重量确定，综合考虑干燥机的功率、容积和干燥效率。干燥机内的塑料原料，在模流分析时，需要考虑原材料的初始温度是否等于室温。

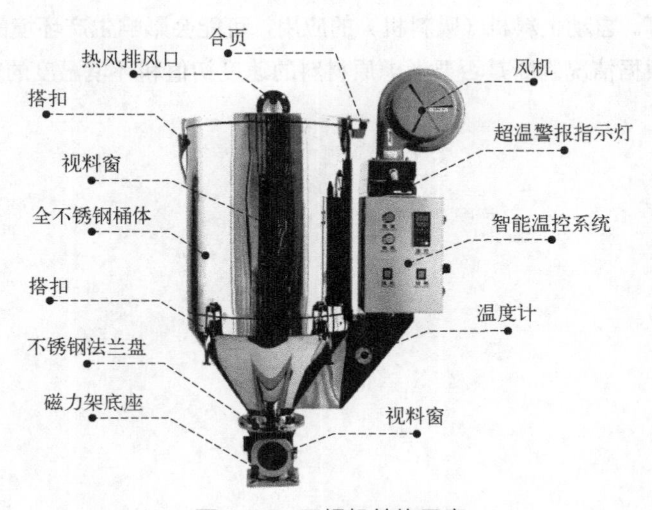

图 4.55　干燥机结构示意

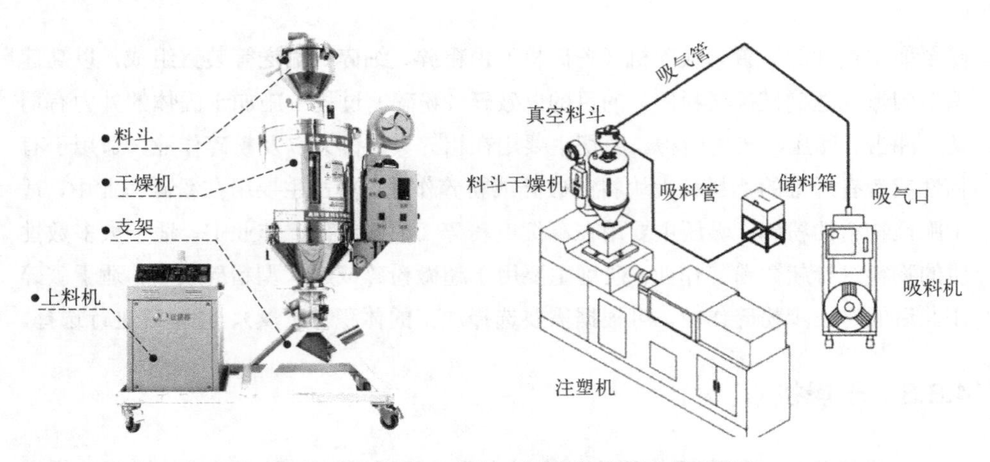

图 4.56　上料机与干燥机、注塑机的配合使用示意

4.8.4　自动上料机（吸料机）

自动上料机（吸料机）广泛使用在注塑机、挤出机等设备的原料输送过程中，具有安装方便、操作简单、长距离输送能力强、生产稳定、操作可靠的特点，是实现完全自动化生产的一个辅助设备。自动上料机（吸料机）用于注射成型的原料输送，可自动送料给注塑机。当塑料中央供料系统的料桶内缺少料时，会给自动上料机（吸料机）信号。自动上料机（吸料机）利用抽风的原理将塑料原料输送给注塑机的料桶内，当料达到一定程度时，自动上料机（吸料机）会停止，等到料不够时再次输送即可。自动上料机（吸料机）的应用，可能会影响生产环境的温度，模流分析时，要根据情况判断是否要考虑原材料的速度初值和环境温度的变化。

第 5 章
注塑过程模拟案例分析

为了方便理解注射成型、气体辅助注射成型、水辅注射成型的工艺特点，用带加强筋的平板类制品进行模流分析。同时为了便于模流分析初学者练习，注塑工艺模流分析用与第 3 章齿轮制品相似的流程。本章案例的塑料制品仅仅用于展示模流的功能，不是工程实例。

5.1 制品分析

在进行模流分析之前使用 UG NX 12.0 建立 CAD 模型，模型尺寸如图 5.1 所示。完成后的 CAD 模型保存为“.stp”格式的文件。制品的材料为聚丙烯（PP）。

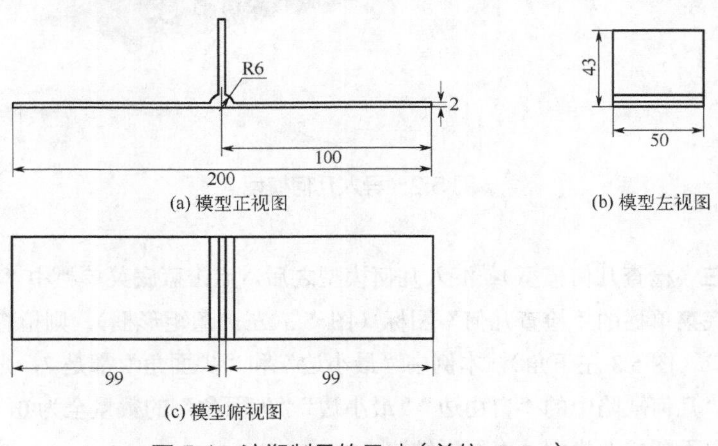

图 5.1　注塑制品的尺寸（单位：mm）

制品的最大流长比约为 100（聚丙烯正常范围内），壁厚从 2mm 到 6mm，相差 2 倍。采用注射成型，厚度变化可能产生熔接痕或气穴，加强筋背面容易发生保压不足产生的凹痕，且长度 200mm 的平板可能产生较大的翘曲变形。希望通过模流分析，预测注塑可能产生的缺陷及形成原因，以便能改善工艺和成型质量，提高制品的成型尺寸精度。为此，选用与第 3 章齿轮注塑制品相似的流程与模流分析序列，即完成带加强筋的平板制品的流动/保压、冷却和翘曲变形分析。

5.2 带加强筋平板的前处理

步骤一（打开软件建立项目）和步骤二（汇入几何模型）：打开 Moldex3D Studio 2023 软件，建立新项目“sheet”，制程类型选择“射出成形”，导入建立的几何模型（文件格式为“.stp”）后，软件界面如图 5.2 所示，详细操作步骤可参考第 3 章。

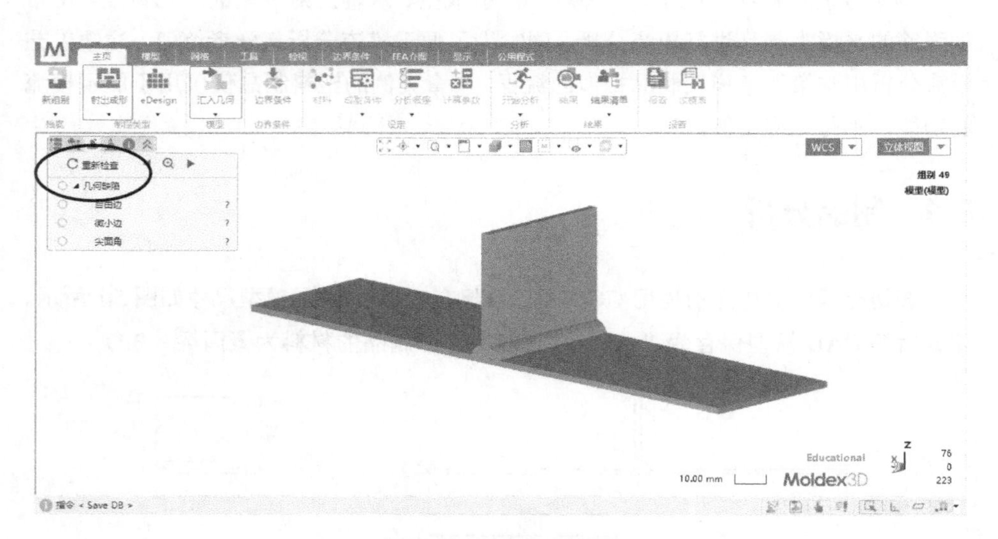

图 5.2 导入几何模型

步骤三（检查几何模型）：汇入几何模型之后，点击蓝底菜单栏中“模型”后，再点击白底菜单栏的“检查几何”图标（图 5.3 左上角矩形框），则检查结果出现在工作窗口（图 5.3 左下角），本例中“最小边”和“尖面角”都是 7，则需要修改模型。若“几何缺陷中的“自由边”“最小边”“尖面角”的数量全为 0，进行下一步；否则要不断修改模型，直至无缺陷。

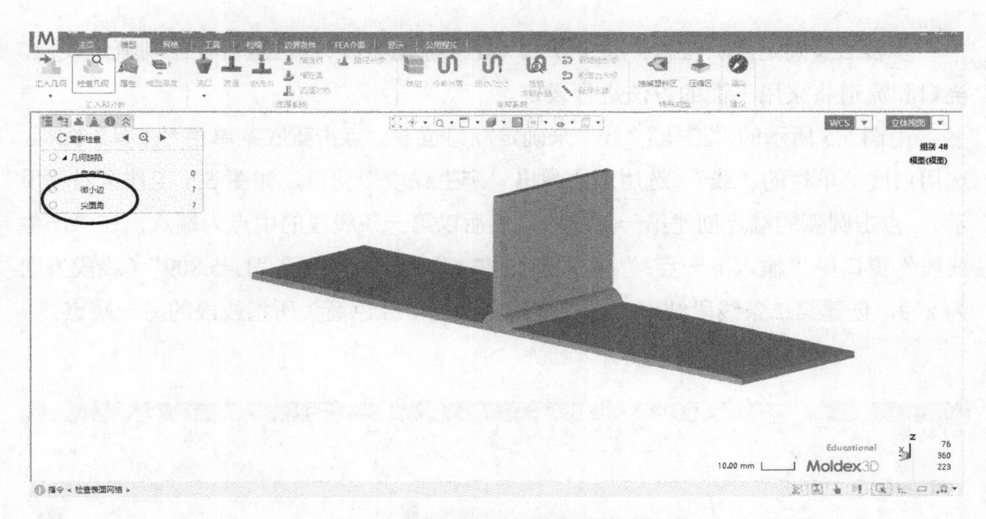

图 5.3　模型的“检查几何”界面

步骤四（设置属性）：“检查几何”零缺陷后，点击图 5.4 所示的蓝底菜单栏中的“模型”，点击白底菜单栏的“属性”，鼠标左键选取要编辑属性的 CAD 结构，这里选择带肋平板，出现“射出成形属性设定”弹出式窗口，选择“属性：”中的“塑件”，将薄板属性设置为“塑件”，完成属性设置。

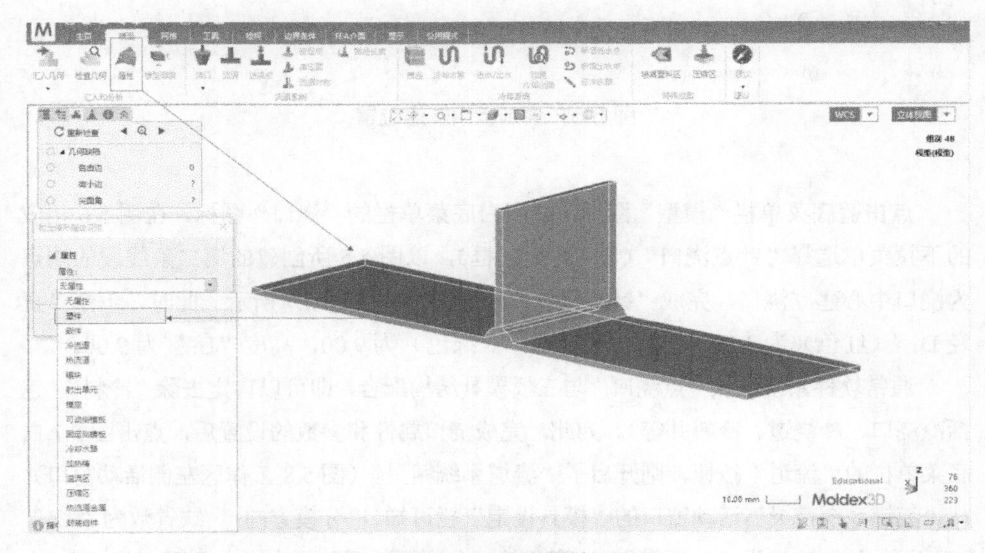

图 5.4　设置属性

步骤五（确定浇口位置）和**步骤六**（建立流道系统）：这里自行绘制流道线段，浇口和流道将采用下面的方法进行设定。

用图 5.5 所示的“工具”“线”来确定浇口位置。点击蓝底菜单栏“工具”图标，选用白底菜单栏的“线”（选用后会弹出“产生线段”窗口，如图 5.5 工作区右侧所示），点击圆弧的端点创建第一条线段，然后以第一条线段的中点为端点，在“产生线段”窗口中“输入下一点：”栏中键入“3.5”，其下面显示“L=5.809”（线段方向为 z−），创建第二条线段结束，浇口将建立在这个红色箭头所指线段的另一端点。

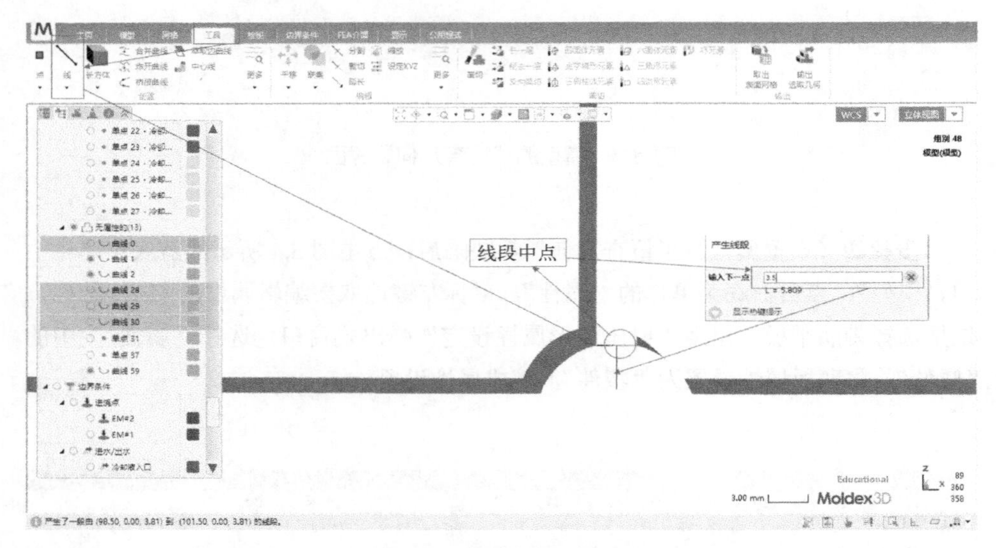

图 5.5　绘制浇口端点位置

点击蓝底菜单栏“模型”图标，选用白底菜单栏的“浇口”图标，在图 5.6 相应的下拉菜单选择“针点浇口”（图 5.6 矩形框），以图 5.5 所创建的第二条线段的端点为浇口中心建立浇口，完成“针点浇口”设置的结果如图 5.7 所示。此时，下端“直径 D：”（红色）为 3.00，上端“直径 D：”（绿色）为 9.00，高度“L：”为 9.00。

通常软件系统默认“点浇口”与三板模具结构配合，即可以自定去除“冷料”（包括冷浇口、冷浇道、冷料井等）。为此，完成浇口属性和参数的设置后，点击图 5.7 白底菜单栏的“流道”按钮，则开启了“流道系统精灵”（图 5.8 工作区左侧活动窗口）。从“流道系统精灵”活动窗口的“模具设定”栏可知，“分模方向：”缺省数为“+Z”，“模版型式：”缺省为“2 板模”；该窗口的“分型面位置”栏中，分型面“使用”“浇口平面”，位置“PL1（Z）”的 Z 向数值为 0.309。至此，可发现“流道系统精灵”无法使用三板模且进浇口投影并未在塑件（或模具）中心（图 5.8），所以需要通过手动设置建立流道系统。这里用小尺寸的侧浇口替代点浇口，这样三板模仍然可以自动去除冷浇注系统。为此，删除图 5.7 建立的“针点浇口”，选择图 5.6 矩形框正下方的“侧边浇口”，侧边浇口参数使用默认值，在原来针点浇口位置建立“侧边浇口”。

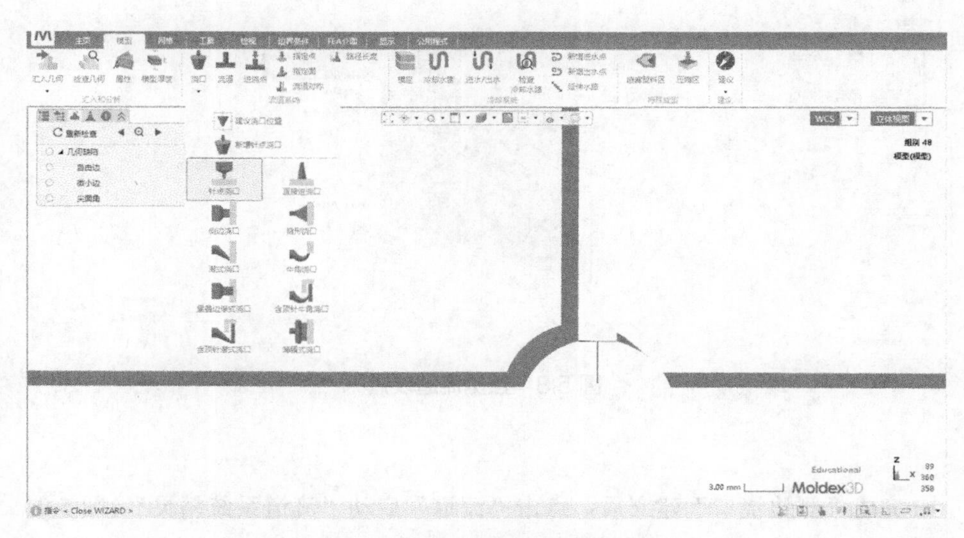

图 5.6　选取“针点浇口”界面

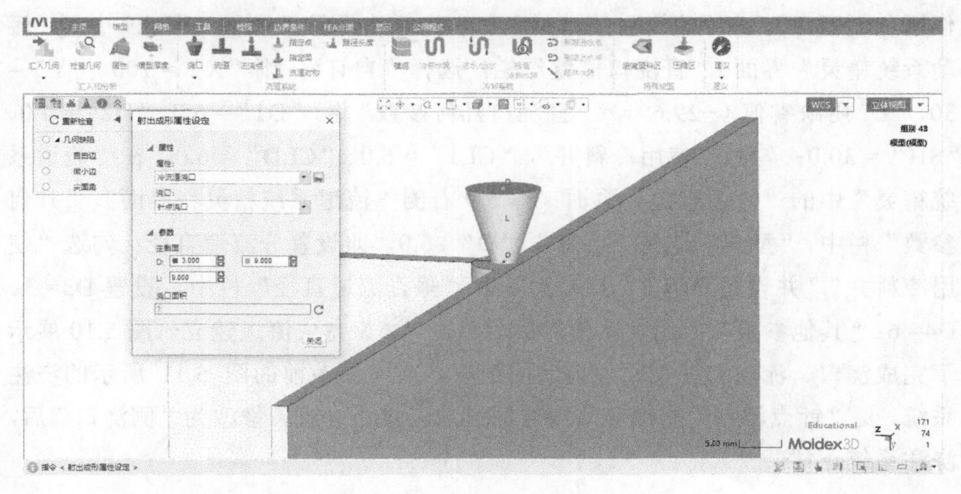

图 5.7　建立“针点浇口”界面

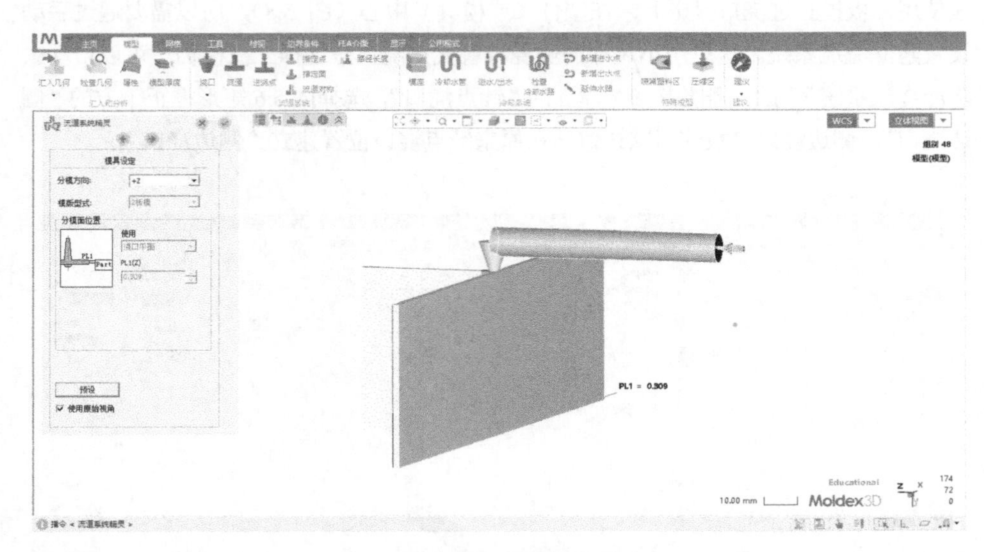

图 5.8　预览流道设置

完成“侧边浇口”建立后，点击“流道”启动“流道系统精灵”（图 5.9）。在“模具设定”页面设置“分模方向”为“-Z”、“模板型式”为“3 板模”；在“分模面位置”栏，分流道长度“PH”取=30，其余参数采用默认值（图 5.9 工作区左侧窗口）。在“流道系统精灵”中“直浇口设定：”页面（图 5.9 中间“流动系统精灵”界面）“直浇口位置”栏，选择“自订”，则“X” = 100、“Y” = 30，“Z”用缺省值（−29.691）；“直浇口几何参数”栏，“D1” = 6.0、“D2” = 4.0、“SH” = 30.0；勾选“使用冷料井”，“CL1” = 6.0、“CLD” = 6.0。在“流道系统精灵”中的“流道设定”页面（图 5.9 右侧“流道系统精灵”界面），“几何参数”栏中，“型式”选择“圆形”，“D” =6.0，即设置分流道直径；勾选“使用冷料井”，并设置“CL2”直径为 6.0；“垂直流道直径”栏中，设置 D3= 3、D4= 6；“其他参数”栏用默认值，最后点击“ ”完成流道建立。图 5.10 展示了完成浇口、流道和分型面建模后的结果。对比更改前的图 5.11 所示的浇注系统，原“针点浇口”的锥形结构与流道的连接不合理，修改为“侧浇口”后，浇注系统正常。

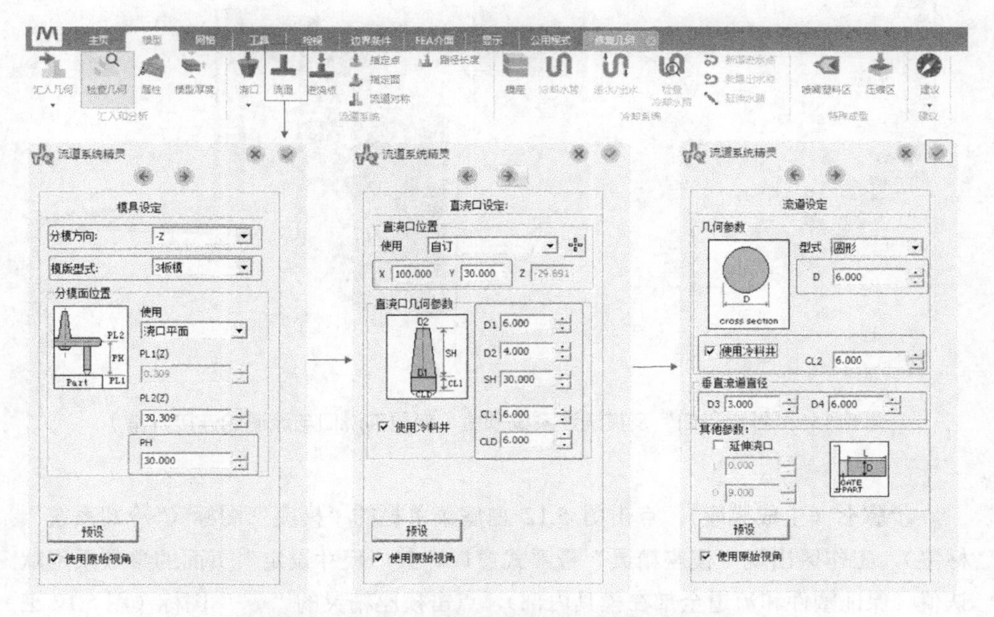

图 5.9　使用“流道系统精灵”设置流道参数

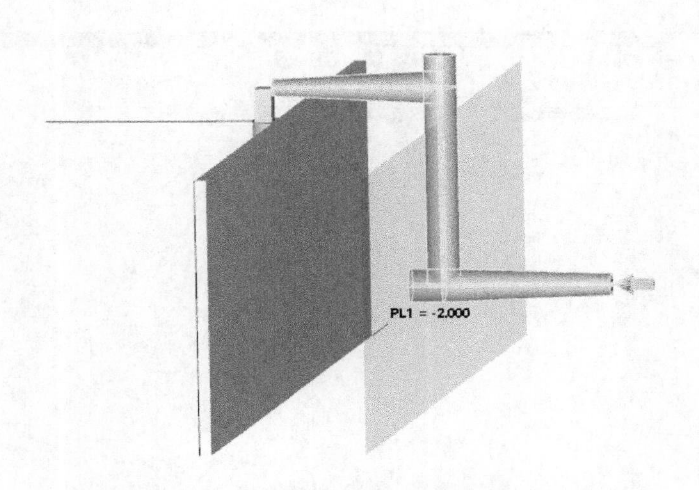

图 5.10　“侧边浇口”及其三板模浇注系统

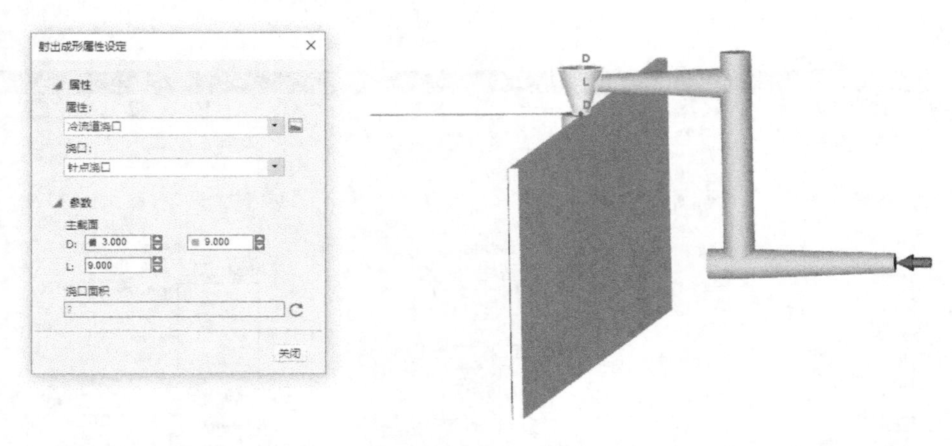

图 5.11 “针点浇口”及其浇注系统预览（变更前浇口与流道的连接异常）

步骤七（生成模座）：点击图 5.12 白底菜单栏的“模座”图标（“冷却系统”标签），工作区出现“模座精灵”悬浮式窗口。其“尺寸设定”页面的参数采用默认值（保证塑件和流道全部在模具内部），点击模座精灵的“➔”图标（图 5.12 工作区左侧窗口右上角矩形框），进入“高度设定”页面，参数采用默认值，点击“✓”完成模座的设置。

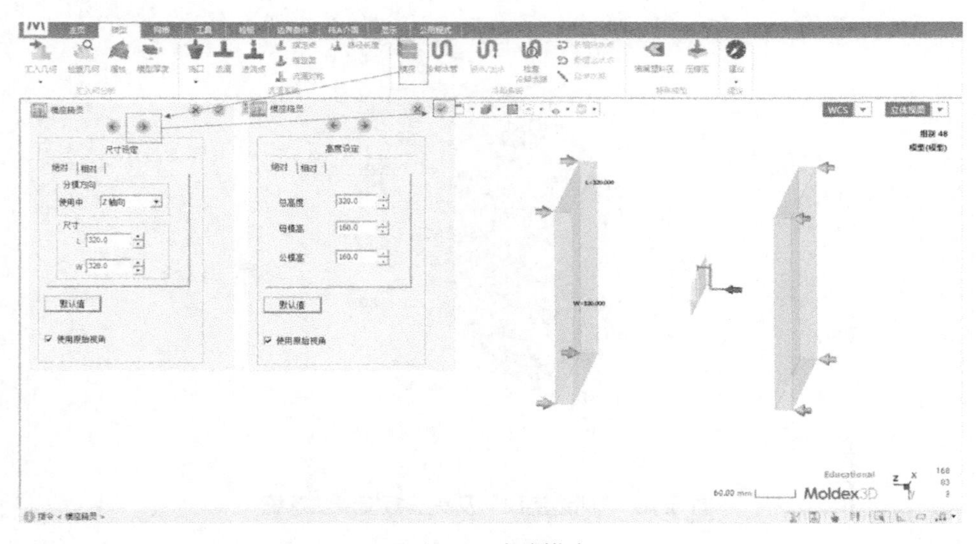

图 5.12 生成模座

步骤八（创建冷却系统）：点击图 5.13 白底菜单栏中的“冷却水管”图标，则出现“水路配置精灵”活动窗口（图 5.13 工作区左侧窗口），在“基本设定”页面，点击底部的“样板…”按钮，则出现“冷却水路样板”的悬浮窗口（图 5.13 工作区右侧窗口），选用“U 形”水路，点击“确定”。

图 5.13　选用 U 形水路

冷却水路样板选用后，“水路配置精灵”窗口自动更新为图 5.14 工作区左侧的窗口，“冷却水路样板：U 形”的参数设置如下：L1= 140、L2= 35、L3= 140，“轴向”、“位置”等用缺省值，点击“ ”（图 5.14 左侧窗口），完成冷却水路样板参数设置。图 5.15 展示了冷却水路参数（图 5.15 矩形框）的具体含义和数值。“水管的参数”栏目下，“D”为冷却水路直径，这里是 8.00；“N”为冷却水路的数量，这里是 2；“C”是水管间中心线的距离，这里是 24；“H”是距离模座 z 向的距离，这里是−80。

U 形冷却水路参数设置后，“水路配置精灵”窗口自动更新为图 5.16，其中“水管的方向”栏选“x 轴”；“水管的参数”应用默认值，点击“ ”完成设置，退出“水路配置精灵”。

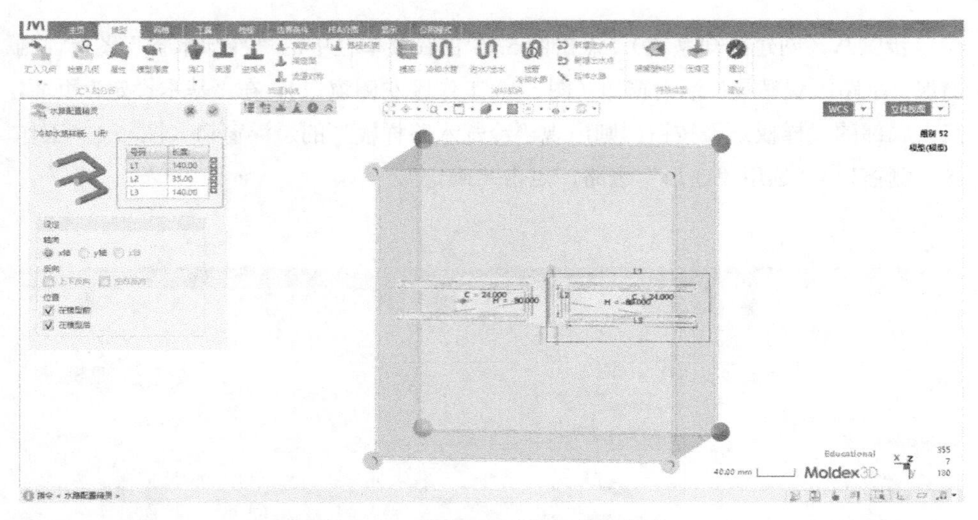

图 5.14　设置 U 形冷却水路参数

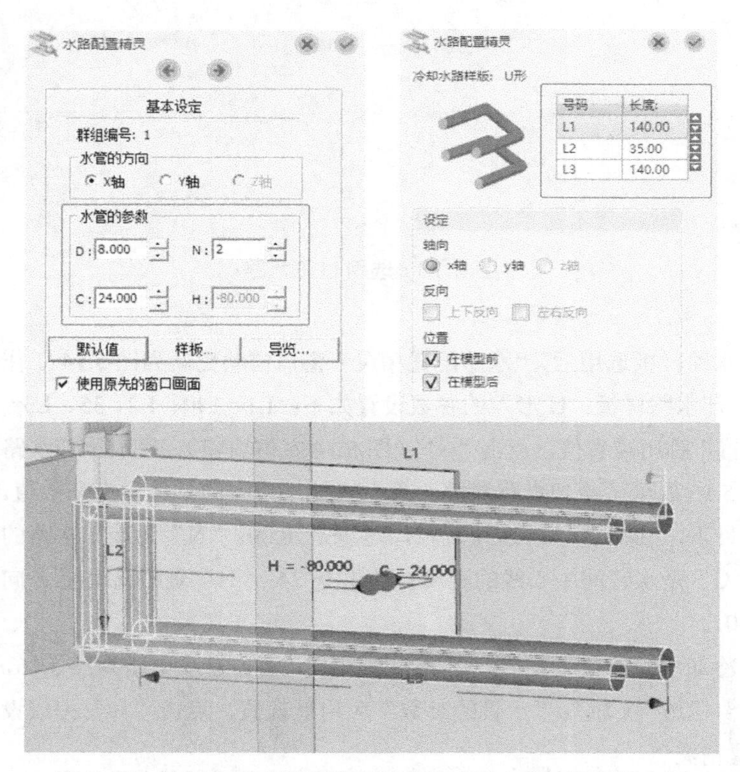

图 5.15　冷却水路中的参数和对应的冷却水路的局部放大图

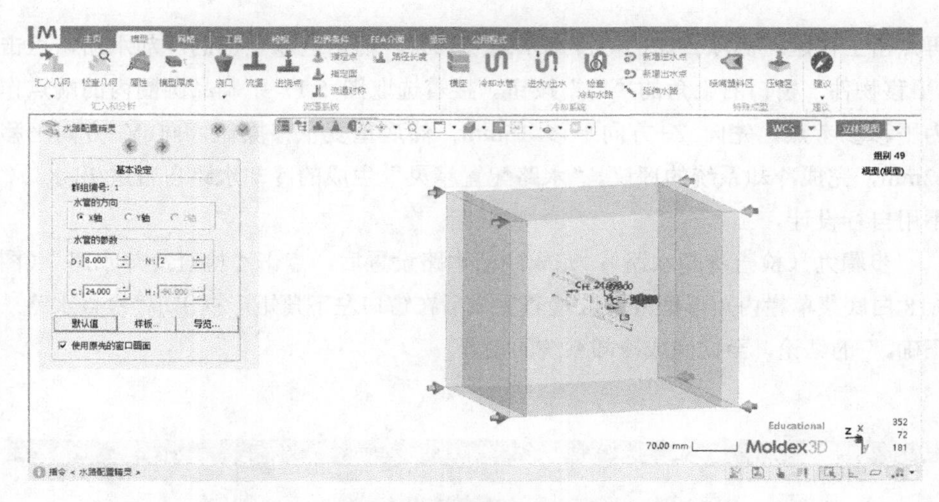

图 5.16　“水路配置精灵”中设置水路方向

查看图 5.16 设置的冷却水路，发现水路与塑件（型腔）的距离过小，不符合设计要求。于是，需要根据工程需求，调整水路和塑件（型腔）之间的距离。点击蓝底菜单栏中“工具”图标、白底菜单栏的“平移”图标（图 5.17 白底菜单栏中矩形框）功能移动冷却水路。具体流程如图 5.17 所示。点击的“平移”图标后，

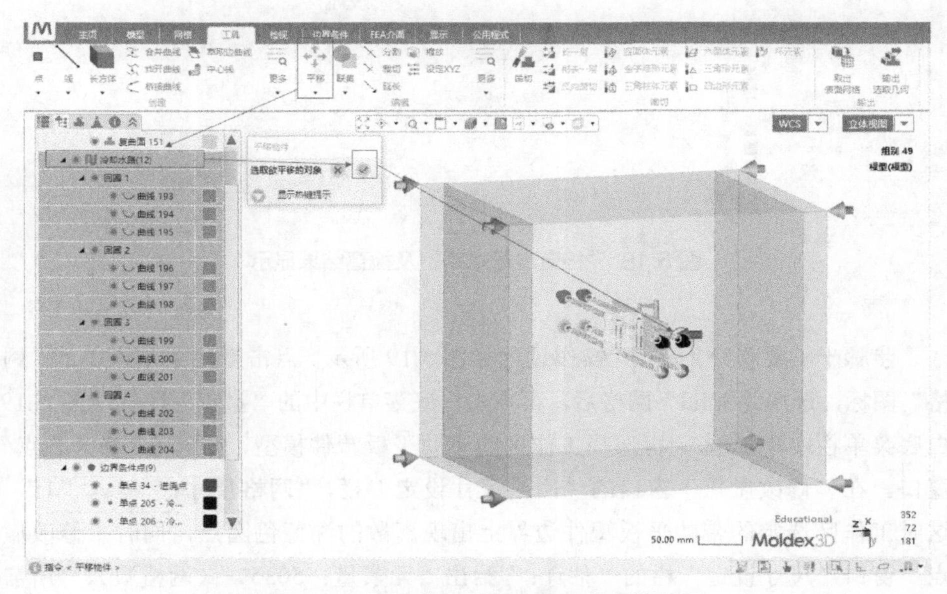

图 5.17　使用“平移”工具更改流道位置

再点击工作区左侧项目树的“冷却水路（12)”，然后选取全部的冷却水路，点击“平移物件”窗口右上角的“ ”按钮。接着选取图 5.17 中制品圆圈内的端点作为平移参考点，先向 Z+方向平移 15mm；然后重复平移操作，向 Y−方向平移 12mm，完成冷却系统的评议。“水路配置精灵”生成的冷却水路自带进/出水口，不用自行设计。

步骤九（检查冷却水路）：完成冷却水路设置后，点击“检查冷却水路”（图 5.18 白底菜单栏内矩形框）图标，检查完成后在窗口左下角矩形框出现“检查水路…正确。”的结论，至此完成冷却系统的设置。

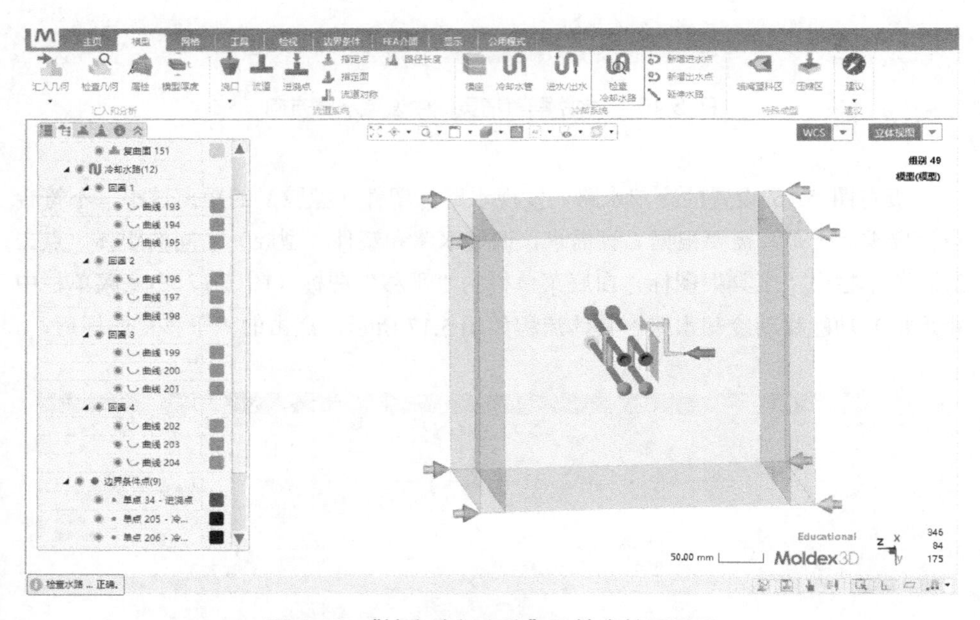

图 5.18 “检查冷却水路”及检查结果显示

步骤十（撒点）：“撒点”操作过程如图 5.19 所示。点击蓝底菜单栏中的“网格”图标，选用“Solid”网格后，再点击白底菜单栏中的“撒点”图标（图 5.19 白底菜单栏中矩形框），再选择工作区的带肋平板塑件模型，则出现“修改撒点”窗口。在“修改撒点”窗口的“网格尺寸设定”栏，“网格尺寸：”键入“1”，这时工作区选定的带肋平板塑件边界上出现离散的深蓝色圆点，同时“修改撒点”窗口“尺寸设定”栏的“估计：”给出“元素量：50357”（网格数)、“所需记忆体：201MB”。点击“修改撒点”窗口右下角的“套用”按钮，再点击窗口右上角的“ ”，则“修改撒点”窗口更新为图 5.19 左下的活动窗口，以便进行局部撒点。本案例不需要进行网格加密，“修改撒点”窗口中的“撒点方式依：”栏目和“渐变方式：”栏目都用缺省值，此步骤直接点击窗口右上角的“ ”按钮，完成撒点设置。

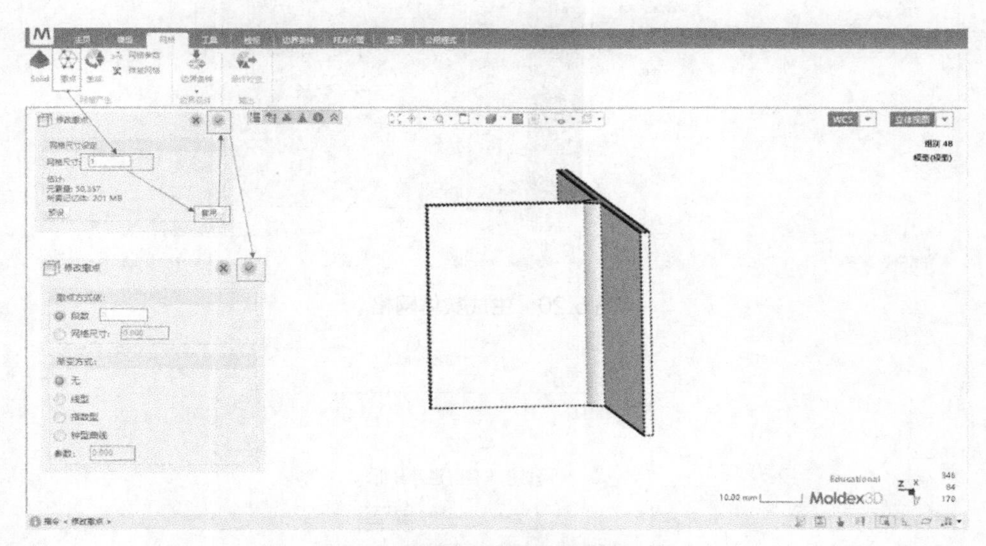

图 5.19 “撒点”操作过程示意

步骤十一（生成实体网格）：“撒点”完成后先进行文档的“保存”，然后再点击白底菜单栏中的“生成”图标，则出现图 5.20 工作区左侧“产生 BLM”悬浮窗口。选择“产生 BLM”窗口右下角的“生成”按钮，则软件依次完成“1.表面网格”、“2.实体网格”、“3.实体网格-冷却系统”的网格划分，并弹出“网格流程已完成”窗口（图 5.20 工作区中间矩形框）。“生成实体网格”完成后的结果如图 5.20 工作区所示。

步骤十二（再次确认检查）。实体网格全部生成完毕后，点击图 5.20 中“网格流程已完成”窗口矩形框“最终检查”图标，运行后弹出图 5.21 所示“网格检查”窗口，点击“确定”完成最终检查。

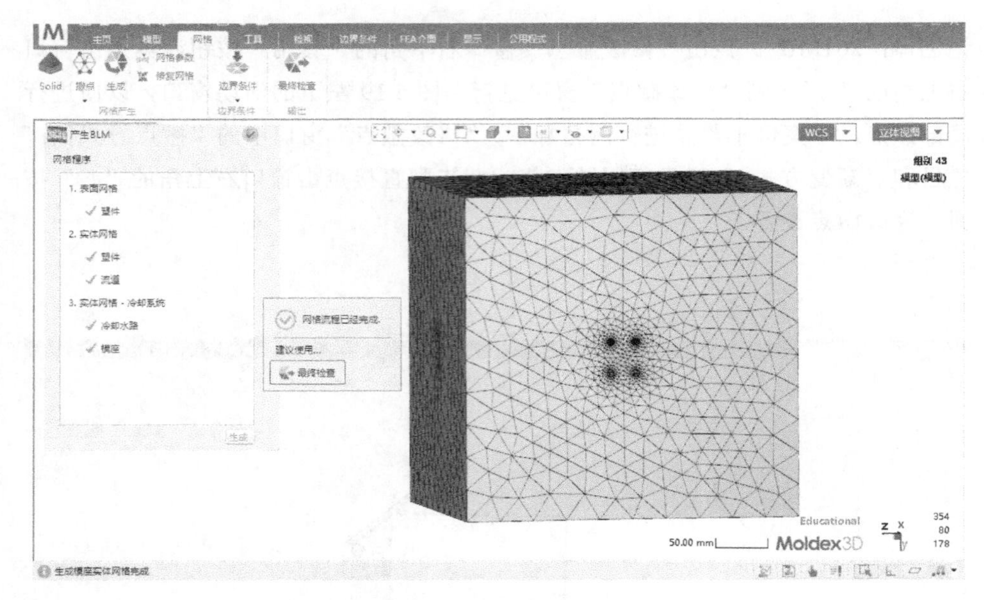

图 5.20　生成实体网格

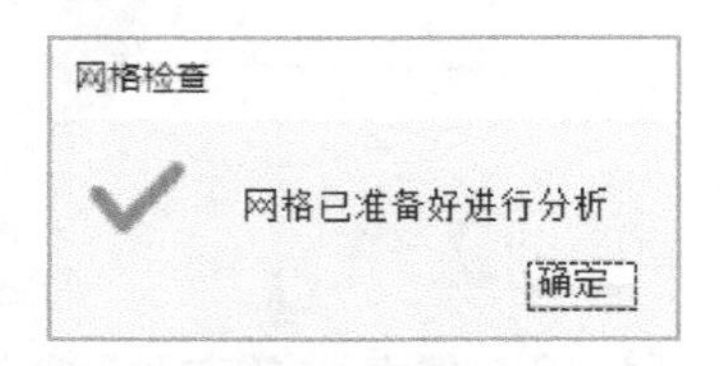

图 5.21　网格检查正常窗口

5.3　成型参数设定和分析

步骤十三（进入 Moldex3D 材料精灵）和**步骤十四**（材料加入专案）具体的过程与第 3 章类似，完成网格检查后，点击蓝底菜单栏的“主页”图标，选中白底菜单栏中的“材料”图标（图 5.22），完成材料设置并保存为“PP_125_1.mtr”文件。

步骤十五（设置工艺参数）：完成材料选择/设置后，点击图 5.22 中蓝底单栏的“主页”，白底菜单栏的 “成型条件”图标（图 5.22 虚线矩形框内），则出现图 5.23 所示的“Moldex3D 加工精灵”弹出式窗口。“Moldex3D 加工精灵”窗口“专案设定”页面（界面）的参数使用默认值（图 5.23），点击页面右下方矩形框的“下一步”进入图 5.24 的“充填/保压”页面（界面）。在“充填/保压”页面（界面），设置

“充填时间：”= 1sec，“速度 V/压力 P 切换点”为“由充填体积（%）”按照“98”%，“保压时间：”= 5sec，保压压力、塑料温度、模具温度设置如图 5.24 所示。

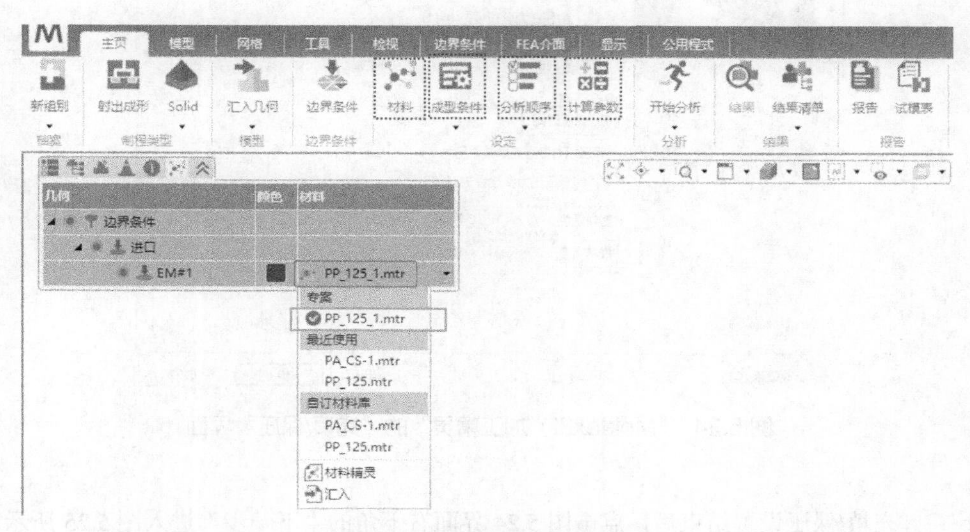

图 5.22　材料项目树导航栏

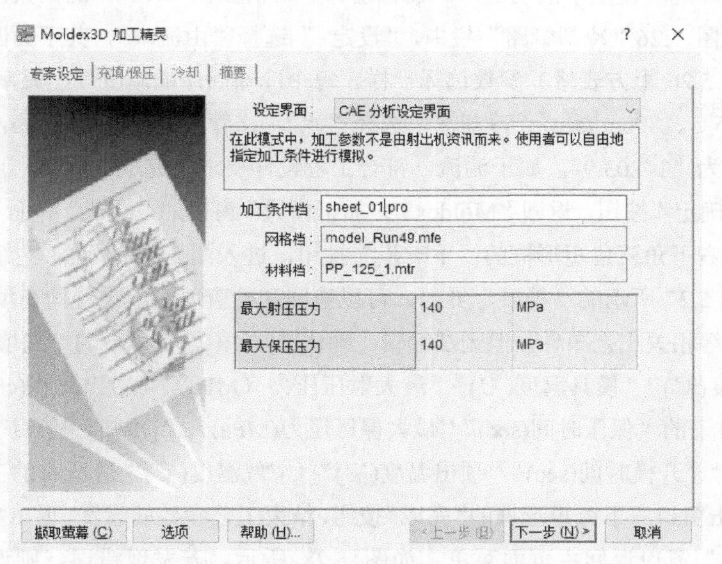

图 5.23　“Moldex3D 加工精灵”的“专案设定”界面

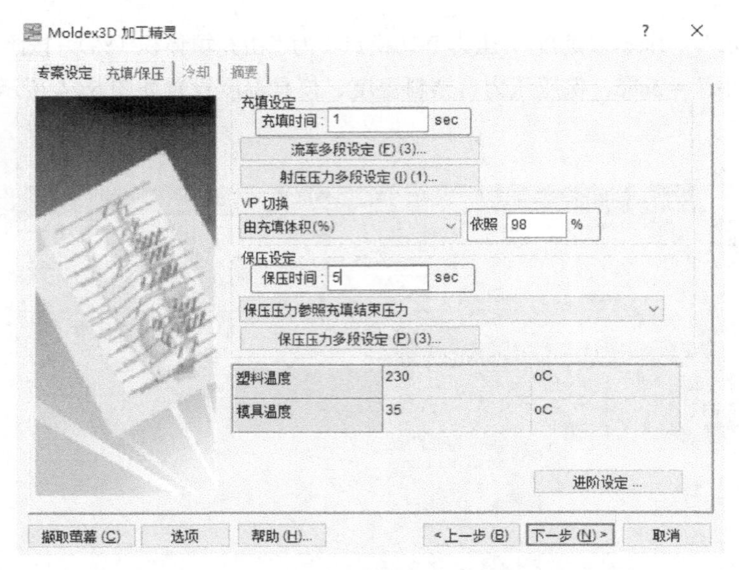

图 5.24 “Moldex3D 加工精灵”的“充填/保压”界面

充填/保压设置结束后，点击图 5.24 界面右下角的“下一步”进入图 5.25 所示的“冷却”界面，点击图中矩形框“冷却水路/加热棒（c）…”，则弹出图 5.26 所示的“冷却进阶设定”活动窗口。在该窗口，对前面图 5.18 中的四条冷却水路进行设置。图 5.26“冷却管路”栏中，“设定：”选择“由流率”，其下面四个冷却回路的（图 5.26 上方表格）参数选择一样。每个冷却回路的温度 T、流率 Q 相等，分别为 25℃、80cm^3/sec，“冷却液”选择“水”，水管直径“D”=8mm，相应的雷诺数 *Re* 为“14203.9”，属于湍流，符合工程设计要求。完成设置后，点击窗口右下角的“确定”按钮，返回“Moldex3D 加工精灵”窗口的“冷却”界面（图 5.25），点击界面右下角蓝色矩形框的“下一步”按钮，进入图 5.27 所示的“摘要”界面。

在图 5.27 所示的“摘要”界面，可以查阅和检查前面所设置的充填/保压、冷却、脱模等相关工艺条件，但无法编辑。确认“[充填]”条目下的“充填时间(sec)”“塑料温度(℃)”“模具温度(℃)”“最大射压压力（MPa）”“射出体积(cm^3)”，“[保压]”条目下的“保压时间(sec)”“最大保压压力(MPa)”、“[冷却]”条目下的“冷却时间(sec)”“开模时间(sec)”“顶出温度(℃)”“空气温度(℃)”等所有的工艺参数无误后，点击窗口右下方矩形框的“完成”按钮，结束工艺参数的设置，退出“Moldex3D 加工精灵”窗口返回主页面菜单，如图 5.28 所示。若发现错误，则返回不同的 Moldex3D 窗口界面，重新输入/修订工艺参数。

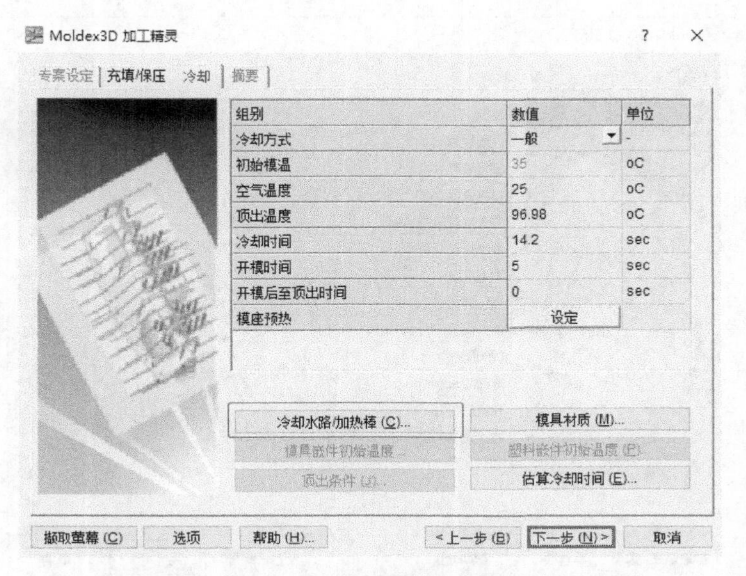

图 5.25 “Moldex3D 加工精灵”窗口冷却界面

冷却进阶设定

冷却水路/加热棒 | 模具材质 | 估算冷却时间

冷却管路

设定：由流率

冷却管路编号	T (oC)	Q (cm^3/sec)	冷却液	D (mm)	Re
EC1 (群组 1)	25	80	水	8	14203.9
EC2 (群组 2)	25	80	水	8	14203.9
EC3 (群组 3)	25	80	水	8	14203.9
EC4 (群组 4)	25	80	水	8	14203.9

相同群组更新为目前设定 (G)　全部管路更新为目前设定 (A)

加热棒

加热棒编号	加热方式	数值	单位

全部更新为目前设定 (A)

撷取萤幕 (C)　确定　取消

图 5.26 “冷却进阶设定”窗口中“冷却水路/加热棒”界面

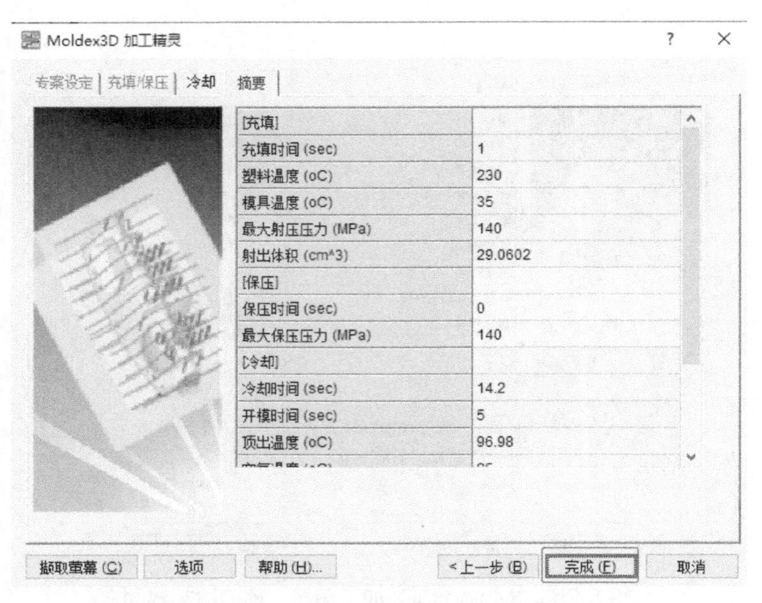

图 5.27 “Moldex3D 加工精灵”窗口的“摘要”界面

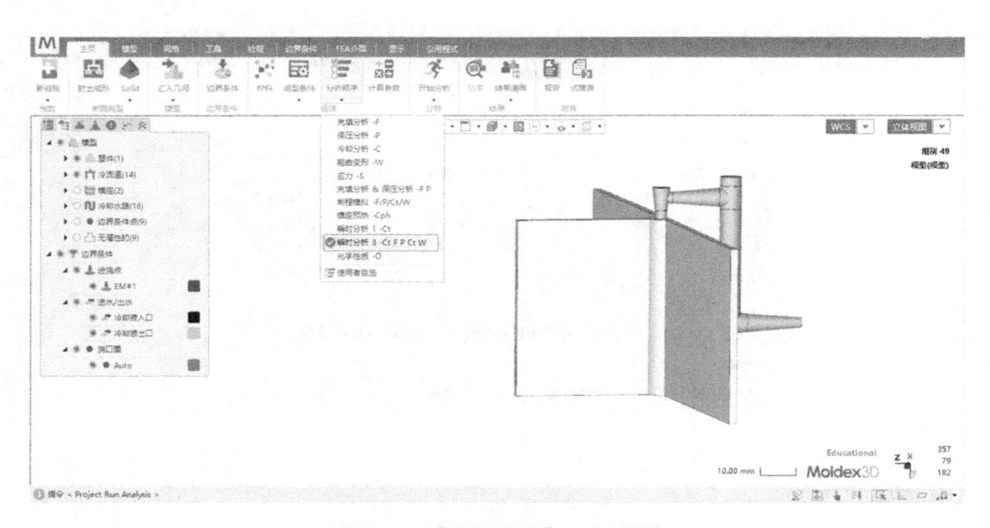

图 5.28 “分析顺序”下拉菜单

步骤十六（设置分析顺序）：在图 5.28 的“分析顺序”下拉菜单中，选择矩形框“瞬时分析 3 -Ct F P Ct W”，即瞬态温度场分析+充填/保压+瞬态温度场分析+翘曲分析。

步骤十七（设置计算参数）：点击图 5.29 白底菜单栏的矩形框“计算参数”图标，则弹出图 5.30 所示的“计算参数”窗口，可以根据工程实际依次设定“F 充填/保压”“C 冷却分析”“W 翘曲变形”“S 应力”的计算参数。在本例中，“计算参数”窗口的“充填/保压”界面中勾选“考虑结晶效应”（图 5.30）；“冷却分析”用预设值（缺省值）；在“翘曲分析”界面中不勾选“计算不包含流道”、“计算不包含溢流区”，勾选“考虑温度差异效应与区域收缩差异分析”（图 5.31 中矩形框）。因为分析序列中没有“应力”和“黏弹/光学”，相应的应力分析、黏弹光学的设置可以忽略。也就是说，没有启动应力分析的数值求解，应力设置中的任何参数值无法与控制方程相关联，有无都不影响任何本次选择分析序列的任何结果。黏弹/光学参数类似。

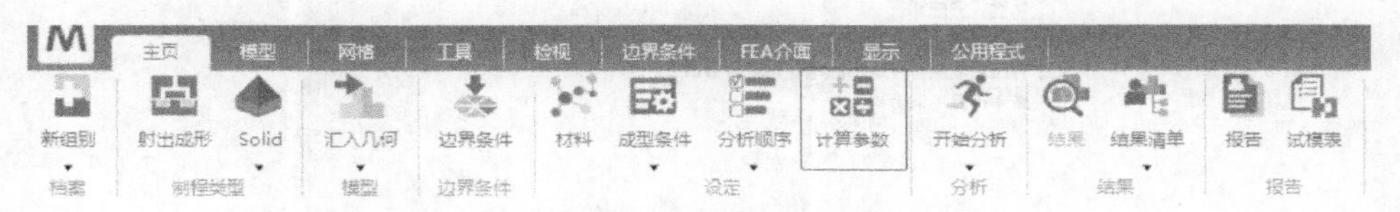

图 5.29　点击“计算参数”功能图标

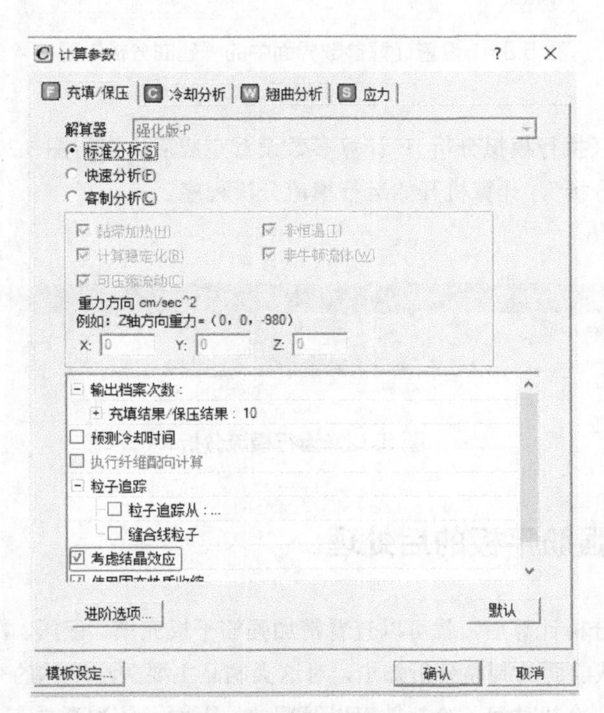

图 5.30　设置计算参数界面中的“充填/保压界面”

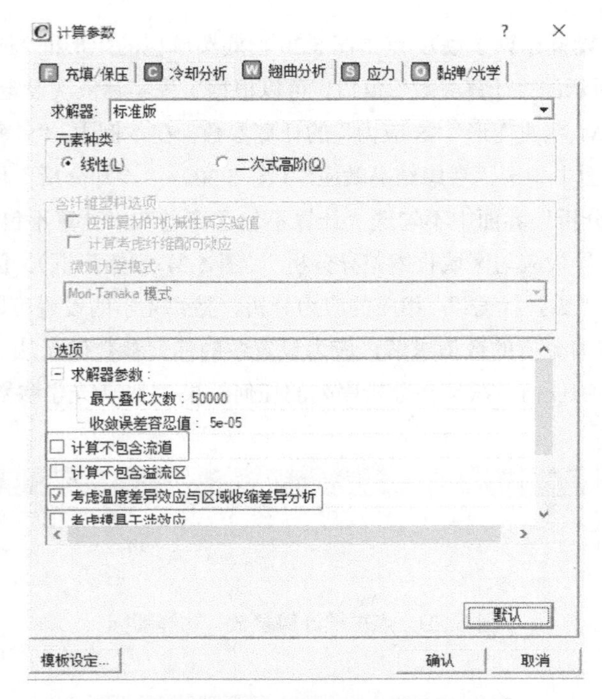

图 5.31　设置计算参数界面中的“翘曲分析”界面

步骤十八（执行模拟分析）：计算参数设置完成后，点击图 5.32 所示菜单中矩形框的“开始分析”，计算机开始运行模流分析程序。

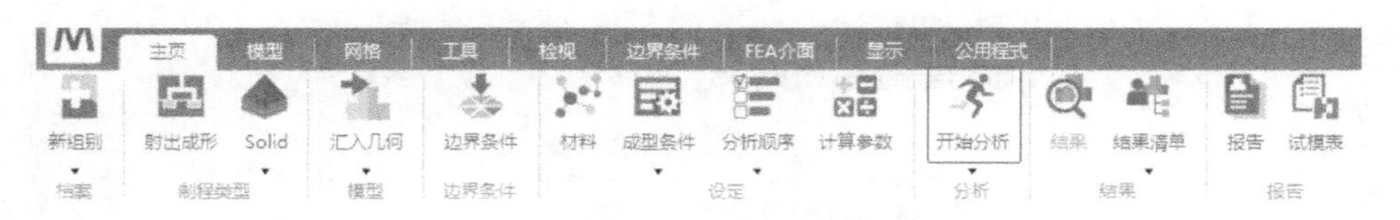

图 5.32　运行模流分析

5.4　带加强筋平板的后处理

完成模流分析计算后，就可以查看带加强筋平板充填、保压、冷却、翘曲相关的模拟结果。从前面的制品分析知道，对这类制品主要关注熔体的充填、制品凹痕位移、锁模力、冷却时间、冷却效率以及翘曲。下面，依次查看有关结果。

5.4.1　充填/保压结果

先看一下熔体的填充情况。选中图 5.33 所示菜单项的“结果”图标→点击“[图标]”→点击工作区左侧窗口的“结果 F P Ct W”中的“充填”，在其展开选项中选择“流动波前时间”获得图 5.33 工作区右侧的流动波前模拟结果。从图 5.33 中可知：熔体能顺利充满型腔，但熔体流动不平衡。为清晰查看熔体充填情况，可以通过动画播放方式查看，图 5.34 是动画的截图。

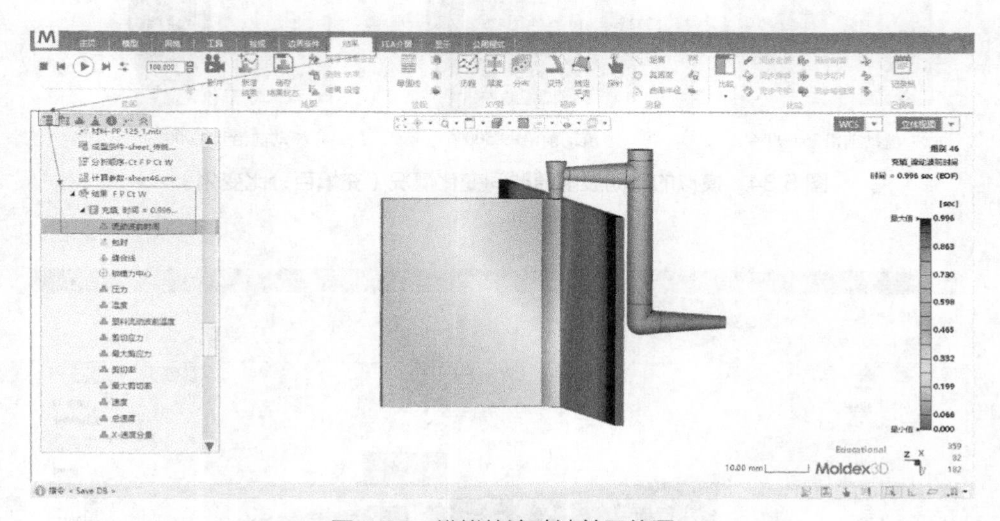

图 5.33　模拟的流动波前云纹图

图 5.34 中可知：流动前沿 10.5%，熔体充满浇注系统，准备从浇口进入型腔（塑件）；流动波前沿 29%时，熔体加强筋充填完毕，肋板充填速度比平面快；流动前沿 46.8%，熔体充满加强筋和肋板上边界；流动前沿 56%，塑件加强筋、肋板充满，平板部分充填；最后熔体充满型腔，并无短射现象。

制品存在加强筋厚壁区域，因此需要查看保压结束后的模拟结果，即在“充填/保压”条目的展开选项中选择“凹痕位移”结果。为便于量化凹痕结果，通过图 5.35 所示的菜单栏中的“显示”图标及其相应的白底菜单栏各选项功能，可方便查看模拟分析结果。点击“凹痕位移”后，结果的云纹图改为查看凹痕位移的最大值、最小值及分布。从图 5.35 可知凹痕的最大值在加强筋处，空间 x、y、z 坐标为 95.15、46.0、1.54，最大的凹痕位移是 0.04mm。

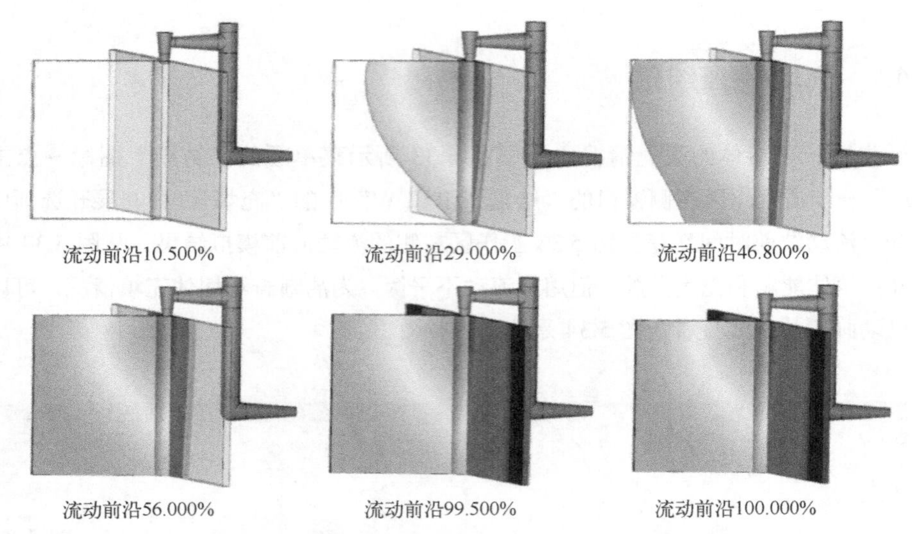

图 5.34 模拟的流动波前随时间变化情况（充填百分比变化）

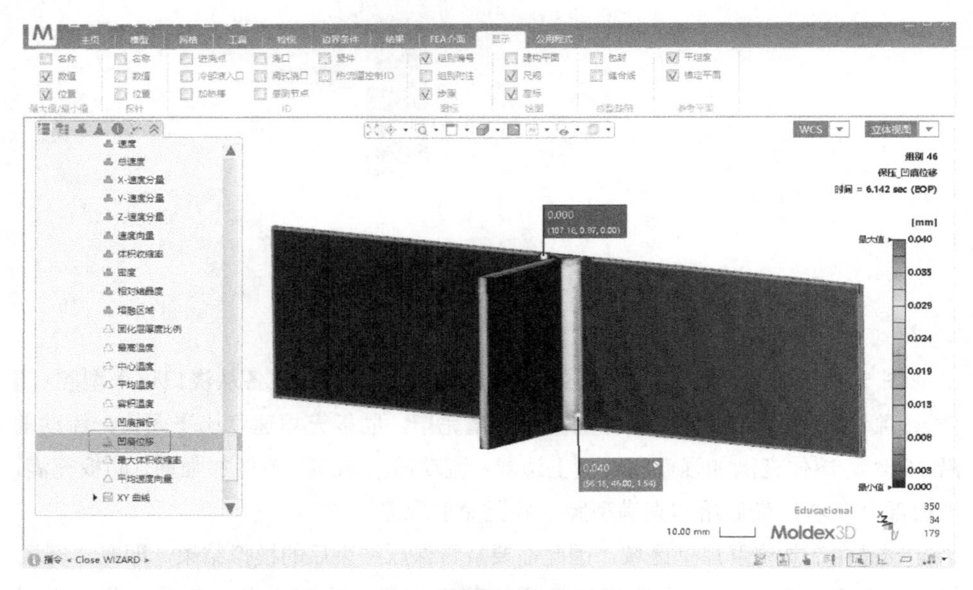

图 5.35 模拟的凹痕位移结果

点击“充填/保压”展开菜单中的“XY 曲线”，选中“锁模力”选项，可获得图 5.36 所示的锁模力-时间曲线结果。

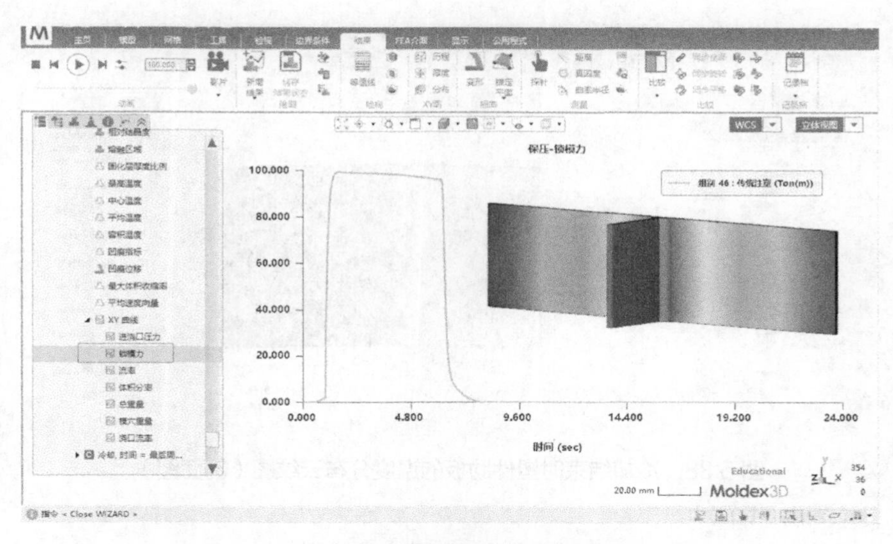

图 5.36　模拟的锁模力-时间曲线

5.4.2 冷却结果

冷却模拟结果，可获得塑件和冷却管道的温度数据及塑料熔体相态、结晶等信息。

通过图 5.37 左侧的“冷却”展开菜单中的“温度”查看冷却结束时塑件的温度分布（图 5.37 工作区云纹图），从中知塑件的积热部分位于加强筋的壁厚处。图 5.38 是利用“剖面”工具得到的塑件内部的温度分布情况（操作过程参考第 3 章）。

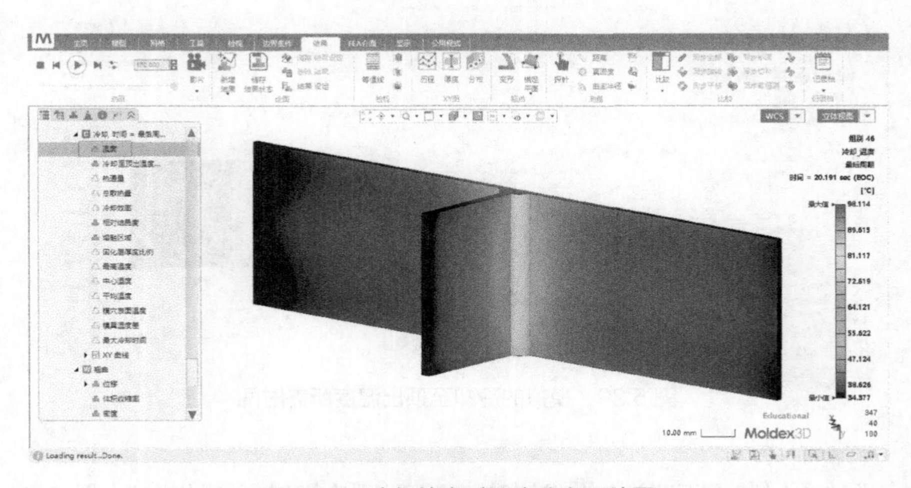

图 5.37　冷却结束时温度分布云纹图

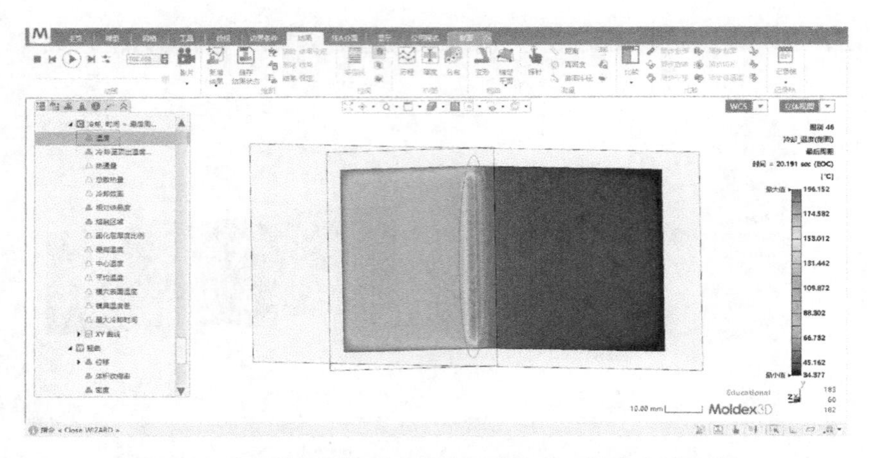

图 5.38　冷却结束时塑件肋板的温度分布云纹图（剖面图）

根据冷却分析结果，还可以查看冷却时间设置是否合理。点击图 5.39 左侧“冷却”展开菜单中的“冷却至顶出温度所需时间”，得到塑件不同位置冷却到顶出温度的时间，即图 5.39 中的“结果判读工具”窗口，从中可获得塑件各部分达到脱模温度时冷却时间的分布百分比。从图中的分布结果可知，本案例中约 93%的制品在 17.847s 到达脱模温度，因此设定的冷却时间 20.191s 在合理范围，但时间稍长。过久的冷却时间，可能造成脱模困难；过短冷却时间，可能赋形不完整。

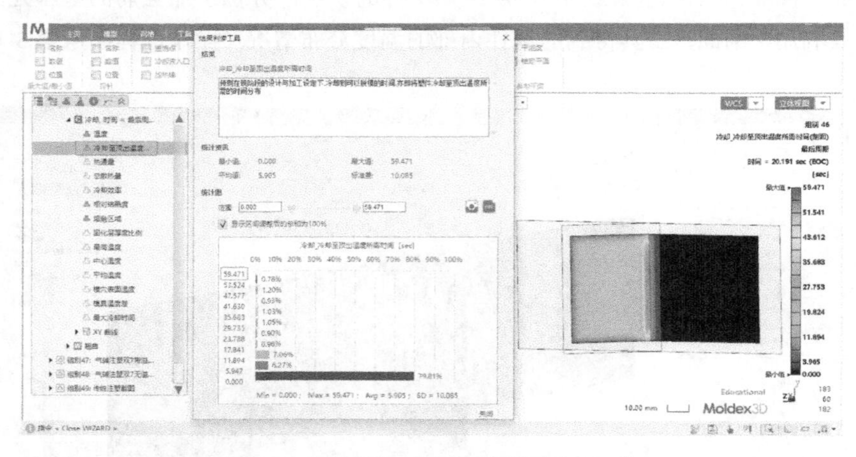

图 5.39　模拟的冷却至顶出温度所需时间

通过“冷却”展开菜单中的“冷却效率”可查看冷却水路的冷却效率。图 5.40 中的“结果判断工具”窗口的“冷却-冷却效率”结果，说明四个冷却水路都有贡献，由于制品结构引起的“角域”积热效应，红色管道的效率高于蓝色管道，与工程实际相符合。

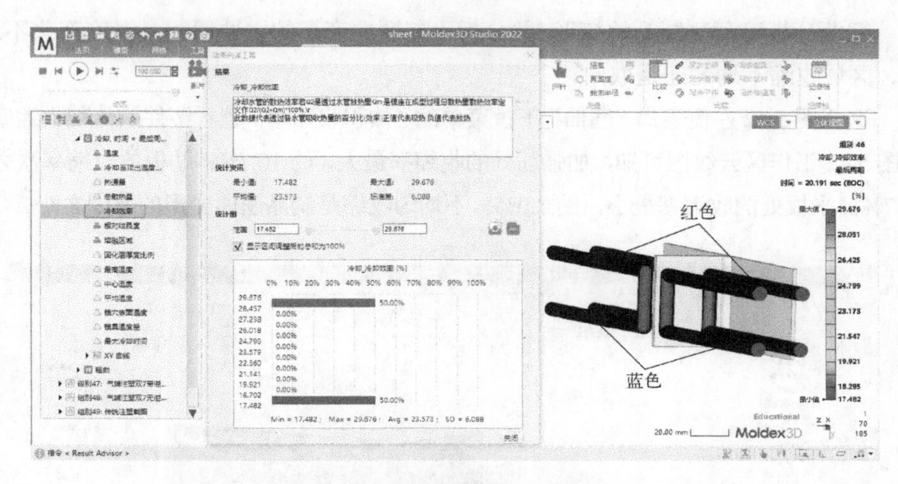

图 5.40　冷却模拟的冷却效率

此外，冷却分析，还可以给出制品结晶度的相关数据，即通过“冷却”展开菜单中的“相对结晶度”查看塑件结晶区域的分布情况。图 5.41 是“结果判读工具”窗口中的“冷却-相对结晶度”结果和图 5.41 右侧工作区显示的相对结晶度的云纹图。从云纹图可知，PP 制品平板内大部分的相对结晶度在 50%左右，而肋板的结晶度偏低；从柱状图结果可知，塑件 65%以上的结晶度分布在 20%～68%之间。

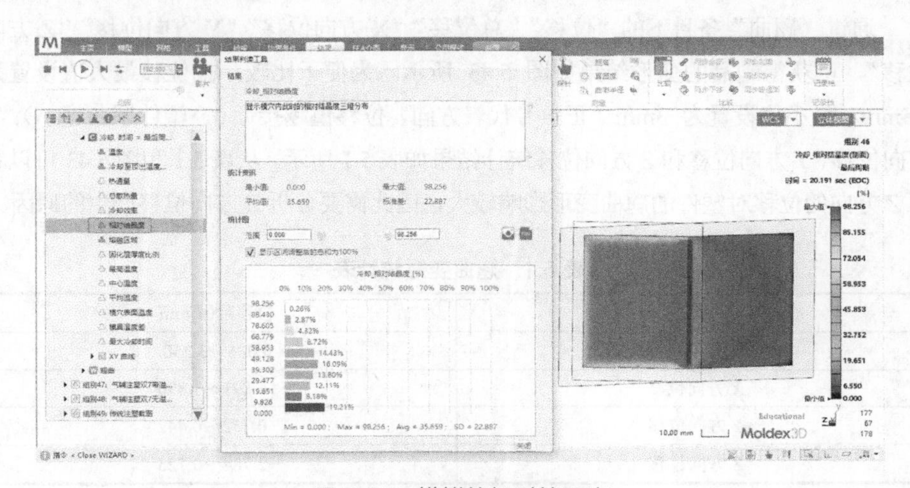

图 5.41　模拟的相对结晶度

5.4.3 翘曲（收缩变形）结果

翘曲分析可预测制品的变形，并分析引起翘曲变形的主要原因是温度变化不均匀、区域收缩不均匀还是取向。

选择图 5.42 左侧窗口“翘曲”下拉菜单的“体积收缩率”查看塑件的体积收缩率。从图 5.42 工作区云纹图可知，加强筋处的收缩率最大，约 10.7%；肋板的收缩率次之，约 7%；平板处的收缩率最小，约 2.0%。不均匀收缩是制品翘曲变形的原因之一。

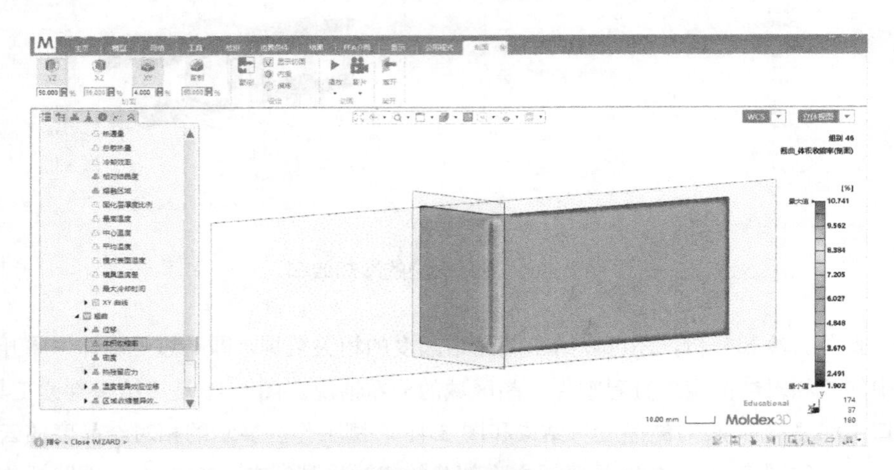

图 5.42　模拟的塑件体积收缩率云纹图

通过“翘曲”条目下的“位移”“总位移”“X 方向位移”“Y 方向位移”“Z 方向位移”，可获得制品的变形结果如图 5.43 所示。为便于比较，把位移最大值设置为 3.5mm、最小值设置为−3mm（正负号代表方向，位移值越接近 0，塑件翘曲越小）。*X* 方向位移、*Y* 方向位移和 *Z* 方向位移统计结果如表 5.1 所示。从表 5.1 和图 5.43 可以看出 *Z* 方向的位移对塑件的翘曲变形影响较大，因此需要分析 *Z* 方向位移产生的原因。

表 5.1　翘曲变形统计表

项目	位移范围/mm
总位移	0.006～3.350
X 方向位移	−1.891～1.890
Y 方向位移	−0.752～0.442
Z 方向位移	−2.784～0.725

注：“−”表示与坐标轴的正方向相反；位移范围绝对值越大，塑件变形越大。

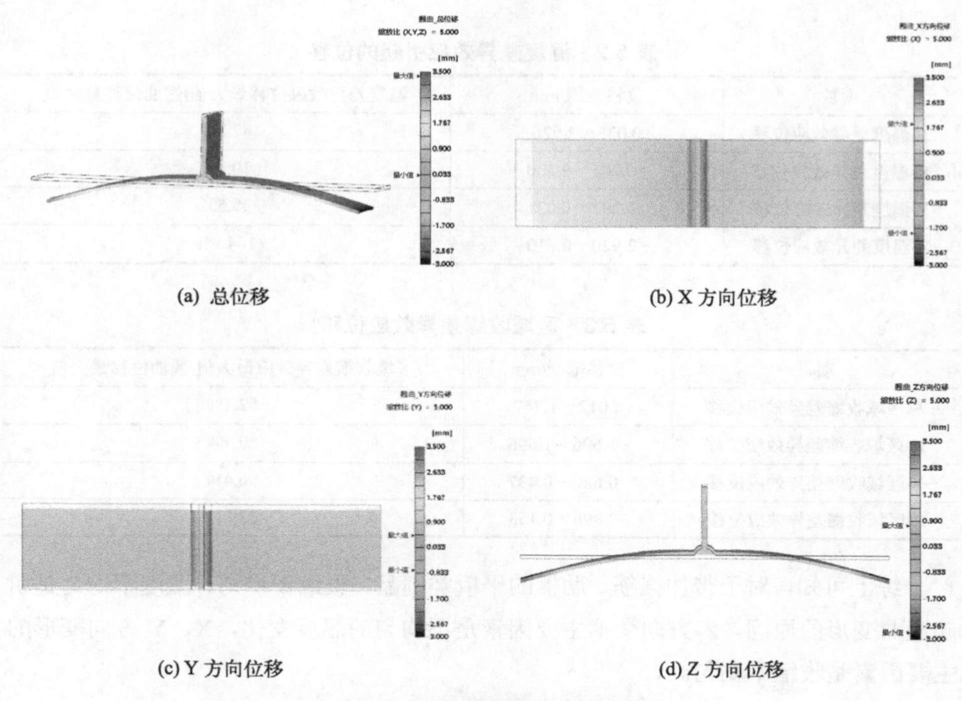

(a) 总位移 (b) X 方向位移

(c) Y 方向位移 (d) Z 方向位移

图 5.43 模拟的翘曲位移云纹图

模流分析软件，通常将翘曲变形原因归为温差不均匀、收缩不均匀、取向差异三类。由于 PP 原料不含纤维增强材料，因此这里忽略“取向”因素。下面查看一下温度、收缩不均匀对翘曲的影响。

“翘曲”结果中的“温度差异效应位移”，可查看塑件由于冷却不均匀导致塑件各个部分的变形。温度差异效应位移一般与冷却水路和浇口位置有关，本案例的温度差异引起的变形结果如表 5.2 所示。从表的最后一列知道，温度差异效应引起的 Z 方向位移对总变形的贡献最大为 104.9%，说明冷却水路的参数和浇口位置有改善空间。由于“温度差异效应位移”和“区域收缩差异效应位移”可能会因为方向相反而抵消，进而减小翘曲的总位移，因此温度差异效应位移或区域收缩差异效应位移百分比可能存在大于 1 的情况。

“翘曲”结果中的“区域收缩差异效应位移”，可查看塑件因为制品结构差异在保压过程、冷却中收缩不均匀产生的变形。本例的具体数值如表 5.3 所示，从中可知区域收缩差异效应是 X 方向和 Y 方向翘曲变形的主要因素。

表 5.2 温度差异效应引起的位移

项目	位移范围/mm	温度差异效应位移最大值/翘曲位移最大值
总温度差异效应位移	0.035～2.926	87.3%
X-温度差异效应位移	−0.201～0.200	10.6%
Y-温度差异效应位移	−0.297～0.021	39.5%
Z-温度差异效应位移	−2.920～0.810	104.9%

表 5.3 区域收缩差异效应位移

项目	位移范围/mm	区域收缩差异效应最大值/翘曲位移最大值
总区域收缩差异效应位移	0.012～1.747	52.1%
X-区域收缩差异效应位移	−1.696～1.696	89.7%
Y-区域收缩差异效应位移	−0.680～0.437	90.4%
Z-区域收缩差异效应位移	−0.896～0.153	32.2%

综上可知，对于带加强筋、肋板的平板类制品，收缩不均匀、温度不均匀是引起翘曲变形的原因，Z 方向变形主要因素是不均匀的温度变化，X、Y 方向变形的主要因素是收缩不均匀。

5.5 案例练习

请扫描书后二维码，在“化工帮 CIP”公众号回复“Moldex3D 基础篇”，下载箱体制品模流分析的 CAD（box-test.igs）文件，并在 Moldex3D Studio 2023 中打开，应用软件测量图 5.44 的长度、宽度、厚度尺寸后，完成下面的练习。

5.5.1 模流分析前预估

① 箱类注塑制品的材料为 PA6，最大 L/t 是多少？

② 侧浇口进料，是否会发生短射（充填不足）？给出会发生或不会发生短射的原因。

③ 预估充填末端与缝合线位置。

5.5.2 不同材料对注射成型的影响

① 分别以“PA6 Ultramid 8202 BASF”与“PC+ABS CYCOLOY C7410

SABIC(GE)”运行 Moldex3D 的流动分析。请从材料黏度角度分析，为什么 PC+ABS 料的注射压力比 PA6 高？

② 比较两种材料充填结束时间点（End of Filling）的黏度与剪切应力结果，试从材料观点说明为何会有如此差异？并解释高黏度材料对成型可能造成的质量问题。

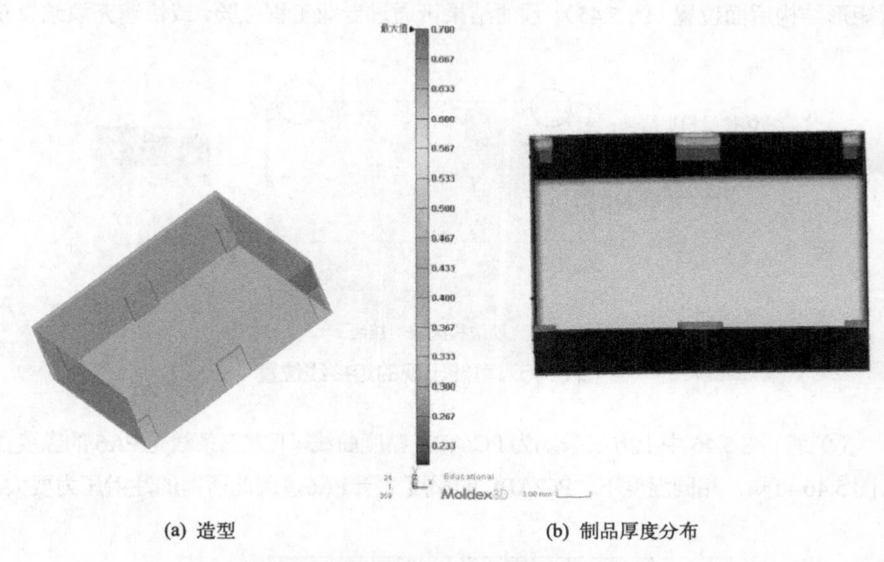

(a) 造型　　(b) 制品厚度分布

图 5.44　模流分析练习 CAD 模型示意

5.5.3　注塑工艺参数对成型的影响

① 充填时间。预设充填时间为 0.1s，若使用一段流率设定，观察不同充填时间（0.04～0.2s）对注射压力的影响？（提示：喷嘴压力 XY 图）

② 流率。预设三段流率，请以一段流率执行分析，并给出喷嘴处的压力历程。（提示：喷嘴压力的 XY 图）

③ *V/P* 切换点。预设 *V/P* 切换点为充填体积 98%，现将 *V/P* 设定为 90%与 99%，试比较三者注射压力与锁模力（Sprue pressure 与 Clamping force 的 XY 图），并说明差异原因。然后请比较不同 *V/P* 切换点的充填末端的缝合线位置与熔体结合温度，并给出原因。

5.5.4　参考答案

① 答：应用 Moldex3D 的厚度分布云纹图，或测量结果可获得流长比的数据。厚

度 t 的范围：0.554～3.081mm，最大流动长度为45.83mm。L/t：取上限为45.83/0.554=82.73，取下限为 45.83/3.081=14.88，最大流动距离比为 82.73；使用 PA6 不会发生短射，因为 PA6 充填的最大流动距离比范围为 160～300，45.83 远小于范围上限，充填容易完成。

预估充填末端会在该模型远离浇口端转弯位置，熔接线的位置在模型末端转弯位置矩形结构后面位置（图 5.45）。预估结果可通过专业工程经验，或快速充填结果获得。

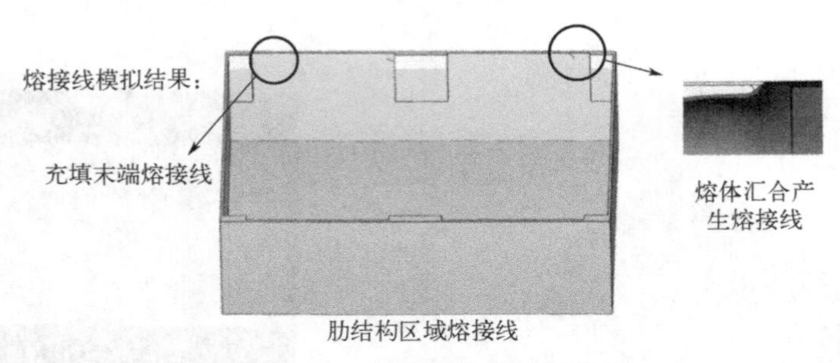

图 5.45　可能出现的熔接线位置

② 答：图 5.46 中上方三条线为 PC/ABS 黏度曲线，下方三条线是 PA6 的黏度曲线。从图 5.46 可知，相同温度下，PC/ABS 的黏度大于 PA6，因此所需的注射压力要大。

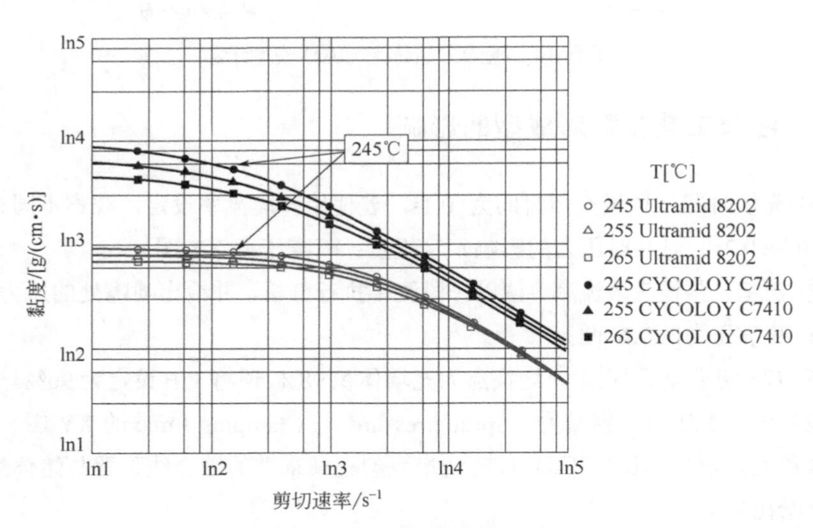

图 5.46　不同塑料的黏度曲线

③ 其他参考答案，请扫描书后二维码，关注公众号，回复“Moldex3D 基础篇”，下载。

参考文献

[1] 刘海彬，刘引烽. Moldex3D 模流分析技术与应用[M]. 北京：化学工业出版社，2019.

[2] Wang M L, Chang R Y, Hsu C H. Molding simulation: Theory and practice[M]. Cincinnati: Hanser Publications, 2019.

[3] 黄成，黄建峰. Autodesk Moldflow 2018 模流分析从入门到精通[M]. 北京：机械工业出版社，2017.

[4] 黄建峰，高雷娜. Autodesk Moldflow 2018 完全实战技术手册[M]. 北京:清华大学出版社，2019.

[5] 史勇. Moldflow 模流分析实例教程[M]. 北京：化学工业出版社，2019.

[6] 匡唐清，周大路. Moldflow 注塑模流分析从入门到精通[M]. 北京：化学工业出版社，2019.

[7] 于奇慧. Moldflow 模流分析入门与实战[M]. 北京：机械工业出版社，2020.

[8] 陈艳霞. Moldflow 2018 模流分析从入门到精通（升级版）[M]. 北京：电子工业出版社，2018.

[9] 陈开源. 塑料模具 CAE 技术及应用——Moldflow 软件篇[M]. 北京：航空工业出版社，2019.

[10] 吴梦陵. Moldflow 模具分析实用教程[M]. 北京：电子工业出版社，2018.

[11] Beaumont J P. Runner and gating design handbook tools for successful injection molding, 3rd edition[M]. Cincinnati : Hanser Publications, 2019.

[12] 刘来英. 注塑成型工艺学[M]. 北京：机械工业出版社，2005.

[13] 黄锐. 塑料成型工艺学[M]. 2 版. 北京：中国轻工业出版社，2008.

[14] 杨铭波. 聚合物成型加工基础[M]. 北京：化学工业出版社，2009.

[15] 俞芙芳. 塑料成型工艺与模具设计[M]. 北京：清华大学出版社，2011.

[16] Stevenson J F. 聚合物成型加工新技术[M]. 刘廷华，等译. 北京：化学工业出版社，2004.

[17] Menges G, Mohren P. How to make injection molds (Second edition)[M]. Munich: Hanser Publishers, 1993.

[18] Osswald T A, Turng L H, Gramann P J. Injection molding handbook[M]. Munich: Hanser Publishers, 2001.

[19] 陈毅非，李海梅，王行辉.基于数值模拟的半音阶口琴琴格变形分析优化[J].塑料，2022，51(5): 8-12.

附录

Moldex3D 软件错误与警告讯息

为便于发现和解决问题，程序员和用户都需要一些信息判断模流分析过程和模拟结果出现的各种问题，并会设定相应的唯一的代码进行识别，类似学校学生的学号。这里根据 Moldex3D 软件说明及前面展示的功能模块，对材料、流动、充填/保压分析的警告与错误给予介绍。唯一的错误/警告代码是程序工程师命名的，因此不能保证编码序号的连续。

运行软件出现的警告和错误，可以帮助用户检查：①材料参数、工艺参数、模拟顺序选择与设定是否合理；②网格划分、模拟参数是否合理；③数学模型与算法是否合理。需要指出的是：出现警告，软件程序可能会中断，也可能继续运行；出现错误，则程序运算一定中断、结束。

常规的警告和错误（附表 1.1 通用错误），主要是权限、软硬件环境相关的内容。材料性能方面的警告和错误主要是材料模型参数赋值、材料模型类型的问题（附表 1.2）。流动、保压、充填/保压、冷却、翘曲的错误警告分别如附表 1.3～附表 1.7 所示。从中，可以发现不同的功能模块可能由于是不同的软件工程师完成的，有工程师个人的特点；冷却分析包括型腔-制品间的热量与温度变化、冷却管道（温控系统）传热效率两部分（附表 1.6）。翘曲模块功能包括两部分，预测成型加工质量，形成输出文件供市场化、商品化程度高的结构分析软件使用，预测制品的使用性能。因此实体模型的翘曲分析错误与警告一方面是流动、保压、冷却过程引起的翘曲模拟的问题，另一方面是与软件相关的接口问题，具体内容见附表 1.7。

附表 1.1 常规的警告和错误

错误代码	症状/现象	解决方案
Error 5500	无法找到相关的外部信息文件	检查信息是否添加到外部文件中
Error 5502	用户取消	用户取消
Error 5503	ID 无法识别	检查 ID 输入正确与否
Error 5504	获取授权失败	检查授权合法性
Error 5700	运行模拟分析内存不够	增加电脑的 RAM 或者减少计算单元数目
Error 5701	结果写入文件出错	可行的处理方法：①增加磁盘空间，重新运行分析软件；②检查写入文件的授权
Error 5800 Error 5801	无法读入 moldex3d.ini 文件	①将 Mdx3DLicense.exe 放在 Bin 目录下；②重新注册生成 moldex3d.ini 文件；③重装 Moldex3D 软件；④若③仍不能解决，请直接联系科盛公司
Error 5802	MCM 分析模块授权失败	请确认 MCM 模块在*cod 文件的授权，若非法，请将 Mdx3DLicense.exe 放在 Moldex3D 软件的 Bin 目录下，重新注册
Error 5803	Fiber 纤维模块授权失败	请确认纤维模块在*cod 文件的授权，若非法，请将 Mdx3DLicense.exe 放在 Moldex3D 软件的 Bin 目录下，重新注册
Error 5804	初始化授权失败	检查电子狗（即硬件密码卡）是否正确连接在计算机上。若是网络浮点授权，请检查计算机与服务器连接是否有问题
Error 5805	授权失败	检查电子狗（即硬件密码卡）是否正确连接在计算机上。若是网络浮点授权，请检查计算机与服务器连接是否有问题
Error 5806	授权检查失败	检查电子狗（即硬件密码卡）是否正确连接在计算机上。若是网络浮点授权，请检查计算机与服务器连接是否有问题
Error 5807	Moldex3D 工程与求解器版本不匹配	请重新安装 Moldex3D 软件。若问题仍然存在，请联系科盛公司或代理商
Error 5900	网格文件过期	请进入 Designer 重新保存网格文件为最新版本
Error 5901	MDXKNLogErrMsgTool.dll 文件过期	请检查 MDXKNLogErrMsgTool.dll 文件的版本，重新下载最新版本。重新安装 Moldex3D 软件
Error 5902	MFEIO.dll 文件过期	请检查 MFEIO.dll 文件的版本，重新下载最新版本。重新安装 Moldex3D 软件
Error 5903	MDX3RIConv.dll 文件过期	请检查 MDX3RIConv.dll 文件的版本，重新下载最新版本。重新安装 Moldex3D 软件

附表 1.2　材料数据相关的警告和错误

<table>
<tr><th>错误代码</th><th>症状/现象</th><th>解决方案</th></tr>
<tr><td>警告 Warning 291501</td><td>基于材料参数的黏度不合理</td><td rowspan="5">黏度
牛顿模型：$\eta_0 \leqslant 0$ ；η_0 是牛顿黏度。
幂律模型：$B \leqslant 0$ ，$T_b \leqslant 0$ ；B、T_b 是材料常数。
修正 Cross 1 模型：$(\tau,B) \leqslant 0$ ，$(T_b,D) < 0$ ；τ 为应力，D 为压力 P 对黏度的影响；其他符号意义同前。
修正 Cross 2 模型：$(\tau,B) \leqslant 0$ ，$(T_b,D) < 0$ ；符号意义同前。
修正 Cross 3 模型：$(\tau,D_1,D_2,A_{2b}) \leqslant 0$ ，$(D_3,A_1) < 0$ ；D_1、D_2、D_3、A_1、A_{2b} 为材料常数；其他符号意义同前。
Carreau 模型：$(\tau,B) \leqslant 0$ ，$(T_b,D) < 0$ ；符号意义同前。
Carreau-Yasuda 模型：$(\tau,B,a) \leqslant 0$ ，$(D,\eta_\infty) < 0$ ；η_∞ 为剪切率趋于无限大时的黏度；a 为从 0 剪切率到幂次区域转换的无因次值；其他符号意义同前。
Herschel-Bulkely Cross 模型：$(\tau,B,T_b) \leqslant 0$ ，$(D,\tau_{y0}) < 0$ ；τ_{y0}、T_y 是材料常数，分别代表应力、温度对材料应力的影响；其他符号意义同前。
Herschel-Bulkely Cross (2)模型：$(\tau,D_1,D_2,A_{2b}) \leqslant 0$ ，$(D_3,A_1,\tau_{y0}) \leqslant 0$ ；符号意义同前</td></tr>
<tr><td>警告 Warning 291502</td><td>黏度不在数据区间内</td></tr>
<tr><td>警告 Warning 291503</td><td>某些黏度参数值不合理</td></tr>
<tr><td>警告 Warning 291504</td><td>部分黏度参数值不在数据区间内</td></tr>
<tr><td>警告 Warning 291505</td><td>黏度模型在检查功能中不受支持</td></tr>
<tr><td>警告 Warning 291601</td><td>基于材料参数比容不合理</td><td>比容，修正的 Tait(2)模型：
对于 C_p 恒定的材料，参数 b_5 与 C_p 峰值温度（T_c）相差太大</td></tr>
<tr><td>警告 Warning 291602</td><td>比容不在数据区间内</td><td>比容，修正的 Tait (2)模型：
参数 b_5 与根据材料类型建议的 C_p 峰值温度（T_c）值差异太大</td></tr>
<tr><td>警告 Warning 291603</td><td>某些 PVT 参数值不合理</td><td></td></tr>
<tr><td>警告 Warning 291604</td><td>某些 PVT 参数值不在数据区间内</td><td></td></tr>
<tr><td>警告 Warning 291605</td><td>PVT 的转变温度与 C_p 峰不一致</td><td></td></tr>
<tr><td>警告 Warning 291606</td><td>PVT 的转变温度可能不合理</td><td></td></tr>
<tr><td>警告 Warning 291607</td><td>检查功能不支持 PVT 模型</td><td></td></tr>
<tr><td>警告 Warning 291701</td><td>基于材料参数的比热是不合理的</td><td></td></tr>
<tr><td>警告 Warning 291702</td><td>比热容不在数据区间内</td><td></td></tr>
<tr><td>警告 Warning 291703</td><td>此版本不支持“检查比热容”</td><td></td></tr>
</table>

续表

错误代码	症状/现象	解决方案
警告 Warning 291801	基于材料参数的传热系数不合理	
警告 Warning 291802	传热系数不在数据区间内	
警告 Warning 291803	此版本不支持"检查传热系数"	
警告 Warning 291901	松弛行为可能还不够明显	
警告 Warning 291902	橡胶态模量可能太高	
警告 Warning 291903	建议将 T_f 设置为 T_g	
警告 Warning 291904	此版本不支持"检查结构 V 属性"	
警告 Warning 291905	固体 VE 的转变温度与 *PVT* 的转变温度不一致	说明：VE，黏弹性
警告 Warning 292121	C_p 峰值的温度可能不合理	比热容：C_p 峰变化温度（T_c）与基于材料类型的建议值相差太大（例如：PP = 120℃; HDPE = 11℃; PEEK = 295℃; PA6 = 18℃; PA66 = 235℃; SPS = 23℃; POM = 145℃; PBT = 19℃）
警告 Warning 292131	固化温度可能不合理	加工条件：固化温度与玻璃化转变温度（T_g）和结晶温度（T_c）的差异不合理
警告 Warning 292132	固化温度应大于或等于通过黏度参数计算的温度	
警告 Warning 292141	顶出温度可能不合理	加工条件：合理设置顶出温度与玻璃化转变温度（T_g）和结晶温度（T_c）的差异
警告 Warning 292142	顶出温度大于固化温度	
警告 Warning 292143	顶出温度大于 T_m 或 T_g	
警告 Warning 292151	熔体温度不在区间内	
警告 Warning 292152	最低熔体温度至少比 T_m 高 2℃	
警告 Warning 292153	最低熔体温度至少比 T_g 高 5℃	
警告 Warning 292201	弹性模量过大	
警告 Warning 292202	弹性模量过小	
警告 Warning 292203	线性热膨胀系数（CTLE）过大	
警告 Warning 292204	线性热膨胀系数（CTLE）过小	
警告 Warning 292205	弹性模量 *E*1 不在合理范围内	
警告 Warning 292206	弹性模量 *E*2 不在合理范围内	
警告 Warning 292207	弹性模量 *E*1 应大于或等于 *E*2	
警告 Warning 292208	泊松比 *v*23 不在合理范围内	

续表

错误代码	症状/现象	解决方案
警告 Warning 292209	两个方向的泊松比（$\nu12$ 和 $\nu23$）不应该相等	
警告 Warning 292210	剪切模量 G 不在合理范围内	
警告 Warning 292211	线性热膨胀系数（CLTE）$a1$ 不在合理范围内	
警告 Warning 292212	线性热膨胀系数（CLTE）$a2$ 不在合理范围内	
警告 Warning 292213	线性热膨胀系数（CLTE）的 $a1$ 应小于或等于线性热膨胀系数 $a2$	
警告 Warning 292214	纤维长径比不在合理范围内	纤维增强材料
警告 Warning 292215	纤维质量分数不合理	
警告 Warning 292216	聚合物密度不在合理范围内	
警告 Warning 292217	聚合物泊松比不在合理范围内	
警告 Warning 292218	聚合物模量不在合理范围内	
警告 Warning 292219	聚合物线性热膨胀系数（CLTE）不在合理范围内	
警告 Warning 292220	纤维密度不在合理范围内	
警告 Warning 292221	纤维模量 $E1$ 不在合理范围内	
警告 Warning 292222	纤维模量 $E2$ 不在合理范围内	
警告 Warning 292223	纤维模量 $E1$ 应大于或等于 $E2$	
警告 Warning 292224	纤维泊松比不在合理范围内	
警告 Warning 292225	纤维剪切模量 G 不在合理范围内	

附表 1.3　实体模型流动分析模块

错误代码	症状/现象	解决方案
警告 Warning 271501	计算终止，因为流速过低，在当前填充时间内无法充满型腔	
警告 Warning 271502	熔体温度过于接近 T_g，可导致计算稳定性变差及更糟糕的结果	
警告 Warning 271503	达到填充百分比阈值，计算终止	
警告 Warning 271504	无法打开 *.w3f 文件输出数据	
警告 Warning 271505	无法打开 *.w3f 文件收集数据	
警告 Warning 271506	一些单元存在亚音速流动区域的马赫数	
警告 Warning 271507	自动确定的 HTC（传热系数）功能由于熔体温度和模具温度接近而关闭。默认的 HTC 值需要设定	
警告 Warning 271508	相应的瞬态冷却结果不正确，瞬态冷却效果选项不可用	

续表

错误代码	症状/现象	解决方案
警告 Warning 271509	此时所有的阀式浇口同时关闭，这在当前求解器中是不允许的	
警告 Warning 271512 警告 Warning 271513	此模型中没有关于开模方向的设置。在此模型中，Z 轴将被假设为开模方向	
警告 Warning 271514	该热流道系统有多个浇口，这可能会导致标准实体流动计算的不稳定	
警告 Warning 271517	当前锁模力大于最大锁模力设定值。注射单元将从填充阶段变为保压阶段	
警告 Warning 271518	模座没有冷却水路。3D 实体冷却水路分析不可使用	
警告 Warning 272010	无法打开用于实体冷却水路分析的工艺文件	
警告 Warning 272011	工艺文件版本太旧，无法进行实体冷却水路分析	
警告 Warning 272012	3D 实体冷却水路分析不支持切换多级冷却。求解器将禁用 3D 实体冷却水路分析选项	
警告 Warning 272013	3D 实体冷却水路分析不支持蒸汽冷却介质。求解器将禁用 3D 实体冷却水路分析选项	
错误 Error 273001	未找到熔体入口单元	请检查网格文件中是否未设置熔体入口，并在修改后重新生成
错误 Error 273002	网格文件包含模具嵌件块，但为旧的 MFE 文件版本	请将网格文件重新转换为最新版本，以获得更好的后续模具嵌件分析支持
错误 Error 273003	非壁面上设置了零件表面边界条件	请检查网格以解决此问题
错误 Error 273004	无法打开 MFE 文件	请检查 MFE 文件是否存在，或者通过 Moldex3D Mesh/Designer 重新生成网格文件
错误 Error 273005	MFE 文件与求解器计算的表面单元数不匹配	发生此错误的原因是网格文件中出现了一些意想不到的表面网格拓扑问题。请启动 Moldex3D Mesh/Designer 重新划分或修复
错误 Error 273006	无法打开网格文件	请检查网格文件名和路径
错误 Error 273007	创建 MFV 文件失败	请检查 MFV 文件名和路径
错误 Error 273008	预处理阶段重新局部划分网格失败	请更新到最新的 Designer 并重新创建实体网格
错误 Error 273009	生成的与 MFV 相关的程序中存在一些问题	请检查 MFV 相关程序是否存在
错误 Error 273010	磁盘存储空间不足无法创建 MFV	请检查磁盘的空间是否足够
错误 Error 273011	MFE 文件版本太旧	请重新转换为最新版本的网格文件以解决此问题

续表

错误代码	症状/现象	解决方案
错误 Error 273012	在 EXE 处理阶段，局部重划网格失败	请检查网格文件的文件路径
错误 Error 273013	在预处理阶段，局部重划分网格失败。由于内存不足，程序已终止	请检查是否有足够的内存来运行此分析
错误 Error 273014	在 EXE 处理阶段，局部重划分网格失败	请检查面拓扑关系，并更新到最新的 Designer 以重新创建实体网格
错误 Error 273015	在 EXE 处理阶段，局部重划分网格失败	请检查面单元拓扑关系，并更新到最新的 Designer 以重新创建实体网格
错误 Error 273016	在 EXE 处理阶段，局部重划分网格失败	请检查入口面拓扑关系，并更新到最新的 Designer 以重新创建实体网格
错误 Error 273017	无法输出多面体网格文件	请检查网格文件
错误 Error 273018	PRO 和网格文件之间的阀浇口设置不兼容	请在 Moldex3D Mesh/Designer 中重置阀式浇口设置，并重新生成网格文件
错误 Error 273019	通过流动前沿检查阀式浇口失败	请检查熔体前沿阀浇口工艺条件设置中的节点值
错误 Error 273101	Cross 黏度模型 1 在 Solid-Flow 中尚不受支持	请使用其他黏度模型
错误 Error 273102	由于 A12 导致 Cross 模型 3 的 WLF 黏度参数发生错误	请检查在 A1 和 A2b 中的参数设置，并查看设置中是否有任何负值
错误 Error 273103	求解器目前不支持材料文件中使用的比热容模型	请在“材料精灵”中选择另一个比热容模型，然后重新运行模拟
错误 Error 273104	求解器目前不支持材料文件中使用的热导率模型	请在“材料精灵”中选择另一个热导率模型，然后重新运行模拟
错误 Error 273105	当前版本不支持此材料的黏度模型	请在“材料精灵”用户库中修改黏度模型
错误 Error 273201	此时所有阀式浇口同时关闭，这在本求解器中是不允许的	请启动“加工精灵”以更正阀式浇口控制设置
错误 Error 273202	PRO 文件中的注射体积远大于型腔体积	请在“加工精灵”中检查 ram 位置设置
错误 Error 273203	PRO 文件中的注射体积远小于型腔体积	请在“加工精灵”中检查 ram 位置设置
错误 Error 273204	Solid-Flow 不支持阀式浇口计算	请使用增强版 Solid-Flow
错误 Error 273205	网格文件与 PRO 文件在“Element BC”中的数量不一致	请在“加工精灵”中检查模具温度边界条件设置并再次生成 PRO 文件
错误 Error 273206	3D 冷却水路流动分析中的读取文件错误	请检查.run 文件是否存在
错误 Error 273207	获取流速设置错误：入口组的流速与 Pro&Mesh 中的不一致	请重新传输网格文件
错误 Error 273211	由于螺杆到达底部，计算终止	请在“加工精灵”中检查“流速配置文件设置”
错误 Error 273300	非法调用 Moldex3D 求解器	请启动项目管理以运行求解器
错误 Error 273301	找不到以下 CMX 文件	求解器尚不支持非英语路径名的文件位置。请①确保项目位于仅英语路径；②检查路径中是否存在 Run 文件；③在项目中重新运行分析或新建一个项目并运行

续表

错误代码	症状/现象	解决方案
错误 Error 273302	Solid-Flow 不支持流体辅助注射成型计算	请使用增强型 Solid-Flow
错误 Error 273303	非法分析类型计算	请检查成型方法是否合理
错误 Error 273304 错误 Error 273305	找不到*.cmp 文件	请检查*.cmp 文件，然后重新运行分析
错误 Error 273306	输出数据在写入*.snf 文件时中断	请检查硬盘存储空间是否足够
错误 Error 273307	输出数据在写入*.m3f 文件时中断	
错误 Error 273308	输出数据在写入*.o2d 文件时中断	
错误 Error 273309	输出映射数据在写入*.m3x 文件时中断	
错误 Error 273310	读取瞬态冷却数据时出现错误。*.c2f 中的尺寸与当前网格文件的不一致	请在 Solid-Flow 分析之前重新运行 Solid-Cool
错误 Error 273311	读取瞬态冷却数据时出现错误。*.c2f 中的数据不完整	
错误 Error 273312	CPU 设备尚未准备好进行此计算	请检查 CPU 设备的状态。或者将加速方法切换到 CPU
错误 Error 273500	由于数值解发散，分析终止	下面列出了一些可能的检查项，以帮助解决此问题。①网格相关：修复质量差的网格（如果有）。如果四面体网格出现问题，请将其删除。②材料及工艺条件相关：检查工艺条件是否与材料性能正确匹配；检查注射时间设置是否与实际成型尺寸正确匹配；如果使用热流道，则降低初始流速。③计算参数：检查是否使用了过大的求解器效率因子。④其他：检查是否使用了热交换系数设置。如果已使用“热交换系数”设置，请减小该值并重新运行分析，HTC 建议值为 1000～25000
错误 Error 273501	求解器加速计算因错误代码终止	请检查网格，看看是否存在任何与拓扑相关的问题
错误 Error 273503	由于数值解发散，分析终止	下面列出了一些可能的检查项，以帮助解决此问题。①网格相关：修复质量差的网格（如果有），如果四面体网格出现问题，则将其删除；②材料及工艺条件相关：检查工艺条件是否与物料性能正确匹配，检查保压压力曲线设置中是否有过大的阶跃变化
错误 Error 273504	压力计算中的入口边界条件类型（Ⅰ）非法	请检查控制阶段的参数输入
错误 Error 273505	压力计算中的入口边界条件类型（Ⅱ）非法	请检查控制阶段的参数输入
错误 Error 273506	更新边界压力的入口边界条件类型（Ⅱ）非法	请检查控制阶段的参数输入

续表

错误代码	症状/现象	解决方案
错误 Error 273507	Moldex3D-Solid-Flow 异常中止	①请确认 Moldex3D 的版本为最新版本；②请确认目前的项目是由最新版本的 Moldex3D Project / Moldex3D Mesh 或 Designer/ Process Wizard / Materials Bank 生成。必须检查网格文件、工艺条件文件和材料文件
错误 Error 273508	网格文件中包含的网格信息表示文件版本太旧	请将 Designer 或 Rhinoceros 中的 MFE/mde 文件重新导出到最新版本以解决此问题

附表 1.4　实体模型的保压分析

错误代码	症状/现象	解决方案
警告 Warning 281501	发生短射。由于流速过低，无法在给定填充时间内充满型腔，因此计算终止	
警告 Warning 281502	熔体温度与 T_g 过于接近，可能引起计算的稳定性问题，并导致更糟糕的结果	
警告 Warning 281507	求解特征值/特征向量的迭代次数过多	
警告 Warning 281510	对应的瞬态冷却结果不正确。现在将禁用瞬态冷却效果选项	
警告 Warning 281511	自动确定的 HTC（热交换系数）功能由于熔体温度和模具温度接近而关闭；默认的 HTC 值需要设定	
警告 Warning 281513	此模型中没有关于开模方向的设置。在此模型中，Z 轴将被假定为开模方向	
警告 Warning 281514	目前标准 Solid-Flow 暂不支持由流动引起的残余应力。由于没有用于残余应力计算的中间数据文件，现将禁用残余应力选项	
警告 Warning 281515	由于达到所需的脱模温度，将禁止保压计算扩展到冷却阶段	
警告 Warning 281516	由于残余应力的计算需要更高的网格质量，残余应力的计算结果可能不收敛	
警告 Warning 281517	流动引起的残余应力尚不支持热固性材料，估算残余应力现在将被禁用	
警告 Warning 281518	锁模力远高于“加工精灵”中的最大锁模力设置	
警告 Warning 281519	锁模力高于“加工精灵”中的最大锁模力设置	
警告 Warning 281529	材料没有粉末信息，分析工艺的类型将改为注射成型分析	
警告 Warning 281530	填充结束压力高于最大保压压力。现保压压力参考保压分析时的最大保压压力	

续表

错误代码	症状/现象	解决方案
警告 Warning 281531	由于材料文件中的密度是常数，因此密度结果与粉末分布聚集没有任何关系	
错误 Error 283001	没有熔体入口单元	请检查网格文件中是否未设置熔体入口，并在修改后重新生成
错误 Error 283002	网格文件包含模具嵌件块，但为旧的MFE文件版本	请将网格文件重新转换为最新版本，以便获得更好的后续模具嵌件分析
错误 Error 283003	零件表面边界条件设置在非壁面上	请检查网格以解决此问题
错误 Error 283004	无法打开MFE文件	请检查 MFE 文件是否存在；或通过 Moldex3D Mesh/Designer 重新生成网格文件
错误 Error 283005	MFE 文件与求解器计算的表面单元数不匹配	此错误是由网格文件中的某些意外曲面网格拓扑问题而产生的；请用 Moldex3D Mesh 或 Designer 修复
错误 Error 283006	打开网格文件失败	请检查网格文件名和路径
错误 Error 283007	创建MFV文件失败	请检查MFV文件名和路径
错误 Error 283008	预处理阶段局部网格划分失败	请更新到最新的 Designer 并重新创建实体网格
错误 Error 283009	生成的与MFV相关的程序中存在问题	请检查MFV相关程序是否存在
错误 Error 283010	磁盘存储空间不足无法创建 MFV 文件	请检查磁盘的空间是否足够
错误 Error 283011	MFE文件版本太旧	请将网格文件重新转换为最新版本以解决此问题
错误 Error 283012	在EXE处理阶段局部网格划分失败	请检查网格文件的文件路径
错误 Error 283013	在预处理阶段局部网格划分失败。由于内存不足，程序已终止	请检查是否有足够的内存来运行此分析
错误 Error 283014	在EXE处理阶段局部网格划分失败	请检查面拓扑关系，并更新到最新的 Designer 重新创建实体网格
错误 Error 283015	在EXE处理阶段局部网格划分失败	请检查面单元拓扑关系，并更新到最新的 Designer 重新创建实体网格
错误 Error 283016	在EXE处理阶段局部网格划分失败	请检查入口面拓扑关系，并更新到最新的 Designer 以重新创建实体网格
错误 Error 283017	无法输出多面体网格文件	请检查网格文件
错误 Error 283018	阀式浇口设置在 PRO 文件和网格文件之间不兼容	请在 Moldex3D Mesh/Designer 中重置阀式浇口设置，并重新生成网格文件
错误 Error 283101	Solid-Flow 不支持 Cross 黏度模型 1	请使用其他黏度模型
错误 Error 283102	A12 导致 Cross 模型 3 的 WLF 黏度参数产生错误	请检查在 A1 和 A2b 中的参数设置，并查看设置中是否有任何负值
错误 Error 283103	目前求解器不支持材料文件中使用的比热容模型	请在材料精灵中选择另一个比热容模型，然后重新运行模拟
错误 Error 283104	目前求解器不支持材料文件中使用的热导率模型	请在材料精灵中选择另一个热导率模型，然后重新运行模拟

续表

错误代码	症状/现象	解决方案
错误 Error 283105	当前版本尚不支持此材料的黏度模型	请在材料精灵中的用户数据库修改黏度模型
错误 Error 283107 错误 Error 283108	该材料的冻结温度远低于凝固温度，该材料文件太不合理	①请在此材料文件中修改 WLF 模型的参数；②请重新进行曲线拟合，并将此材料转换为修正的 Cross 模型（2），并尝试重新运行此案例
错误 Error 283109	发现非法材料密度模型	请启动材料精灵进行更正
错误 Error 283201	此时所有的阀式浇口同时关闭，这在当前求解器中是不允许的	请启动加工精灵以更正阀式浇口控制设置
错误 Error 283202	PRO 文件中的注射体积远大于型腔体积	请在加工精灵中检查 ram 位置设置
错误 Error 283203	PRO 文件中的注射体积远小于型腔体积	请在加工精灵中检查 ram 位置设置
错误 Error 283204	SBC 文件中没有分配通行设置	请检查加工精灵中的分配模式设置
错误 Error 283205	网格文件与 PRO 文件在“Element BC”（单元边界条件）中的数量不一致	请检查“加工精灵”中的“模具温度”设置，然后重新生成 PRO 文件
错误 Error 283300	非法调用 Moldex3D 求解器	请启动程序管理以运行求解器
错误 Error 283301	找不到以下 CMX 文件	求解器尚不支持非英语路径名的文件位置。请①确保项目位于仅英语路径；②检查路径中是否存在 Run 文件；③在项目中重新运行分析或新建一个项目并运行
错误 Error 283500	由于数值结果发散，分析终止	下面列出了一些可能的检查项，以帮助解决此问题。①网格相关：修复质量差的网格（如果有）。如果四面体网格出现问题，请将其删除。②材料及工艺条件相关：检查工艺条件是否与材料性能正确匹配；检查注射时间设置是否与实际成型尺寸正确匹配；如果使用热流道，则降低初始流速。③计算参数：检查是否使用了过大的求解器效率因子。④其他：检查是否使用了“热交换系数”设置。如果已使用“热交换系数”设置，请减小该值并重新运行分析，HTC 建议值为 1000～25000
错误 Error 283501	求解器加速计算出现错误代码终止	请检查网格，看看是否存在任何与拓扑相关的问题
错误 Error 283503	由于数值结果发散，分析终止	下面列出了一些可能的检查项，以帮助解决此问题。①网格相关：修复质量差的网格（如果有）；如果四面体网格出现问题，请将其删除。②材料及工艺条件相关：检查工艺条件是否与材料性能正确匹配，检查保压压力曲线设置中是否有剧烈的阶跃变化

续表

错误代码	症状/现象	解决方案
错误 Error 283504 错误 Error 283505	在这种情况下发生短射。由于流速过低，无法在当前填充时间内完全填充型腔，因此计算终止	下面列出了一些可能的检查项，以帮助解决此问题。①网格相关：修复质量差的网格（如果有）；如果四面体网格出现问题，请将其删除。②材料及工艺条件相关：检查工艺条件是否与所用材料正确匹配；检查注射时间设置是否与实际成型尺寸正确匹配
错误 Error 283506	网格文件中包含的网格信息表示文件版本太旧	请将 Designer 或 Rhinoceros 中的 MFE/mde 件重新导出到最新版本以解决此问题
错误 Error 283507	Moldex3D 保压分析不支持充填阶段出现短射时的排气分析	当涉及排气分析时，请确保在填充阶段达到满射

附表 1.5　实体模型充填/保压模拟模块的警告与错误

错误代码	症状/现象	解决方案
警告 Warning 1501	在这种情况下，会发生短射。由于流速过低，无法在当前填充时间内完全填满型腔，因此终止了计算	
警告 Warning 1502	熔体温度太接近材料的 T_g 可能引发计算稳定性问题，并导致更糟糕的结果。因为：①材料 T_g 可能太高，请重新检查材料属性；②输入的熔体温度可能太低	
错误 Error 3001	未找到熔体入口单元	请检查网格文件中是否未设置熔体入口，并在修改后重新生成
错误 Error 3002	网格文件包含模具嵌件块，但有旧的 MFE 文件版本	将网格文件重新转换为最新版本，以获得更好的后续模具嵌件分析
错误 Error 3003	零件表面边界条件设置在非壁面处	请检查网格以解决此问题
错误 Error 3004	无法打开 MFE 文件	请检查 MFE 文件是否存在；或通过 Moldex3D Mesh/Designer 重新生成网格文件
错误 Error 3005	MFE 文件与求解器计算的表面网格数不匹配	此错误是由于网格文件中的某些意外曲面网格拓扑问题而产生的；请启动 Moldex3D Mesh 或 Designer 进行修复
错误 Error 3101	在 Solid-Flow 中不支持 Cross 黏度模型 1	请使用其他黏度模型
错误 Error 3102	由 A12 导致 Cross 模型 3 的 WLF 黏度参数产生错误	请检查在 A1 和 A2b 中的参数设置，并查看设置中是否有任何负值
错误 Error 3103	目前求解器尚不支持材料文件中使用的比热容模型	请在“材料精灵”中选择另一个比热容模型，然后重新运行模拟
错误 Error 3104	目前求解器尚不支持材料文件中使用的热导率模型	请在“材料精灵”中选择另一个热导率模型，然后重新运行模拟
错误 Error 3105	当前版本不支持此材料的黏度模型	请在“材料精灵”中的用户数据库中修改黏度模型

续表

错误代码	症状/现象	解决方案
错误 Error 3201	所有阀式浇口在此时同时关闭，这在当前求解器中是不允许的	请启动加工精灵以更正阀式浇口控制设置
错误 Error 3202	PRO 文件中的注射体积远大于型腔体积	请在“加工精灵”中检查 ram 位置设置
错误 Error 3203	PRO 文件中的注射体积比型腔体积小得多	请在“加工精灵”中检查 ram 位置设置
错误 Error 3204	Solid-Flow 不支持阀式浇口计算	请使用增强型 Solid Flow 来代替
错误 Error 3300	非法调用 Moldex3D 求解器	请启动项目管理程序运行求解器
错误 Error 3301	找不到下面的 CMX 文件	求解器尚不支持非英语路径名的文件位置。请：①确保项目位于仅英语路径；②检查路径中是否存在 Run 文件；③在项目中新建一个运行并重新运行分析
错误 Error 3500	由于数值发散，分析被终止	下面列出了一些可能的检查项，以帮助解决此问题。①网格相关：修复质量差的网格（如果有）。如果四面体网格出现问题，请将其删除。②材料及工艺条件相关：检查工艺条件是否与材料性能正确匹配，检查注射时间设置是否与实际成型尺寸正确匹配，如果使用热流道，则降低初始流速。③计算参数：检查是否使用了过大的求解器效率因数。④其他：检查是否使用了热导率设置。如果已经使用了热导率设置，请减小该值并重新运行分析。建议值为 1000～25000
错误 Error 3501	求解器加速计算，因出现的错误代码终止	请检查网格，看看是否存在任何与拓扑相关的问题
错误 Error 3503	由于数值发散，分析被终止	下面列出了一些可能的检查项，以帮助解决此问题。①网格相关：修复质量差的网格（如果有）。如果四面体网格出现问题，请将其删除。②物料及工艺条件相关：检查工艺条件是否与物料性正确匹配，检查填料压力曲线设置中是否有剧烈的阶跃变化

附表 1.6　实体模型冷却分析模块错误和警告

错误代码	症状/现象	解决方案
警告 Warning 131002	由于模座网格生成错误，冷却 Cool 求解器从 Enhanced FastCool 自动切换到 Standard FastCool	
警告 Warning 131003	由于内存不足，冷却 Cool 求解器已从 Enhanced FastCool 自动切换到 Standard FastCool	
警告 Warning 131701	计算机内存不足以运行默认的模座分析。现在“求解器”通过自动重新运行程序来更改模座分析	

续表

错误代码	症状/现象	解决方案
警告 Warning 132001	由于中间文件*.f2c 不存在，无法从填充分析中读取热相关数据	
警告 Warning 132002	由于中间文件*.p2c 不存在，无法从保压分析中读取热相关数据	
警告 Warning 132003	通过填充分析计算出的温度分布将不纳入此冷却分析中	
警告 Warning 132004	文件*.f2c 不存在或文件不完整，来自填充分析的热数据将不包含在此冷却分析中	
警告 Warning 132005	整个塑料零件冷却到脱模温度以下	
警告 Warning 132006	由于中间文件*.RSP2C 不存在，因此保压阶段没有残余应力数据。下面的分析将忽略冷却过程的残余应力	
警告 Warning 132007	无法从 Run X 中读取第 1 次注射的分析结果。用加工精灵中的嵌件初始温度设置值	
警告 Warning 132008	在瞬态冷却分析中不支持自动设置冷却时间 AutoSetCoolTime；求解器将禁用 AutoSetCoolTime 的选项	
警告 Warning 132009	填充数据与工艺设置中的不同。冷却分析求解器停止读取流动数据	
警告 Warning 132010	从充填结果中恢复的温度比熔体温度高 300℃，这是一种异常情况	
警告 Warning 132011	无法计算冷却水路流动结果。求解器将禁用 3D 实体冷却水路分析选项	
警告 Warning 132012	3D 实体冷却水路分析不支持多冷介质切换。求解器将禁用 3D 实体冷却水路分析选项	
警告 Warning 132013	3D 实体冷却水路分析不支持蒸汽冷却介质。求解器将禁用 3D 实体冷却通水路分析选项	
警告 Warning 132014	由于中间文件*.RSP2C 不匹配，无法从保压分析中读取残余应力数据。下面的分析将忽略冷却过程的残余应力	
警告 Warning 132015	残余应力的材料数据不正确。下面的分析将忽略冷却过程的残余应力	
警告 Warning 132016	由于中间文件*_cry.p2c 不存在，因此没有来自保压过程的结晶数据。下面的分析将忽略冷却过程的残余应力	备注：不考虑结晶引起的应力
警告 Warning 132017	由于中间文件*_cry.p2c 不匹配，无法从保压分析中读取结晶应力数据。下面的分析将忽略冷却过程的残余应力	

续表

错误代码	症状/现象	解决方案
警告 Warning 132018	通过填充分析计算出的温度分布将不计入此冷却分析中	
警告 Warning 132019	保压分析计算出的温度分布将不纳入此冷却分析中	
警告 Warning 132020	无用于冷却水路网络分析的冷却水路。冷却水路网络分析模块自动关闭	
警告 Warning 132021	由于该模型复杂的几何特征，Cool 冷却求解器已自动从平均循环温度 Cycle Average 切换到瞬态 Transient	
警告 Warning 132022	晶体的材料数据不正确。在下面的分析中将忽略冷却过程的结晶计算	
警告 Warning 132023	3D 实体冷却水路分析不支持加热棒计算。求解器将自动禁用 3D 实体冷却水路分析选项	
警告 Warning 132024	出口截面太短，无法达到完全发展流状态	
警告 Warning 132025	由于该材料文件中没有黏弹性数据，估计残余应力的选项将被自动禁用	
错误 Error 133001	网格拓扑错误	请重新转换网格文件（MFE 或 MDE 文件）到最新版本
错误 Error 133002	无法从网格文件中获取模具金属材料	此问题可能是由于*.mmp 文件丢失或 mmp 和 MFE 文件不一致。请将网格文件重新转换为最新版本以解决此问题
错误 Error 133003	从网格文件中提取与 MCM 相关的数据时发现内部错误	
错误 Error 133004	网格文件包含具有旧 MFE 文件版本的模具嵌件	请将网格文件重新转换为最新版本，以便获得更好的后续模具嵌件分析支持
错误 Error 133005	此模型中没有模座（模具）数据	请定义模座边界以在网格文件中完成模座构造
错误 Error 133006	在当前版本中，Solid Cool 求解器不支持型腔或流道设为对称的边界条件	请尝试用完整模型构造修改网格模型以解决此问题
错误 Error 133007	网格文件已过期，请更新	请将网格文件（MFE 或 MDE 文件）重新转换为最新版本
错误 Error 133008	冷却水路数据中的网格文件错误	请将网格文件（MFE 或 MDE 文件）重新转换为最新版本
错误 Error 133009	网格文件和运行设置文件中的塑料制品材料数不一致	检查模型是否有不正确的嵌件
错误 Error 133010	读取用于 Pipe Network 分析的 MFE 文件时出错。模型中没有冷却介质入口	请创建合适的冷却介质入口
错误 Error 133011	读取用于 Pipe Network 分析的 MFE 文件时出错。冷却水路网络未完全设置冷却介质	请检查模型是否有任何不正确的冷却介质入口位置或未连接的通道

续表

错误代码	症状/现象	解决方案
错误 Error 133012	读取用于Pipe Network分析的MFE文件时出错。不允许在冷却水路网络中使用多个冷却介质	请检查加工精灵是否为一个冷却通道网络中有多个不同的冷却介质
错误 Error 133013	读取用于Pipe Network分析的MFE文件时出错。模型中没有冷却介质出口	请创建冷却介质出口
错误 Error 133014	读取用于Pipe Network分析的MFE文件时出错。冷却水路网络分析中不允许有冷却水路在模具末端	请①在模具末端设置冷却介质出口；或②将模具末端更换为挡板或喷泉式的回路
错误 Error 133015	读取用于管网分析的MFE文件时出错。不允许将不同的挡板或喷泉式回路连接在一起	请检查挡板或喷泉式冷却回路的模型
错误 Error 133016	读取用于Pipe Network分析的MFE文件时出错	请检查挡板或喷泉式冷却回路模型。注意：①只允许挡板或喷泉回路的一端连接在冷却水路壁上；②挡板或喷泉式回路不能相互连接
错误 Error 133017	读取用于 Pipe Network 分析的 MFE 文件时出错	请检查挡板或喷泉式冷却回路模型。注意:①一个挡板或喷泉回路的两端相通;②不同尺寸的挡板（喷泉）相互连通
错误 Error 133018	读取用于Pipe Network分析的MFE文件时出错。模型与工艺设置文字不匹配	请检查Pro文件和MFE文件中的冷却介质入口编号
错误 Error 133019	读取用于Pipe Network分析的MFE文件时出错。模型与工艺设置文件不匹配	请检查 PRO 文件和 MSH 文件
错误 Error 133020	读取用于Pipe Network分析的MFE文件时出错	请检查 MFE 文件
错误 Error 133021	读取用于Pipe Network分析的MFE文件时出错。读取模型文件失败	请检查 MSH 文件
错误 Error 133022	读取用于Pipe Network分析的MFE文件时出错。读取工艺设置文件失败	请检查 Pro 文件
错误 Error 133023	读取用于Pipe Network分析的MFE文件时出错。MFEIO.dll 文件不匹配	请更改 MFEIO.dll！
错误 Error 133024	读取用于 Pipe Network 分析的 MF 文件时出错。读取 MFE 文件错误	请检查 MFE 文件
错误 Error 133025	冷却管路入口/出口不在模座壁面	请前往 Moldex3D Mesh，将冷却介质入口、出口放在模座壁面
错误 Error 133026	由于网格信息不正确，无法运行冷却水路网络分析	请更新 Moldex3D Mesh，并从 CAD 模型重新生成网格
错误 Error 133027	由于塑料制品边界面数不正确，无法运行冷却分析	请更新 Moldex3D Mesh，并从 CAD 模型重新生成网格
错误 Error 133028	由于模座塑料制品边界面数不正确，无法运行冷却分析	请更新 Moldex3D Mesh，并从 CAD 模型重新生成网格
错误 Error 133029	塑料制品的边界单元数与有边界条件的单元数不一致	请更新 Moldex3D Mesh，并从 CAD 模型重新生成网格

续表

错误代码	症状/现象	解决方案
错误 Error 133030	边界节点 ID 大于局部（零件或模座）节点的总数	请更新 Moldex3D Mesh，并从 CAD 模型重新生成网格
错误 Error 133031	内部节点 ID 大于局部（零件或模座）节点的总数	请更新 Moldex3D Mesh，并从 CAD 模型重新生成网格
错误 Error 133032	网格分区错误	请：①使用单个 CPU 进行计算；②更新 Moldex3D Mesh，并从 CAD 模型再生网格
错误 Error 133101	找不到材料(.mtr) 文件	请在材料精灵中重新生成新的材料文件
错误 Error 133102	零件嵌件的力学性能缺少有关密度的信息	用于嵌件设置的旧版本材料文件可能不包含有关密度的信息。请从材料精灵中添加一个嵌件的新材料以获得更完整的力学性能
错误 Error 133103	网格文件中的零件材料总数与运行数据中的零件材料总数不同	请在项目中创建新运行，然后重新运行分析
错误 Error 133201	“工艺设置”中的模具金属材料数量与网格文件中的模具金属材料数量不一致	请启动“加工精灵”并检查“工艺条件”的嵌件设置，或重新生成新的“工艺条件”文件
错误 Error 133202	MFE 文件包含模具嵌件块，但工艺参数文件版本早于 2008	请启动“加工精灵”并更新工艺文件，以获得更好的模具镶件分析支持
错误 Error 133203	工艺参数文件包含嵌件设置，但网格数据中没有嵌件设置	请检查工艺文件和网格文件之间嵌件设置的一致性
错误 Error 133204	网格文件与工艺条件的设置不一致。检测到工艺参数文件中的冷却水路/加热棒数量与网格文件中的冷却水路/加热棒数量构成不一致	请在“加工精灵”中重新生成新的工艺条件文件，或检查是否存在任何重复的冷却水路以解决此问题
错误 Error 133205	网格文件与工艺条件的设置不一致	请在“加工精灵”中重新生成新的工艺条件文件以解决此问题
错误 Error 133206	加工工艺错误	请在“加工精灵”中重新生成新的工艺条件文件以解决此问题
错误 Error 133207	至少有一个冷却水路没有设置属性	请在“加工精灵”中重新生成新的工艺条件文件以解决此问题
错误 Error 133208	按压力设置冷却管路仅支持冷却水路网络分析和 3D 实冷却水路分析	请在“加工精灵”中按流速更改冷却通道设置
错误 Error 133301	找不到以下 CMX 文件	请①确保项目位于纯英语路径；②检查路径中是否存在 CMX 文件；③启动计算参数精灵重新生成 CMX 文件并再次运行分析
错误 Error 133302	找不到 RUN 文件；求解器尚不支持非英语路径名的文件位置	请：①确保项目位于纯英语路径；②检查路径中是否存在 Run 文件；③在项目中新建一个运行，然后再次运行分析
错误 Error 133303	在执行并行计算时发现错误，部分计算过程的 Moldex3D 版本不同	请确保所有计算节点均已安装相同的 Moldex3D 版本

续表

错误代码	症状/现象	解决方案
错误 Error 133304	读取 cmx 文件"COOL"部分时发现错误：AutoSetCoolTime 计算容差值（收敛条件）不合理	请启动计算参数精灵并将收敛条件重新设置在 10^{-8}～100 之间
错误 Error 133305	读取 cmx 文件"COOL"部分出错：AutoSetCoolTime 迭代次数不合理	请启动计算参数精灵并重置 1～20 之间的最大迭代值
错误 Error 133501	由于数值结果发散，分析被终止。在模型中发现温度异常	下面列出了一些可能的检查项目，以帮助解决问题。①网格相关：请检查模型的网格质量；②材料相关：请确认密度、比热容等所有材料参数已确定
错误 Error 133502	由于数值模拟发散，分析终止。调整时间步长时，数值过小	下面列出了一些可能的检查项目，以帮助解决问题。①网格相关：请检查模型的网格质量；②材料相关：请确认任何材料参数已给定，如密度、比容等
错误 Error 133503	由于数值模拟发散，分析终止。使用循环平均值计算时，没有 Cooling Channel/heating rod 模块的计算结果，可能会引起发散	使用其中一种解决方案来获得分析结果：①瞬态冷却分析；②增加冷却水路分析获得稳态平均温度值
错误 Error 133504	由于数值模拟发散，3D 实体冷却水路分析（3D Solid Cooling Channel analysis）被终止	请使用其中一种解决方案来获得分析结果：①禁用 3D 实体冷却水路分析；②延长出口段水路，达到充分展开流动的状态
错误 Error 133601	并行计算中的映射关系错误	请将网格文件（MFE 或 MDE 文件）重新转换为最新版本
错误 Error 133602	找不到以下 RUN 文件	未指定的操作可能会导致此类问题。请检查路径中是否存在 RUN 文件（*run 文件）。如果 Run 文件不存在，请建新的运行项目，并重置 Run 数据，然后再次运行分析
错误 Error 133701	无法为模座网格分配内存	请尝试增加 RAM 或减少单元数量，然后重新运行分析
错误 Error 133702	没有足够的内存来创建模座网格	
错误 Error 133703	没有足够的内存来运行此案例	
错误 Error 133901	MFEIO.dll 已过期，请更新	请检查此文件的版本，并将其更新到最新版本。亦可尝试重新安装 Moldex3D 解决此问题

附表 1.7　实体模型翘曲分析模块错误和警告

错误代码	症状/现象	解决方案
警告 Warning 151004	网格划分质量差。有些单元是有负雅可比（Jacobian）的单元。建议通过 Moldex3D mesh 修正这些负雅克比的单元	
警告 Warning 151005	网格划分质量差。有些单元是有负雅可比的单元。"二次单元种类（quadratic element type）"的选项将在下面的分析中关闭	

续表

错误代码	症状/现象	解决方案
警告 Warning 151024	网格包括热浇道。下面的分析中将移除热浇道	
警告 Warning 151025	黏弹性分析目前不支持非匹配网格	
警告 Warning 151026	模内约束效果不支持不匹配的网格	
警告 Warning 151027	二次单元目前不支持非匹配网格	
警告 Warning 151028	位移边界条件设置在连接面不用自由度的节点上	
警告 Warning 151029	连接约束不支持不匹配的塑料嵌件网格	
警告 Warning 151101	嵌件的材料不是纤维填充聚合物。本分析中将没有纤维取向来自前面的注射	
警告 Warning 151102	聚合物材料的 *PVT* 特性不可用	
警告 Warning 151311	冷却结果不存在，翘曲分析将不考虑模内约束效应	
警告 Warning 151312	冷却结果不存在，不会分析模座变形	
警告 Warning 151313	冷却结果不存在，翘曲分析将不考虑黏弹性分析	
警告 Warning 151314	黏弹性分析不支持模内约束效应	
警告 Warning 151401	具有多个嵌件的网格不支持“Consider the previous shot run”选项	
警告 Warning 151500	充填或保压分析存在短射或发散问题，会导致不合理的翘曲结果	
警告 Warning 151501	无法使用求解器加速分析。自动切换到安全模式	
警告 Warning 151505	压缩不完整。这可能会导致不合理的翘曲结果	
警告 Warning 151800	“计算参数”设置中的任务数大于授权计算进程数，这将禁用并行计算。现在，任务编号重置为默认值 1	
警告 Warning 152000	“计算参数”中的任务模式设置非法，这将禁用并行计算。现重置为默认值	
警告 Warning 152001	冷却结果不存在，翘曲分析可能不考虑热位移的影响	
警告 Warning 152002	填充结果不存在，翘曲分析可能不会考虑由流动行为引起的变形	
警告 Warning 152003	保压结果不存在，翘曲分析可能不会考虑由体积收缩引起的变形	
警告 Warning 152004	体积收缩值不合理，可能导致翘曲分析结果不合理	
警告 Warning 152005	流动诱导的残余应力的结果不存在，翘曲分析不会考虑流动引起的残余应力的影响	

续表

错误代码	症状/现象	解决方案
警告 Warning 152006	纤维取向结果不存在，翘曲分析不会考虑纤维取向的影响	
警告 Warning 152007	“the previous shot”的运行文件不存在，在此分析中，不会考虑“the previous shot”引起的纤维取向	
警告 Warning 152008	“the previous shot”的网格文件不存在，在此分析中，不会考虑“the previous shot”引起的纤维取向	
警告 Warning 152009	“the previous shot”的纤维取向结果不存在！在此分析中，不会考虑“the previous shot”引起的纤维取向	
警告 Warning 152010	嵌件的材料与前次注射的材料不同	
警告 Warning 152011	填料取向结果不存在，翘曲分析不会考虑填料取向的影响	
警告 Warning 152012	对于热固性材料的制品，“输出热位移”选项将无效	
警告 Warning 152999	3DWarp 计算异常完成	
错误 Error 153000	无法读取网格文件	请检查 MFE 文件是否存在；或通过 Moldex3D Mesh 重新生成网格文件
错误 Error 153001	增强型 Warp 目前不支持不匹配网格	请切换到标准 Warp
错误 Error 153100	无法读取材料文件	请检查材料文件是否存在
错误 Error 153101	无法从材料文件中读取机械性能	请检查机械性能参数
错误 Error 153102	刚度矩阵非正定	请检查机械性能参数是否合理
错误 Error 153103	泊松比不合理	请检查机械性能参数
错误 Error 153104	无法从材料文件中读取结构黏弹属性	请检查结构的黏弹属性是否存在
错误 Error 153300	无填充、保压或冷却结果。现在分析即将终止	请在运行翘曲分析之前检查是否存在填充，保压或冷却结果
错误 Error 153301	读取 RUN 文件失败	请检查 RUN 文件是否存在
错误 Error 153302	无法写入 Lgw 文件	请检查共享磁盘的权限是否为“完全控制”
错误 Error 153303	无法读取填充结果	请在运行翘曲分析之前检查填充结果是否存在
错误 Error 153500	由于数值模拟发散，分析被终止	
错误 Error 153501	矩阵不是正定的	请检查网格质量或材料属性
错误 Error 153600	无法启动并行计算	请：①检查是否安装了并行计算模块；②检查机器名称或 IP 是否存在；③检查 Moldex3D 文件夹是否正确；④检查共享文件夹名称是否正确；⑤检查共享文件夹名称的权限是否足够

续表

错误代码	症状/现象	解决方案
错误 Error 153601	并行计算后无法获得翘曲结果	请检查共享文件夹磁盘中是否有足够的空间，或者共享磁盘的权限是否为“完全控制”
错误 Error 153602	未能建立用于并行计算的网格系统	
错误 Error 153603	无法为并行计算创建材料文件	
错误 Error 153604	无法为并行计算创建运行文件	
错误 Error 154000	非法命令执行	请通过 Moldex3D Project 重新执行 Moldex3D Warpage
错误 Error 154999	3DWarp 计算异常完成	
警告 Warning 171008	LSDYNA、Nastran、MSC.NASTRAN 和 MSC.Marc 不支持四面体网格。模座的网格结构中有四面体网格，模座的输出将被忽略	
警告 Warning 171009	LSDYNA、Nastran、MSC.NASTRAN 和 MSC.Marc 不支持四面体网格。流道的网格结构中有四面体网格，流道的输出将被忽略	
警告 Warning 171010	此网格中存在雅可比误差或翘曲因子误差。使用应力求解器进行分析时，这可能会导致错误	
警告 Warning 171011	LS-DYNA 仅支持二次四面体网格，流道的网格构造中还有其他单元类型流道的输出将被忽略	
警告 Warning 171012	LS-DYNA 仅支持二次四面体网格。模座的网格结构中还有其他单元类型。模座的输出将被忽略。	
警告 Warning 171013	在映射的网格中找不到嵌件。嵌件的输出将被忽略	
警告 Warning 171014	该网格超过 10 个节点，因此 LS-DYNA 不支持。网格的输出将被忽略	
警告 Warning 171015	PCG 求解器不支持 SOLID62 单元，请更换另一个求解器	
警告 Warning 171100	没有纤维取向数据，请检查纤维取向分析是否已成功完成	
警告 Warning 171200	无法读取*.m3o 数据，请重新启动流动分析	
警告 Warning 171300	CMI 参数文件不存在	
警告 Warning 171301	CMI 参数文件的格式不正确	
警告 Warning 171302	没有冷却分析结果，冷却温度的数据输出将被忽略	
警告 Warning 171303	没有充填分析结果，充填温度的数据输出将被忽略	
警告 Warning 171304	没有保压分析结果，保压温度的数据输出将被忽略	

续表

错误代码	症状/现象	解决方案
警告 Warning 171305	保压中没有体积收缩数据，“填充”中的“体积收缩”数据将用作计算的输入数据（接口：输出）	
警告 Warning 171306	无法打开*.cmx 文件，压力结果的多个时间步长输出将被忽略	
警告 Warning 171307	没有翘曲分析结果。热残余应力数据输出将被忽略，请检查翘曲分析是否已成功完成	
警告 Warning 171308	充填/保压中没有体积收缩数据。体积收缩数据的输出将被忽略。请检查充填/保压分析是否已成功完成	
警告 Warning 171309	没有冷却分析结果。初始应变的数据输出可能不考虑热位移的影响	
警告 Warning 171310	没有填充分析结果。充填压力的数据输出将被忽略	
警告 Warning 171311	没有保压分析结果。保压压力的数据输出将被忽略	
警告 Warning 171312	没有流动残余应力分析结果。流动残余应力数据输出将被忽略，请检查流动残余应力分析是否已成功完成	
警告 Warning 171313	该材料缺乏力学性能参数	
警告 Warning 171314	没有充填/保压分析结果	
警告 Warning 171315	缺少一个多时间步长填充分析结果	
警告 Warning 171316	缺少一个多时间步长保压分析结果	
警告 Warning 171317	这不是发泡注塑（FAIM）模型	
警告 Warning 171318	没有填充分析结果，充填速度的数据输出将被忽略	
警告 Warning 171400	ANSYS 不支持这种网格类型	
警告 Warning 171401	反应注射成型（RIM）材料不支持机械材料模型。在这种情况下，将采用默认材料属性	
警告 Warning 171402	不支持此网格类型	
警告 Warning 171403	无法同时输出流动压力和模座压力的数据	
警告 Warning 171404	映射网格文件仅包括型腔网格。仅能导出型腔网格及其相应数据	
警告 Warning 171405	映射网格文件仅包括模座网格。仅导出模座网格及其相应数据	

续表

错误代码	症状/现象	解决方案
警告 Warning 171406	Moldex3D-FEA 不支持网格 ID 重新编号，最大网格 ID 大于网格总数。导出映射结果可能需要更长的时间。建议先在映射的网格文件中重新编号网格。可以使用 Designer 进行重新编号，从而导出一个 MFE 文件	
警告 Warning 171407	包括嵌件或模座在内的可能映射结果应该是不正确的	
警告 Warning 172000	“映射域参数段 *X*”超出范围，重置为默认值	
警告 Warning 172001	“映射域参数段 *Y*”超出范围，重置为默认值	
警告 Warning 172002	“映射域参数段 *Z*”超出范围，重置为默认值	
警告 Warning 172003	“材料减少参数：FiberThetaSegment”超出范围，重置为默认值	
警告 Warning 172004	“材料还原参数：FiberPhiSegment”超出范围，重置为默认值	
警告 Warning 172005	“材料减少参数：Fiber Strength Segment”超出范围，重置为默认值	
警告 Warning 172006	“材料减少参数：Fiber Strength XSegment”超出范围，重置为默认值	
警告 Warning 172007	“材料减少参数：Fiber Strength YSegment”超出范围。重置为默认值	
警告 Warning 172100	无法打开 Mi2 文件	
警告 Warning 172200	在表面网格中找不到厚度	
错误 Error 173000	Moldex3D 网格和映射网格之间的体积差异达到 6.2%。跳过映射网格的步骤	
错误 Error 173001	无法打开 MFE 文件	
错误 Error 173002	无法读取 MFE 文件	
错误 Error 173003	无法打开*.MSH 文件	
错误 Error 173004	*.MSH 文件格式不一致	
错误 Error 173005	此网格文件的质量很差。有些网格具有负雅可比	在输出映射的网格之前，请尝试提高此文件的网格质量
错误 Error 173006	映射网格和 Moldex3D 网格的边界框不相等，误差大于 1%	
错误 Error 173007	由于模型中的四面体网格，在 ANSYS 计算初始应力输出时不允许使用 Solid-185 单元类型	请在初始应力输出的接口功能选项中将单元类型更改为高阶单元 Solid-186，或提供新的网格文件以输出映射网格
错误 Error 173008	没有映射的网格文件	

续表

错误代码	症状/现象	解决方案
错误 Error 173009	映射网格的某些网格缺少节点	
错误 Error 173010	此网格中存在雅可比误差或翘曲因子误差。使用应力求解器进行分析时，这可能会导致错误	
错误 Error 173011	此网格中存在雅可比错误。使用应力求解器进行分析时，这可能会导致错误	
错误 Error 173100	无法打开*.mat 文件	
错误 Error 173101	没有纤维取向数据	检查纤维取向分析是否已成功完成
错误 Error 173102	没有力学性能	请重新导入材料文件
错误 Error 173300	无法生成 CMI 参数文件	
错误 Error 173301	无法读取 CMI 参数文件	请检查 CMI 文件是否存在
错误 Error 173302	无法打开*.run 文件	
错误 Error 173303	无法打开 ANSYS（*.ans）文件，ANSYS 文件信息不足	
错误 Error 173304	无法打开*.inp 文件，ABAQUS 文件信息不足	
错误 Error 173305	无法打开 NASTRAN (*.bdf; *.dat; *.nas) 文件，Nastran 文件信息不足	
错误 Error 173306	无法打开*.cmx 文件	
错误 Error 173307	digimat 文件不存在	
错误 Error 173308	无法辨认 digimat 文件	
错误 Error 173309	在 CMI 文件中找不到参数的设置	
错误 Error 173310	无法打开 LSDYNA（*.dyn）文件，LSDYNA 文件信息不足	
错误 Error 173311	无法打开 marc (*.dat)文件，MARC 文件信息不足	
错误 Error 173400	Moldex3D eDesign-I2 暂不支持	
错误 Error 173401	不支持四面体网格类型	
错误 Error 173402	Moldex3D eDesign-I2 不支持导出原始网格和变形网格	
错误 Error 173403	映射的网格文件不包括模座网格。无法导出模座网格及其相关数据	
错误 Error 173404	映射网格文件不包括空腔网格。无法导出腔体网格及其相关数据	
错误 Error 173405	LSDYNA、NENatran、NX-Nastran、OptiStruct、MSC.NASTRAN 和 MSC.Marc 不支持四面体网格	
错误 Error 173406	输出路径的长度超过了微软的限制，请尽量减少路径字符的长度	

续表

错误代码	症状/现象	解决方案
错误 Error 173407	LS-DYNA 仅支持二次四面体网格	
错误 Error 173500	由于数值模拟发散，分析终止	
错误 Error 173501	Moldex3D Solid-I2 Run-time Error；数值运行时错误，执行异常，现在退出程序	
错误 Error 173502	输入数据错误	
错误 Error 173700	没有足够的内存来减材	请尝试增加 RAM 或减少单元数量，然后重新运行分析
错误 Error 173800	授权检查错误，没有运行 I2 输出的权限	请检查 I2 输出的授权码，然后重新运行分析。如果这个问题仍然无法解决，请直接联系当地的代理商或 CoreTech（已启用此功能）
错误 Error 173801	授权检查错误，没有运行 I2 MCM 输出的权限	
错误 Error 173802	授权检查错误，无权运行 VOXEL 分析	
错误 Error 173803	错误代码 00	
错误 Error 173804	授权检查错误，没有运行 I2 AVM_ErrorCode：1 输出的权限	请检查 I2 输出的授权码，然后重新运行分析。如果这个问题仍然无法解决，请直接联系当地的代理商或 CoreTech（已启用此功能）
错误 Error 173805	授权检查错误，没有权限运行 I2 AVM_ErrorCode：2 输出	
错误 Error 173806	授权检查错误，没有权限运行 I2 AVM_ErrorCode：3 输出	
错误 Error 173807	授权检查错误，没有权限运行 I2 AVM_ErrorCode：4 输出	
错误 Error 173808	授权检查错误，没有权限运行 I2 AVM_ErrorCode：5 输出	
错误 Error 173809	授权检查错误，没有权限运行 I2 AVM_ErrorCode：6 输出	
错误 Error 173810	授权检查错误，没有权限运行 I2 AVM_ErrorCode：7 输出	
错误 Error 173811	刚度矩阵不是正定的	请检查力学性能是否合理